U0908782

国家自然科学基金资助（51474135）
国家重点研发计划专项资助（2016YFC0600900）
山东科技大学学术著作出版基金资助

深部高应力软岩巷道破坏机理与支护技术

SHENBU GAOYINGLI RUANYAN HANGDAO POHUAI JILI YU ZHIHU JISHU

乔卫国　宋伟杰　孟庆彬　程少北　林登阁　著

图书在版编目(CIP)数据

深部高应力软岩巷道破坏机理与支护技术/乔卫国等著 . —武汉：武汉大学出版社,2017.9

ISBN 978-7-307-19360-4

Ⅰ.深…　Ⅱ.乔…　Ⅲ.①深井—软岩巷道—破坏机理—研究 ②深井—软岩巷道—软岩支护—研究　Ⅳ.TD263.5

中国版本图书馆 CIP 数据核字(2017)第 120400 号

责任编辑:李　晶　　责任校对:刘小娟　　装帧设计:吴　极

出版发行：**武汉大学出版社**　(430072　武昌　珞珈山)

(电子邮件：whu_publish@163.com　网址:www.stmpress.cn)

印刷:虎彩印艺股份有限公司

开本：720×1000　1/16　　印张:11.25　　字数:226 千字

版次：2017 年 9 月第 1 版　　2017 年 9 月第 1 次印刷

ISBN 978-7-307-19360-4　　定价:58.00 元

前　　言

“十三五”以来，我国进一步明确了对煤炭行业实现“创新发展理念、转变发展方式”的发展途径。在推动能源革命和经济发展新常态下，煤炭行业必须转向依靠理念创新、科技创新，加快结构调整，促进转型发展，提高煤炭安全、高效、绿色和智能化水平的发展方式。随着国民经济的快速发展，煤炭作为我国能源结构中的重要组成部分，其主体地位在一定时期内不会改变。然而，我国浅部煤炭资源日益枯竭，地下开采的深度越来越大，地质环境越来越复杂，在深部资源开采过程中出现了一系列问题，其中深部高应力软岩巷道破坏特征明显、支护难度增大，引起了国内外专家、学者的广泛关注。

随着矿井开采深度的增加，巷道及采场的地应力水平也越来越高，软岩巷道地压显现剧烈、巷道围岩破坏严重，深部高应力软岩巷道的支护问题越来越突出，因此，研究深部高应力软岩巷道变形破坏特征、围岩变形破坏机理及巷道稳定性控制技术有着重要的意义。本书以山东能源淄博矿业集团有限责任公司济北矿区唐口煤矿和冀中能源峰峰集团有限公司九龙矿磁西一号井为背景，对深部高应力软岩巷道破坏机理与支护技术进行了系统总结，围绕深部高应力软岩基础工程问题，针对性地开展科学研究。

笔者多年从事地下工程支护理论与技术方向的研究，尤其是近几年来在深部高应力软岩巷道破坏机理与支护技术方面做了大量研究工作，基于多年研究成果及工程实践，撰写了本书。本书可供相关研究人员和工程技术人员参考。

本书由乔卫国、宋伟杰、孟庆彬、程少北、林登阁共同撰写完成，是其多年研究成果的集中体现。全书由乔卫国统筹策划与安排，李伟、李彦志、陈朋成参与了部分章节的整理工作。

在本书撰写过程中，山东能源淄博矿业集团有限责任公司济北矿区唐口煤矿、冀中能源峰峰集团有限责任九龙矿磁西一号矿井等单位给予了大力支持，在此表示衷心的感谢。感谢为本书顺利出版提出宝贵意见的专家及学者。本书由国家自然科学基金(51474135)、国家重点研发计划(2016YFC0600900)、山东科技大学学术著作出版基金联合资助。

由于笔者水平有限，书中难免有疏漏和不足之处，衷心希望读者批评指正、提出宝贵意见。

乔卫国

2016年10月

目　　录

1 绪　论

随着经济的快速发展，社会对能源的需求量日益增加，浅部易采资源日趋枯竭，矿山的规模正在不断地扩大，矿井也逐渐向深部快速推进，目前国内外矿山都在进行深部资源的开发。由于矿井开采深度的增加，深部岩体处于“三高一扰动”的复杂地质力学环境，使得深部岩体的结构特征和力学行为更加复杂，在浅部开采中表现为硬岩特性的岩体进入深部开采后相继表现出高地压、大变形、难支护等非线性软岩力学特性，并产生了一系列的工程响应，如巷道及采场的矿压显现剧烈、巷道围岩大变形、强流变等；巷道及采场的地应力水平也越来越高，特别是在地质构造活动强烈的地区，残余构造应力较大，水平构造应力往往大于垂直自重应力，形成高水平地应力软岩巷道，这些都增加了软岩巷道地压显现及巷道围岩破坏的剧烈程度，造成深部高应力软岩巷道支护更加困难，也对深部开采技术提出了更高的要求。因此，矿山深部开采过程中所产生的岩石力学问题已引起了国内外专家、学者的高度重视，是目前地下工程中的主要技术难题之一。

1.1 研究背景及意义

煤炭是我国的主要能源，煤炭在我国一次性能源结构中约占 70%，煤炭作为自然赋予人类的主要化石能源，长期以来支撑着人类社会的进步和发展。随着人类对煤炭需求量及开采强度的不断增大，浅部煤炭资源日趋减少，煤矿矿井的开采深度不断增加，国内外矿井相继进入了深部资源开采状态。

有关资料表明，埋深 1000 m 以上的煤炭资源已采储量约占其总储量的 70%，深部 1000～2000 m 的煤炭资源将是我国未来主体能源的后备储量；我国已探明的煤炭资源占全世界总储量的 11.1%，埋深 1000 m 以下的煤炭储量为 2.95 万亿吨，占煤炭资源总储量的 53%。随着浅部煤炭资源的枯竭，我国煤炭开采逐步转向深部，国内部分煤矿矿井开采深度现状如图 1-1 所示：长广煤矿开采深度为 1000 m，门头沟煤矿开采深度为 1008 m，孙村煤矿开采深度为 1055 m，冠山煤矿开采深度为 1059 m，张小楼煤矿开采深度为 1100 m，赵各庄煤矿开采深度为 1159 m，采屯煤矿开采深度为 1197 m。根据目前我国煤炭资源开采状况来看，我国煤矿矿井开采深度以 8～12 m/a 的速度向深部延伸，东部矿井开采深度正以 10～25 m/a 的速度向深部发展，预计在未来 20 年内我国很多煤矿将进入 1000～1500 m 的开采深度。

随着矿井开采深度的加大，我国许多煤矿都出现了不同程度的软岩问题，煤矿深部软岩巷道支护问题一直是影响煤矿安全、高效生产的重大难题之一。有关数据表明，我国煤矿巷道掘进总量约为 6000 km/a，其中软岩巷道占每年巷道掘进总量的 28%～30%，软岩巷道的返修率高达 70%以上，尤其是深部高应力软岩巷道破坏更加严重，深部矿井开采中的软岩巷道支护问题越来越突出。

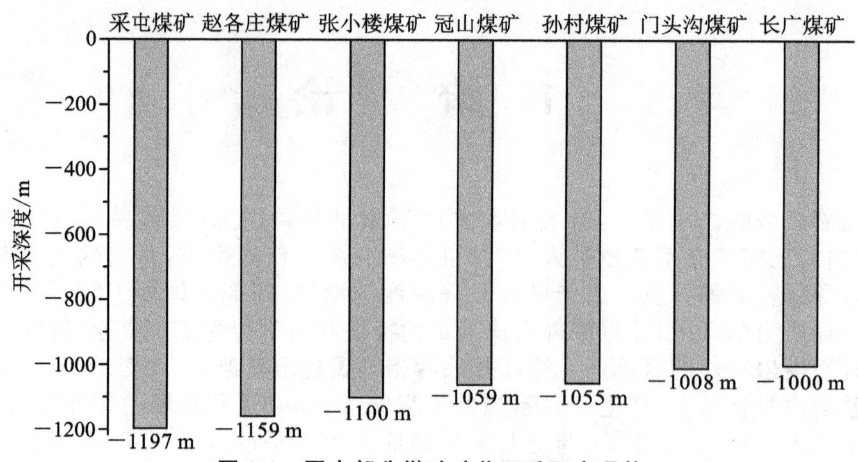

图 1-1　国内部分煤矿矿井开采深度现状

国外一些主要产煤国家从 20 世纪 60 年代就开始进入深井开采，1960 年西德平均开采深度已经达 650 m，1987 年已将近 900 m；苏联在 20 世纪 80 年代末有一半以上的产量来自 600m 以下的开采深部。目前，英国的平均开采深度为700 m，最深为 1000 m；德国的平均开采深度为 947 m，最深为 1713 m（鲁尔矿区）；波兰的平均开采深度为 690 m，最深为 1300 m（上西里西亚盆地的 Pniowek 煤矿）；乌克兰的顿巴斯矿区、俄罗斯的库茨涅茨矿区的一些矿井的开采深度达 1200～1400 m。

据不完全统计，国外矿井开采深度超过 1000 m 的金属矿山有 80 多个。南非现有大多数金矿的开采深度都在 1000 m 以下，最大开采深度达 3700 m（Anglogold 西部金矿区）；印度部分金矿（Kolar 金矿区）的开采深度超过 2400 m；俄罗斯的基洛夫、共产国际（克里沃罗格铁矿区）等 8 座矿山采准深度已达 910 m，开拓深度为 1570 m，未来预计达到 2000～2500 m；加拿大、美国、澳大利亚等国的部分有色金属矿山开采深度也超过了 1000 m。国外主要采矿国家矿井开采深度现状如图 1-2 所示。

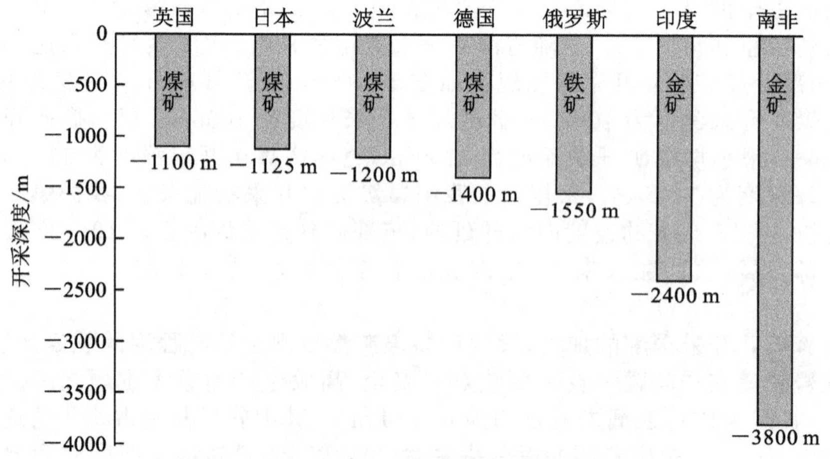

图 1-2　国外主要采矿国家矿井开采深度现状

在煤矿向深部开采的过程中，一系列的地质灾害日益显现，软岩巷道支护仍是当今世界采矿及地下工程中的一项重要而极其复杂的技术问题，深部高应力软岩巷道支护是一个重要的研究方向，它是旧矿井向深部拓展以及进行深部资源开采的关键性技术之一。国内外许多专家、学者为此进行了大量的理论研究和工程实践，并取得了一些研究成果，但深部高应力软岩巷道支护依然面临许多新的难题与挑战，研究深部高应力软岩巷道支护理论和技术已势在必行。

由于深部与浅部在围岩赋存条件上存在根本性差异，浅部低应力软岩巷道围岩稳定性控制理论与技术已经不能完全适应深部高应力软岩巷道围岩稳定控制的要求。因此，研究深部高应力软岩巷道变形破坏特征，分析深部高应力软岩巷道围岩变形破坏机理，加大深部高应力软岩巷道稳定性控制理论研究，加快试验适合深部高应力软岩巷道的支护形式，才能有效地指导深部高应力软岩巷道的设计与施工，为我国矿山深部煤炭资源安全、高效的开采提供理论支持和支护的技术保障，这对矿山可持续发展具有重要的现实意义和工程应用价值。

目前国内外对“软岩”这一概念的认识还未能形成统一的观点。自 20 世纪 60 年代至 90 年代初，对于软岩的定义有几十种之多，学术界对此也是争论不一。综合比较近几年来对软岩概念的研究成果，发现其定义的形式仍然较多，各有其优缺点，概括起来有如下三种。

(1)从围岩自身特点出发：陆家梁(1990)从软岩的成岩时间、结构、胶结程度以及自身强度方面出发，认为软岩为松软岩层，是指那些松散、软弱的岩层，它是相对于坚硬岩层而言的。郑雨天、王梦恕、何修仁等(1987)认为软岩是软弱、破碎、膨胀、流变、强风化及高应力岩体的总称。朱效嘉(1996)提出，松软、破碎、软弱、膨胀及风化等岩层称为松软岩层，简称软岩。曾小泉(1985)认为，松软岩层系松散破碎、软弱、强风化和膨胀性岩层的总称。

(2)从围岩力学强度出发：国际岩石力学学会(1990，1993)指出，软岩是指单轴抗压强度在 0.5～25 MPa 的一类岩石；G. Russo(1994)指出，软岩是指单轴抗压强度小于 17 MPa 的岩石；另外，还有一部分学者认为，$\sigma_c/(\gamma h)<2$ 的岩层称为软岩(σ_c 为单轴抗压强度，γ 为岩石容重，h 为深度)。

(3)从围岩工程特性出发：董方庭(1994，1997)提出围岩松动圈大于 1.5 m 的围岩称为软岩。鹿守敏(1991)提出围岩松动圈大于 1.5 m，并且用常规支护不能适应的围岩称为软岩。有些学者认为，软岩是指“难支护的围岩”或“多次支护，需要重复翻修的围岩”。

准确地判断围岩的类型，恰当地评价巷道在所处围岩及应力环境条件下支护的难易程度，对于巷道支护参数的选定至关重要。国内外对岩体分类已提出了几十种甚至上百种方法，但对软岩分类的研究较少。总的来说，国内外对软岩分类所考虑的因素是比较一致的。将《工程岩体分级标准》(GB/T 50218—2014)所依据的岩石坚固性程度(岩石饱和单轴抗压强度 R_c)和岩体完整程度(岩体完整性指数

K_v、泥质含量)这两个决定各类工程岩体稳定性的基本共性因素作为主要影响因素,将软岩划分为四类,即高应力型软岩、节理型软岩、膨胀型软岩和复合型软岩,如表 1-1 所示。

表 1-1 **软岩工程分类表**

软岩名称	泥质含量	单轴抗压强度 σ_c/MPa	塑性变形特点
高应力型软岩	≤25%	≥25	遇水发生少许膨胀,在高应力状态下,沿片架状黏土矿物发生滑移
节理型软岩	少含	低—中等	沿节理等结构面产生滑移、扩容等塑性变形
膨胀型软岩(低强度软岩)	>25%	<25	在工程力作用下,沿片架状硅酸盐黏土矿物发生滑移,遇水显著膨胀等
复合型软岩	含	低—高	具有上述某种组合的复合型机理

至于"深部"的概念,世界各国的采矿界一致认为,深部开采是由于矿床埋藏较深,而使生产过程出现一些在浅部矿床开采时很少遇到的技术难题的矿山开采。而且世界上有着深井开采历史的国家一般认为,当矿山开采深度超过 600 m 即为深部开采。另外,世界上主要采矿国家的专家、学者针对本国的地下工程所引起的岩石力学问题,各自界定了其深部范围,比如日本把深井的"临界深度"界定为 600 m;英国和波兰则将其界定为 750 m;德国将埋深超过 800～1000 m 的矿井称为深井,将埋深超过 1200 m 的矿井称为超深井;南非、加拿大等采矿业发达的国家,矿井深度达到 800～1000 m 称为深部开采;我国的深部开采深度通常被界定为:煤矿为 800～1500 m,金属矿为 1000～2000 m。

在深部高应力软岩巷道支护的过程中,随着开采深度增加,地层压力逐渐增大,如果采取不适当的维护措施,巷道围岩变形愈加剧烈,支护也会愈加困难,最终将导致巷道失稳破坏;破坏后的巷道围岩将更加破碎,再生裂隙更加发育,致使巷道掘进与支护也变得十分困难。尤其是处于中生代白垩纪地层的岩石表现出一系列软弱特征,部分学者称其为"弱胶结地层软岩",其泥质含量较高,胶结差,遇水软化且具有高膨胀性,呈现非线性大变形、难支护的问题。

由于弱胶结地层软岩多为胶结程度极差的泥岩、粉砂岩、砂岩等,呈松散、软弱的状态,巷道围岩属极软弱岩层,岩层的强度小于煤层强度,且存在严重的泥化、崩解现象,围岩自承载能力极差,在煤层较薄的条件下无法为锚固类的支护结构提供稳定的锚固点,从而无法实施有效的锚杆、锚索及锚网等主动支护形式。锚固阻力极差导致锚杆、锚索主动支护体系基本失效且不能保持巷道稳定;而被动支护结构因支护形式、支护材料不合理,亦不能达到有效支护。该地质条件对原有成熟的支护结构理念造成很大的挑战，在软岩巷道支护已成为世界采矿及地下工程中一项重要技术问题的今天，弱胶结地层软岩巷道支护已成为一项极其复杂的研究课题。

弱胶结地层软岩巷道在开挖支护过程中呈现自稳时间极短、变形大、流变特征显著等特点，随着西部矿山开采力度的加大，这些不稳定、极不稳定的软岩巷道越来越多，也逐渐引起了国家政府部门及国内专家、学者的高度重视，并基于该类软岩基本特征及已有软岩巷道支护理论开展了广泛的科学研究。目前，针对西部矿区弱胶结地层软岩巷道的支护难题进行了一定的理论研究和工程实践，并取得了一些研究成果。但由于包括煤层在内的顶底板岩层存在于如此复杂的地质环境之中，这种复杂性主要表现在岩石泥质含量高、胶结差，遇水软化且具高膨胀性，从而在此类地层的采矿工程活动中，岩体的变形破坏形式和机制则与一般软岩支护情况显示出极大的差异性。因此，若要能够正确认识弱胶结软岩岩体的环境条件和物理力学属性，充分和有效地预测弱胶结软岩的破坏，还需要一个漫长的过程。

1.2 研究现状

自20世纪60年代以来，国内外学者对软岩工程问题进行了广泛的研究。众多学者的共同努力使得软岩支护理论和支护技术方面取得了长足的发展，特别是软岩支护技术方面发展较快，形成了多种具有代表性的联合支护体系。然而，与软岩的支护技术研究相比，支护理论研究相对较弱。因此，必须反思现有的支护理论，探讨适合于软岩的支护理论显得尤为重要。

1.2.1 国外软岩巷道工程支护理论研究现状

20世纪初，以A. Haim（海姆）(1912)、W. J. M. Rankine（朗金）(1857)和A. H. Иник（金尼克）理论(1925)等为代表的古典压力理论认为：作用在支护结构上的压力等于其上覆岩层的自重 γH。区别在于：A. Haim认为侧压系数 $\lambda=1$，W. J. M. Rankine认为侧压系数 $\lambda=\tan^2(45°-\frac{\varphi}{2})$，A. H. Иник认为侧压系数 $\lambda=\frac{\mu}{1-\mu}$，其中 μ、φ、γ 分别表示岩体的泊松比、内摩擦角、容重。K. Terzaghi（太沙基）(1923)和M. M. Протодьяконов（普氏）(1926)等在古典压力理论的基础上提出了坍落拱理论：硐室上部岩体的坍落拱的高度主要与地下工程的围岩性质及其跨度有关。K. Terzaghi认为坍落拱形状为矩形，M. M. Протодьяконов认为坍落拱形状为抛物线。总的来说，坍落拱理论的最大贡献在于首次提出了巷道围岩具有自身承载能力。20世纪60年代，奥地利工程师L. V. Rabcewicz（拉布西维兹）等在长期从事隧道施工的实践中，从岩石力学的观点出发而提出的一种合理的隧道设计施工方法，称为奥地利隧道新施工方法（New Austrian Tunneling

Method,NATM),简称新奥法,它是将岩石力学理论、锚喷支护技术、现场测试技术相结合而形成的一种新的工程施工方法。概括来说,新奥法是以岩石力学为理论依据,以充分利用围岩的自承能力为出发点,将锚喷支护作为主要的支护手段,及时进行支护,以便控制围岩的变形破坏,使围岩成为支护体系的重要组成部分,形成了以围岩、支护为一体的承载结构,共同支撑围岩压力。通过对隧道围岩与支护结构的现场量测,对开挖后隧道围岩进行动态监测,及时反馈围岩-支护承载体的力学动态变化状况,为二次支护提供合理的支护时机,通过监控量测及时反馈的信息来指导隧道及地下工程的设计与施工。

1978 年日本学者山地宏和樱井春辅提出了围岩支护的应变控制理论。该理论认为:巷道围岩的应变随着支护结构的增大而减小,因此可以通过增加支护结构的强度及刚度,能够有效地将围岩应变控制在容许应变范围之内。20 世纪 70 年代,M. D. Salamon(萨拉蒙)等提出了能量支护理论,该理论认为:支护结构与围岩相互作用,在支护结构与围岩的变形过程中,在巷道开挖后围岩释放部分能量,而支护结构吸收这部分能量,但是总的能量没有变化。可利用支护结构这一特点,使支护结构自动吸收并释放围岩传递过来的多余能量。

目前,数值计算方法的发展日趋成熟,主要包括有限元法、有限差分法、离散元法、边界元法、非连续变形方法等,以此为基础的计算软件大量涌现,如 ANSYS、FLAC、UDEC 等软件都为广大用户所熟知。由于数值计算方法能够在较短的时间内完成大量的计算分析工作,计算成本低、效率高,并将这些软件与一些支护理论相结合,因此其在采矿及地下工程中得到了广泛的应用。

1.2.2 国内软岩巷道工程支护理论研究现状

20 世纪 60 年代,陈宗基院士提出了岩性转化理论,该理论认为:同样的矿物成分、结构形态,在不同的工程环境条件下,产生不同的应力-应变响应,形成不同的本构关系。该理论强调岩体是非均质、非连续的离散介质,岩体在工程环境条件下形成的本构关系并不是简单的弹性、弹塑、黏弹塑变形理论特征。于学馥等(1981,1983,1995)提出了轴变论,该理论认为:巷道开挖后,由于围岩具有一定的自承能力,巷道坍落后可自行稳定,并可以用弹性理论进行分析。巷道围岩破坏是由于巷道开挖后围岩应力重分布形成的二次应力场超过了岩体强度极限而引起的。围岩应力重分布的特点为:高应力区下降,低应力区上升,并向应力均匀分布方向发展,直到巷道围岩稳定而终止。冯豫(1990)、郑雨天(1990)、陆家梁(1985)、朱效嘉(1996)等在新奥法的基础上提出了联合支护理论,该理论认为:对于软岩巷道支护,只强调支护刚度是不行的,要采用先柔后刚、先让后抗、柔让适度、刚柔相济的支护原则。在此基础上发展起来的支护形式主要有:锚喷(网)支护技术、锚网喷架技术、锚带网(喷)架技术,等等。郑雨天、朱效嘉、孙钧等(1996)在联合支护理论的基础上提出了锚喷-弧板支护理论,该理论认为:对软岩只强调放压是不行的,当巷道围岩放压到了一定程度，即在充分释放巷道围岩内积聚的变形能后，必须坚决有效地控制住巷道围岩的变形，即采用高强度钢筋混凝土弧板作为联合支护理论先柔后刚的刚性支护形式，坚决限制围岩的大变形。

20 世纪 80 年代，董方庭提出了松动圈支护理论，其主要观点是：巷道围岩松动圈是围岩应力超过围岩强度而产生的破坏区，它是巷道围岩收敛变形的主要原因，松动圈的大小与巷道支护难易程度联系密切。其支护的主要对象（荷载）是围岩松动圈形成过程中的碎胀力；围岩松动圈是地应力与围岩性质的函数，是一个综合指标，围岩松动圈可分为三类，即 $L_p=0\sim40$ cm 为小松动圈、$L_p=40\sim150$ cm 为中松动圈、$L_p>150$ cm 为大松动圈，其值越大支护越困难；根据围岩的状态、围岩松动圈的大小确定锚杆的支护机理，即无松动圈时锚杆无支护作用，中松动圈时锚杆起悬吊作用，大松动圈时锚杆为组合拱作用；支护的目的在于防止巷道围岩松动圈发展过程中产生过度的有害变形。方祖烈（1999）提出了主、次承载区支护理论，该理论认为：巷道开挖后，在围岩深部产生了压缩域，体现了围岩的自承能力，是维护巷道稳定的主承载区；在巷道周围形成了张拉域，通过采取支护加固措施后，也具有一定的承载能力，但这只起辅助作用，称之为次承载区。主、次承载区的相互协调作用共同决定了巷道围岩的稳定状态，支护对象为张拉域内的围岩，支护形式、支护参数的选择根据主、次承载区相互作用过程中所呈现的动态特征来确定。应力控制理论或称为围岩弱化法、卸压法或卸载法等，其基本原理是通过一定的技术手段来改变巷道某些部分围岩的物理力学性质（即弱化围岩），以改善巷道围岩内部的应力分布状态，在巷道围岩周边区域中形成一个卸载区，使得围岩压力向围岩深部发生转移，在巷道围岩深部形成承载区，以此来提高围岩的自承能力，达到控制巷道围岩稳定的目的。何满潮（2000）运用工程地质学和现代大变形非线性力学相结合的方法，提出了软岩工程力学支护理论。该理论以软岩工程力学理论体系为基础，着重软岩巷道的变形力学机制确定和复合型软岩转化技术研究；在地质力学分析的基础上，用实验室非线性大变形力学数值模拟试验再现破坏过程，优化、预测和模拟支护方案的过程和效果，优选出最佳支护方案，并在现场软岩巷道支护中试验和验证，从而探索出各种类型软岩工程支护技术。

1.2.3 国外深部高应力软岩巷道支护技术研究现状

直至 20 世纪 80 年代，德国、英国、法国、波兰等西欧国家的巷道支护仍以金属支架为主，针对不同的围岩状况采用不同类型的金属支架，在浅部巷道支护中金属支架用量约占支护总量的 70%，并取得良好的支护效果。随着开采深度的增大，岩体赋存地质条件变得复杂，金属支架已不适应煤矿深部开采的需求。20 世纪 90 年代初，美国、澳大利亚等国大力发展高预应力高强锚杆支护技术，在深部（600 m 以上）巷道支护中取得了良好的效果，从而该技术在西方国家的煤矿开采支护中得到普遍应用；美国、澳大利亚在近几十年的煤矿深部开采中，一直以锚喷支护为主体进行联合支护，深部不稳定围岩一般采用锚网喷、组合锚杆(喷网)、高强超长锚杆(喷网)等支护形式，对于深部极不稳定围岩主要采用组合锚杆桁架与锚索支护、锚网喷与锚索联合支护等形式。目前，西欧大多数国家各类型的锚杆支护、锚索支护及联合支护约占软岩巷道支护总量的 90%；俄罗斯顿巴斯地区深部巷道采用支撑能力大的 ACr1、ACr2 以及 AK 新型锚杆，其支撑能力为 190～330 kN，同时可用高强度托板及钢带，形成锚网带联合支护，取得了良好的支护效果和经济效益；德国是目前世界上煤矿开采深度最大的国家，主要矿井开采深度已达到 1200 m 左右，深部高应力软岩巷道支护主要采用锚杆、锚索、注浆和封闭型的钢构混凝土衬砌组成的多重高强联合支护，支护效果显著，但导致其开采支护成本昂贵。目前，尽管俄罗斯、西欧国家等对解决深部高应力软岩巷道支护问题进行了较为广泛的研究，也对注浆加固巷道围岩进行了大量的实验室试验和现场工业性试验，但是注浆加固技术至今还是没有在软岩巷道治理中得到广泛推广、应用。

1.2.4 国内深部高应力软岩巷道支护技术研究现状

在 20 世纪 50、60 年代，我国煤矿平均开采深度基本在 300m 以下，一般采用砌碹加固就可使巷道保持稳定。随着矿井开采深度的增加，砌碹逐渐不能使巷道保持稳定，则开始采用各类金属支架；当使用 U29 型全封闭可缩性金属支架也不能保持巷道稳定时，则采取多次修复方式来维持巷道稳定。70 年代末，采用料石条带碹、料石圆碹、可缩性料石圆碹、可伸缩圆形金属支架、锚喷与金属支架及砌碹组成联合支护等支护形式来解决软岩巷道支护问题，这些支护体系可解决一般不稳定的软岩巷道支护问题。往深部开采，往往水平构造应力显著，形成深部高应力软岩巷道，上述支护体系基本失效且不能保持巷道稳定，随着开采深度的加大，这些不稳定、极不稳定软岩巷道越来越多。这些问题引起了国内外专家、学者的高度重视，对其进行了研究，并取得一定的科研成果。

“六五”攻关期间，提出了锚网喷与金属支架相结合的二次联合支护形式，强调一次支护不能强抗，而是先让压，即巷道开挖后让围岩释放部分的变形能量，在围岩压力释放到一定程度的条件下，当围岩压力及巷道围岩变形速率发生衰减后再进行二次支护，可有效地控制巷道围岩因产生过度变形而被破坏。“七五”攻关期间，提出了采用可伸缩锚杆、高强度预应力大弧板及 U29 型全封闭可缩性金属支架等支护形式来解决极不稳定软岩巷道的支护问题，但是在实际工程运用中，巷道往往需要多次翻修后才能保持稳定，这些支护形式由于没有达到预期目标而未能大范围推广应用。“八五”攻关期间，提出了锚注支护和可伸缩锚杆、金属支架、注浆联合支护形式来解决极不稳定软岩巷道的支护问题，但这种联合支护形式，由于成本高、施工工艺复杂等，而未能全面推广应用；由于成本低、施工工艺简单及加固效果显著等，锚注支护技术被广泛应用于煤巷、岩巷、硐室、新掘及修复巷道、静压及动压巷道等，锚注支护技术是加固深部高应力软岩巷道最有效的一种支护形式。

在“七五”、“八五”攻关期间,还引进了组合锚杆、锚杆桁架及锚索支护等其他支护形式,并在一些软岩巷道中推广应用,配合锚注支护形成多种锚注联合支护体系,有效地解决了深部高应力软岩巷道的支护难题。

20 世纪 80 年代以后,深部软岩巷道围岩控制理论及技术快速发展,深部软岩巷道的支护技术按围岩-支护相互作用关系可分为 3 个阶段:第一阶段认为,通过直接提供外力的方式作用于巷道围岩表面,其特点是都属于被动支护,如金属支架、砌碹等支护形式;第二阶段认为,不仅及时主动提供支护抗力作用于巷道围岩表面,而且能与巷道围岩之间相互作用,其特点是都属于主动支护,如锚杆、锚索、锚喷(网)等支护形式;第三阶段认为,直接加固巷道围岩破碎岩体,提高围岩的物理力学性能,改善围岩应力分布状态,如锚注支护技术。

总的来说,金属支架耗用钢材量大,支护成本较高,并且在深部软岩巷道中支护效果不明显,不适应深部软岩巷道大变形的要求。一般来说,深部软岩巷道围岩的松动圈范围较大,岩体强度较低,单纯使用锚杆支护也难以使破碎的岩石完全处于受压状态而形成组合拱,难以有效地控制深部软岩巷道的大变形、强流变。利用锚注支护技术,将锚杆支护与注浆技术有效地结合在一起,可解决节理裂隙发育的软岩巷道的支护难题,扩大了锚杆的使用范围,提高了深部软岩巷道的支护效果。

1.2.5 弱胶结软岩巷道支护技术研究现状

我国西部矿区广泛分布着弱胶结地层,随着矿区开发的增加,矿井建设遇到的地质问题也日益复杂,要研究弱胶结软岩的变形机理,首先需要对其微观机理、岩石力学性质等进行研究,总结出弱胶结软岩的膨胀因素,得出岩石水稳、遇水崩解、强度低等特征,并通过理论力学分析总结出该类软岩巷道的变形规律,最后借助 FLAC 3D 进行数值分析以研究软岩巷道围岩变形特性。关于弱胶结软岩的国内外研究现状主要从以下几个方面进行阐述:

①岩体的特征及形成条件的研究与进展;

②软岩巷道围岩吸水软化、膨胀变形机理的研究与进展;

③弱胶结软岩巷道支护的研究与进展。

1. 岩体的特征及形成条件的研究与进展

软岩工程技术的研究属于岩石力学的范畴,弱胶结软岩则属于胶结差、遇水软化且具有高膨胀性的软岩(或称为低强度软岩)。西部矿区所穿越大部分的地层为中生代或新生代地层,其中含有膨胀性矿物的黏土类岩石。近几年,随着矿山开采条件越来越复杂,软岩支护问题涉及的工程领域越来越广,学术界专家陆续投身于对弱胶结软岩特征及形成条件的研究中。

曲永新(1988)根据大量不同类型的未扰动岩块的干燥饱和吸水率的试验结果和泥质岩单轴抗压强度的分布,提出了一种简单有效的泥质岩工程分类方法。研究表明未扰动岩块的干燥饱和吸水率的大小能够反映泥质岩的成岩胶结作用、黏土矿物组成、物理化学性质等对泥质岩水稳性或膨胀性的综合影响。彭涛(1995)按煤矿软岩的成生时代和黏土矿物的组成特点将其分为古生代软岩、中生代软岩和新生代软岩，并分别讨论了其结构特征、物理力学性质及水理性质，分析和探讨了软岩的变形力学机制。王小军(1995)按国内外膨胀岩的一些判别与分类的准则和方法，列举了膨胀岩的野外地质特征，提出了隧道工程中膨胀岩的判别与分类技术指标，但仍需继续开展膨胀岩工程破坏实例的专门研究，提高对膨胀岩和膨胀岩工程变形破坏机理的认识。李洪志(1997)提出膨胀型软岩能与水发生物理化学反应使含水量或体积发生变化，是长期地质作用的产物，随着时间场和空间场的不同，其力学和化学特征有明显的差异。基于对煤矿软岩的实际研究，总结二者在成分、物理化学特征、力学性质以及膨胀机制等方面的差异，为工程有效支护提供理论依据。周翠英(2005)通过扫描电镜、偏光显微镜、能谱分析仪、粉晶 X 射线衍射仪以及岩石的物理力学测试等手段测定软岩微观结构、矿物成分、物理力学性质、水溶液的化学成分及其随时间的变化特点，揭示软岩力学性质软化的动态变化规律，探讨其软化微观机制。赵健(2013)利用第一性原理计算方法，将软岩膨胀大变形概化为黏土矿物中的各种组分原子和水分子之间的相互作用模型。通过对黏土矿物微观电子结构等的研究，深入了解了黏土矿物物理化学性质，总结了杂质在高岭石内的掺杂机制，分析了杂质的形成能和电子跃迁能级等物理量，揭示了杂质对黏土矿物分子结构、电荷密度等物理化学性质的影响。

2.深部高应力软岩巷道围岩吸水软化、膨胀变形机理的研究与进展

针对弱胶结软岩岩体的影响因素，岩体的遇水软化、膨胀的特性归根结底与水的影响有关。多位学者对富含膨胀性黏土类矿物的弱胶结软岩岩体的影响因素及规律进行了持续的研究。

康红普(1994)分析了各种膨胀理论的适用条件，通过理论推导，得出了求解岩石遇水膨胀引起的巷道底臌的表达式。刘长武、陆士良(2000)以扫描电子显微镜、X 射线衍射仪、9310 型微孔结构分析仪等先进的设备为测试手段，从泥岩的微观结构及物质组成等方面入手进行研究，结合泥岩遇水后宏观物理力学性质的变化规律，全面阐述了泥岩遇水的崩解软化机理。黄宏伟、车平(2007)通过扫描电镜与 X 射线衍射仪对不含蒙脱石的华北中生代煤系地层泥岩的微观结构与物质组成进行分析，研究了该泥岩遇水软化过程中微观结构随时间变化的动态特征。总结出泥岩内部结构体系的特点是其软化崩解的真正原因，而是否含有蒙脱石并非泥岩软化崩解的决定性因素。周翠英(2010)分析了软岩系统自组织临界现象中最显著的两个特征：自组织性和临界特性，并从系统演化的角度探讨了饱水软岩系统中一种具有一定稳定性的非平衡自组织有序结构的产生过程，给出了水作用下软岩工程特性变异达到稳定的临界时刻。

针对软岩巷道围岩吸水膨胀造成的大变形机理，国内的一些学者通过试验对软岩的吸水过程、吸水后的膨胀性进行了研究。国内外在对岩石与水相互作用问

题的研究中,对含水岩石力学特性、水对岩石动力学特性的影响、水-岩化学作用的力学效应、岩石遇水后的微观结构特征与软化机制、吸水膨胀变形及变形时效特性等研究比较多,而对开采条件下泥岩吸水随时间变化规律的研究较少。

何满潮(2008)认为软岩吸水膨胀是深井软岩巷道产生大变形乃至坍塌的主要原因之一。采用自主开发研制的软岩水理作用测试仪,对深井泥岩进行吸水试验研究,同时进行 SEM 与 X 射线衍射试验,来揭示泥岩的吸水特性及其主要影响因素。根据试验结果,建立泥岩吸水的过程函数,同时分析了泥岩吸水特性的主要影响因素。

杨春和(2006)通过偏光显微镜、电子扫描电镜、X 射线衍射仪,测定板岩泡水过程中吸水率润湿角的变化,不同浸泡时间下的矿物颗粒微观结构、孔隙度的变化,并通过三轴压缩实验,研究了板岩泡水后发生软化的过程与机理。研究表明板岩内部矿物颗粒在浸泡过程中产生体积膨胀,胶结变得松散,板岩浸泡后发生软化,随着吸水率增加,峰值抗压强度以负对数的形式降低。

朱效嘉(1996,1997)从理论上分析了软岩的水理性质,通过分析水在软岩中的赋存状态,论述了软岩的固态、塑性、泥化、软化、液化、渗流、崩解、膨胀等水理性质,并归纳出晶格扩张膨胀理论和扩散双电层膨胀理论来解释该类膨胀。

刘晓明(2008)通过研究软岩崩解物的粒度及其分形特征变化规律,根据分形概念建立了模拟红层软岩崩解的数学模型,模拟与实测结果的发展趋势基本相同,表明软岩的崩解是一个分形过程。

李杭州(2007)通过应变控制式固结不排水三轴试验,测定并分析了膨胀型泥岩的应力-应变关系以及强度变化特性。结果表明,膨胀性泥岩的应力-应变曲线呈应变软化型,泥岩中的裂隙结构面等是影响泥岩强度的重要因素,说明了膨胀型泥岩不同的破坏模式对应着不同的应力-应变曲线;还说明了峰值强度、残余强度以及残余强度比是随围压的变化而变化的;孔隙水压力变化分为 3 个阶段,通过控制不同的剪切速率的固结不排水三轴试验,研究和分析了应变率随应力-应变关系、强度变化的特性以及孔隙水压力的变化。

朱合华(2002)认为含水状态是影响岩石蠕变力学性质的一个重要因素,隧道开挖后因渗流路径的增加将改变围岩的含水状态,且使围岩的力学性质变成遇水弱化。并通过干燥和饱水两种状态下岩石蠕变试验结果的对比,探讨了岩石蠕变受含水状态影响的规律性。根据广义 Kelvin 模型求得了两种状态下岩石蠕变的模型参数,分析了模型参数变化的规律。

刘夕才(1996)采用非相关联塑性流动法则模拟软岩的塑性扩容特性,推导了一个新的塑性区位移理论解,并以该位移理论解为基础,分析了软岩巷道围岩的膨胀特性与扩容现象,详细讨论了软岩塑性膨胀对巷道围岩的位移分布规律和特性曲线的影响,得出软岩的膨胀性只对塑性区位移分布规律有影响,而与弹性区位移分布无关;巷道位移随膨胀角的增大而增大等重要结论。

缪协兴(1993,1995)提出了湿度应力场理论研究软弱围岩的遇水膨胀问题,编制了非线性大变形有限元计算程序,并以软岩巷道围岩遇水作用问题为例,用湿度应力场理论分析了围岩大变形问题。

卢爱红(2002)基于新的湿度应力场理论,建立了湿度应力场的数值模拟方法,并用通用的有限元分析软件ANSYS中的温度应力场模块,有效地模拟了圆形硐室遇水作用的湿度应力场问题。

王秀英(2008)研究了渗流应力耦合作用下围岩的力学特性,利用特征曲线法分析了不同水量下围岩与支护的相互作用,并与数值方法计算结果进行对比。计算结果表明:不同水量下围岩特性曲线不同,支护抗力也不同,不同排水条件下围岩有效切向应力和有效径向应力的变化很明显,排水对围岩应力以及支护体系受力的影响是不容忽视的。

3.深部弱胶结软岩巷道支护技术的研究与进展

软岩具有流变性,在这类地层中巷道开挖支护后一段时间,出现围岩变形过大、锚喷支护体破坏等问题。国内外很多学者通过理论分析、室内试验、现场测试、数值模拟及其综合方法研究弱胶结软岩巷道支护技术。

德国主要采用封闭式双层组合支架,发展了一种主要由刚套管和让压件组成的组合支架,波兰主要采用重型金属可缩性封闭式支架。近几年我国着重研究了锚网喷索、锚网喷索注浆加固二次支护、U形钢支架锚索、U形钢支架喷注、混凝土(或料石)碹注浆加固、壁后充填全断面封闭式U形钢可缩性支架、壁后充填大弧板支护、网壳支架,以及上述的支护形式和锚网喷、卸压等联合支护技术,在工程实践中取得了一定的效果。何满潮(1998)等针对软岩巷道的变形力学机制提出了预留刚柔层支护技术,首先在巷道开挖后设置足够厚度的刚柔层吸收软岩巷道的大变形,并使柔性层具有足够的强度来限制软岩巷道的破坏性变形,在刚柔层的控制下,围岩充分变形后高应力大部分转化为变形,另一部分转移至围岩深部的弹性区。然后在最佳支护时段内,进行二次加强支护,主要通过锚杆支护来提高围岩的强度,控制围岩的破坏性变形。

景海河等(2001)认为目前软岩巷道支护存在的最大问题是不耦合问题,具体表现为强度不耦合和刚度不耦合,强度不耦合即均匀的支护强度与均匀的支护荷载之间存在的不耦合现象;刚度不耦合表现为支护体的刚度小于围岩的刚度,即"正向不耦合",或支护体的刚度大于围岩的刚度,即"负向不耦合"。针对上述支护的不耦合问题,提出了软岩支护的耦合支护思想,要求所设计的耦合支护应具有充分的柔度适应围岩的大变形,同时具有足够的刚度能够恰到好处地及时限制围岩发生有害的变形损伤。

常规的支护方法和单一措施都不能满足软岩巷道工程的实际需要,李晓等(1995)提出:加强网的强度和刚度,以增强围岩表面约束能力,限制破碎区向纵深发展;适时进行二次支护且二次支护适当地增加锚网的强度,保证初期支护具有一定的柔性，在巷道不失稳的前提下，允许围岩有较大的变形，让其充分地释放能量，同时，支护体后期要有足够的强度和刚度来有效控制围岩与支护的过量变形，实现深部高应力软岩巷道厚壁支护。一是采用全长锚固全螺纹钢等强锚杆；二是进行锚索加固，增加围岩自承圈厚度；三是改变支护结构，在巷道的两底脚增加斜拉锚杆或巷道底板开挖成反底拱形并进行锚喷（梁）支护，从而形成完整的、封闭的支护整体。黄先伍(2008)研究了破碎软岩的承压变形时间变化特征，分析了不同压力下岩石的孔隙度变化率、岩性、含水率以及渗流力对变形时间发展的影响，并采用 *K-V* 蠕变本构关系借助数值模拟进行二次开发，分析了巷道支护围岩应力场、塑性区、表面位移、深部位移的变化，并研究了承压水对应力场、塑性区分布和围岩变形的综合影响。

1.3 本书研究内容

虽然国内外有关专家在深部高应力软岩支护方面已经进行了一定的理论研究和工程实践，但在理论认识和支护方法上，目前还存在一些问题，主要表现在以下几个方面：

①深部高应力软岩巷道变形破坏特征及破坏机理的认识不够深入；

②深部高应力软岩巷道的支护理论不够完善；

③深部高应力软岩巷道的支护对策不全面；

④深部高应力软岩巷道的支护形式、支护参数不尽合理。

本书结合山东能源淄博矿业集团有限责任公式济北矿区唐口煤矿超千米深井复杂地层和冀中能源峰峰集团有限公司九龙矿磁西一号井副井马头门的软岩巷道、硐室的变形特点及破坏特征，采用巷道围岩地质力学测试、理论分析、数值模拟、矿压监测及工程实践相结合的研究方案，对深部高应力软岩巷道变形破坏特性、机理及围岩控制技术进行了研究。根据国内外对深部问题的研究现状，针对深部高应力软岩巷道支护中出现的诸多问题，确定本书主要研究内容为：

①深部高应力软岩巷道变形破坏特性研究；

②深部高应力软岩巷道变形破坏机理研究；

③深部高应力软岩巷道控制理论与支护技术研究；

④深部高应力软岩巷道二次衬砌最佳支护时机研究；

⑤工程实践。

2　深部高应力软岩巷道变形破坏特征

当前，我国煤炭资源开采强度不断增大，矿井开采深度已由浅部逐渐向深部发展，巷道围岩地质条件更加复杂，地应力水平也越来越高，特别是在地质构造活动强烈地区，残余构造应力更大，在深部高应力状态下，软岩巷道围岩变形量大、变形速率快、持续时间长、流变性特别突出，流变破坏是深部高应力软岩巷道失稳破坏的主要形式之一。大量的工程实践表明，深部高应力软岩巷道开挖以后，巷道围岩一般不会在短时间内发生变形破坏，而是在高应力作用下表现出显著的流变特性，致使巷道围岩在变形持续较长时间后才产生破坏。也就是说，深部高应力软岩巷道围岩的变形破坏与其流变特性密切相关，即在巷道开挖初期巷道围岩的变形量及变形速率随着时间的延续而不断增大，经过一段时间后，巷道可能会发生失稳破坏。这充分说明深部高应力软岩巷道围岩的变形与时间密切相关(具有时效性)，并且巷道围岩的应力分布是随时间变化而发展的。一般来说，强度较低的岩层、泥化夹层、膨胀性泥岩、断层破碎带、软弱夹层、充填黏质土的裂隙体岩层等软弱岩层在由自重应力、构造应力和采动应力组成的复杂应力场的共同作用下，巷道围岩随着时间的增长产生显著的流变现象，巷道围岩的变形破坏则表现出明显的时间效应。

随着煤矿矿井开采深度的不断延伸，巷道围岩应力水平也逐渐增大，软岩的流变特性及其对巷道围岩稳定性的影响也越来越显著。因此，在深部高应力软岩巷道围岩稳定性分析中必须考虑软岩的流变特性，研究高地应力作用下的软岩特性及变形破坏特征是保证深部高应力软岩巷道保持长期稳定的关键技术之一。

本章将在阐述深部高应力软岩巷道的基本工程地质特征的基础上，采用理论分析和数值模拟相结合的方法，深入研究深部软岩巷道围岩在高地应力作用下的变形破坏特征。

2.1　基本工程地质特征

2.1.1　深部高应力软岩的定义及形成条件

1.深部高应力软岩的定义

何满潮(2002)根据软岩产生软化效应所需应力不同，将软岩分为低应力软岩和高应力软岩：在较低应力水平($\sigma \leqslant 25$ MPa)下产生显著塑性变形的低强度岩体为低应力软岩；在较高应力水平($\sigma > 25$ MPa)下产生显著塑性变形的中高强度岩体为高应力软岩。深部高应力软岩是指开采深度大于深部临界值,在较高应力水平(σ>25 MPa)下才产生显著塑性变形,具有高地压、大变形、难支护等软岩特性的一类工程岩体。

2. 深部高应力软岩的形成条件

一般来说,新生代软岩中含有大量蒙脱石、高岭石等膨胀性黏土矿物,成岩时间短、结构较为疏松、强度较低,一般在低应力状态下即可表现出软岩特性,多为低应力软岩;古生代及部分中生代软岩含大量高岭石、伊利石等膨胀性黏土矿物,基本不含或含少量蒙脱石,成岩时间较长、结构比较致密、强度较高,一般在高应力状态下才表现出软岩特性,多为高应力软岩。

深部高应力软岩的形成条件如下。

(1)高应力软岩大多数是较为坚硬的岩石,基本不含有或含少量的较软弱岩石,饱和单轴抗压强度 $R_c \geqslant 25$ MPa。若岩石强度过低,在低应力状态下就表现出软岩特性,但表现不出高应力软岩的特征;若岩石强度过高,巷道开挖后,在高应力作用下产生岩爆现象,而不表现出高应力软岩的特征。

(2)岩体较破碎、强度相对较低、流变性极强。在巷道开挖之前,岩体处在高地应力环境下,岩体结构面处于闭合状态,岩体稳定且有一定的强度;在巷道开挖之后,巷道围岩应力部分释放,围岩处于低应力环境下,岩体结构面张开、扩展、贯通,岩体不稳定且强度较低。

2.1.2 深部高应力软岩巷道的围岩物理力学特征

1. 黏土矿物组成

采用 D/Max-3B 型 X 射线衍射仪,对岩样进行全岩矿物分析,分析结果如表 2-1所示。

表 2-1 矿物成分分析结果(质量百分比%)

序号	岩样名称	K	Q	I	M	I/M	H	F	C	S	O
1	泥岩	65	22	1	2	3	4	/	/	/	余重
2	细砂岩	55	32	2	2	4	/	2	1	/	余重
3	泥岩	66	20	2	1	3	4	1	1	/	余重
4	B层铝土	90	/	2	2	3	/	1	/	/	余重
5	粉砂质泥岩	73	14	1	3	3	2	1	/	/	余重

注:K—高岭石;Q—石英;I—伊利石;M—蒙脱石;I/M—伊蒙混层;H—赤铁矿;F—长石;C—方解石;S—菱铁矿;O—其他。

−990 m 水平井底车场围岩中的泥岩、细砂岩、粉砂质泥岩的矿物成分中含有较高比例的石英(表 2-1),呈块状结构。块体间胶结物的泥质含量较大,且泥质黏土矿物成分以高岭石为主,高达 55%～90%,而伊利石、蒙脱石含量较少,伊蒙混层含量也比较低。胶结物遇水发生膨胀变形、软化和泥化,从而使得这部分围岩的力学性质弱化,且其软硬极为不均。该类岩石岩性极软,强度较低,孔隙、裂隙发育,均一性较差,是极复杂的软岩。围岩中的黏土矿物在很大程度上决定了软岩的性质,这是形成高应力软岩的内因。

2. 水理性质

通过对副井泥岩开展膨胀性试验获得试验结果如表 2-2 所示。由表 2-1 可知,围岩中的黏土矿物以高岭石为主,蒙脱石、伊利石等含量较少,并且伊蒙混层含量也较低。因此,软岩含水量不高,膨胀前含水率为 2.4%~4.1%;吸水性较明显,膨胀后含水率为 3.46%~4.97%,膨胀前后含水率变化为 0.87%~1.78%;膨胀性强,膨胀量为 0.41%~1.17%。

表 2-2　**副井泥岩膨胀性试验结果**

岩石名称	取样深度/m	膨胀前含水率/%	膨胀后含水率/%	膨胀量/%	膨胀力/MPa
泥岩	901.0~903.7	2.4~3.0	4.18~4.39	1.17	0.023
泥岩	935.40~942.0	2.5~3.04	3.46~4.47	0.77	0.061
泥岩	1024.6~1025.6	3.68~4.1	4.62~4.97	0.41	0.012

3. 力学性质

应用液压式万能材料试验机和 MTS 岩石伺服试验机对 5 种岩样进行了单轴抗压试验及三轴抗压试验,试验结果如表 2-3 所示。

表 2-3　**井底车场围岩力学性质试验结果**

岩样名称	单轴抗压强度/MPa	三轴弹性模量/MPa	泊松比	黏聚力/MPa	内摩擦角/(°)
泥岩	21.38	29944.3	0.253	4.851	41
细砂岩	28.38	23047.01	0.130	6.69	42
泥岩	34.51	24564.87	0.207	4.69	46
B层铝土	25.36	25192.14	0.152	4.10	54
粉砂质泥岩	38.83	28859.63	0.168	6.37	52

由表 2-3 可知,泥岩组的单轴抗压强度为 21.38~38.83 MPa,泥岩的平均单轴抗压强度为 31.57 MPa;细砂岩的单轴抗压强度为 28.38 MPa;B 层铝土的单轴抗压强度为 25.36 MPa。由此可见,−990 m 水平井底车场围岩的力学强度较高,故只有在较高的应力水平下才会发生变形破坏;而在低应力状态下则表现出硬岩的特性。

2.1.3　深部高应力软岩巷道的地应力特征

唐口煤矿应力水平大,地应力对巷道或硐室围岩稳定性的影响显著。为了掌握地应力分布规律和优化巷道布置与支护设计，进行了地应力测试，测试结果如表2-4所示。

表2-4　　**地应力测试结果**

测点编号	测点位置	距地表深度/m	主应力大小/MPa	主应力方向角度/(°)		
			$\sigma_1/\sigma_2/\sigma_3$	V(垂直)	W(东西)	N(南北)
1#孔	回风石门大巷	1030	31.107	34.091	55.91	90.166
			15.032	118.352	45.22	58.159
			10.117	72.678	115.819	31.842
2#孔	西翼辅助运输石门	1028	27.91	41.238	79.241	129.21
			19.90	54.656	74.161	39.765
			13.35	108.42	19.310	95.581
3#孔	回风石门大巷	1030	36.088	70.803	74.203	25.27
			6.671	35.635	66.04	114.69
			2.948	118.75	29.268	95.033

注：地应力分量坐标系取 X 轴正向指北，Y 轴正向指东，Z 轴正向垂直向下。

由表2-4可知，唐口煤矿－1000 m水平井底处地应力水平整体较高，并且以自重应力为主，属自重应力场型；但是局部由于断层、向斜构造的影响，地应力有所差异，水平构造应力突出，水平构造应力远大于垂直自重应力，属于构造应力场，这对矿井巷道布置与支护产生较大的影响。

2.2　围岩稳定性影响因素

影响深井围岩稳定性的因素很多，如围岩的岩石物理力学特性、矿物成分、岩体结构和地质构造、温度、水、瓦斯、开采扰动等，而支护结构、施工合理时机及工艺质量等是影响深井围岩稳定性的主要人为因素。

2.2.1　构造应力

深部岩体处于垂直应力、构造应力、动压等相互构成的复杂的应力场中。随着开采深度的增加，深部巷道受到上覆岩层的自重应力也越来越大。在高应力下，围岩岩性逐渐表现出由硬岩向软岩转变，其变形特征由脆性向延性转变。在深部高应力作用下，围岩变形具有较明显的时间效应，表现出显著的蠕变或流变特性。由于软岩本身的承载能力较差，一旦巷道支护体系破坏失效，巷道变形急剧加速。在地质构造活动强烈地区，残余构造应力更大，水平应力往往大于垂直应力，水平地应力较高，这些因素加剧软岩巷道的破坏程度，使得地压更加显现，给深部高应力软岩巷道的支护和地下资源的开采带来了很大的难题。

2.2.2 地下水

地下水对深井软岩巷道围岩及支护结构稳定性具有显著的影响。地下水对岩体的物理、化学、力学作用，不仅可以改变其强度，而且可以改变岩体的应力状态。根据太沙基有效应力原理，土的有效应力等于总应力减去孔隙水压力，孔隙水压力增大，减少了作用于岩体结构面上的有效应力，从而降低了岩体的抗剪强度。

另外，研究证明，含水量对沉积岩强度和变形特性会产生十分显著的影响。与干燥状态相比，泥岩和石英砂岩等在饱和状态下的单轴抗压强度会有 50%的损失。针对砂岩的单轴抗压强度与含水量的关系，Dyke 等(1991)通过大量的试验研究，认为单轴抗压强度越低的岩石，对含水量的反应越敏感，单轴抗压强度(UCS)的试验结果如表 2-5 所示。

表 2-5 **单轴抗压强度(UCS)试验结果**

砂岩类型	UCS(干燥)/MPa	UCS(饱和)/MPa	强度损失/%
砂岩 1	70	53	24
砂岩 2	48	36	25
砂岩 3	34	22.5	34

地下水和岩石共同作用的实质是岩石宏观力学特性改变的过程，而这种宏观力学特性的改变是由岩石微观结构变化引起的，因此深部巷道围岩强度软化直至破坏是导致这种复杂作用的微观演化过程的关键所在。水-岩作用对岩石宏观力学特性的影响主要表现在：降低了岩石的抗压强度、弹性模量，其反应强度的大小与水化作用对断裂力学指标的影响程度成正比。特别地，含有伊利石、蒙脱石等黏土矿物的软岩遇水产生软化、泥化作用，发生明显的体积膨胀、崩解和溶解等变化，加速了巷道围岩变形破坏，增大了深部软岩巷道的支护难度。

深部巷道渗透压高达 7 MPa，在高渗透压的作用下，深部巷道围岩受地下水的长期浸泡作用，内黏聚力大大削弱，强宏观度的降低幅度较大，岩体塑性及流变性能变化十分显著。

2.2.3 高地温

大部分国有重点煤矿将进入 1000 m 以上的开采深度，深部开采的趋势将不可避免。在深部条件下，地温达到 30～50℃。与浅部相比，在超出常温的环境下岩石的变形特征和物理力学指标均发生明显的变化。温度每升高 1℃，地应力可增大 0.4～0.5 MPa，温度升高引起的地应力变化将给岩石的物理力学性质带来较为显著的影响。在深部条件下，许多坚硬的岩石往往会出现大的位移和变形，还具有明显的流变特征，温度在其中起着重要的作用。一般地，随着开采深度的增加，深井巷道围岩的温度会相应升高，从目前的资料来看，每 100 m 温度升高 1.5～4.5℃。在一些深井巷道，温度变化引起的岩石力学性质变化很明显。图 2-1、图 2-2、图 2-3 给出了几种岩石在围压相同、温度不同的情况下的应力差量-应变曲线。

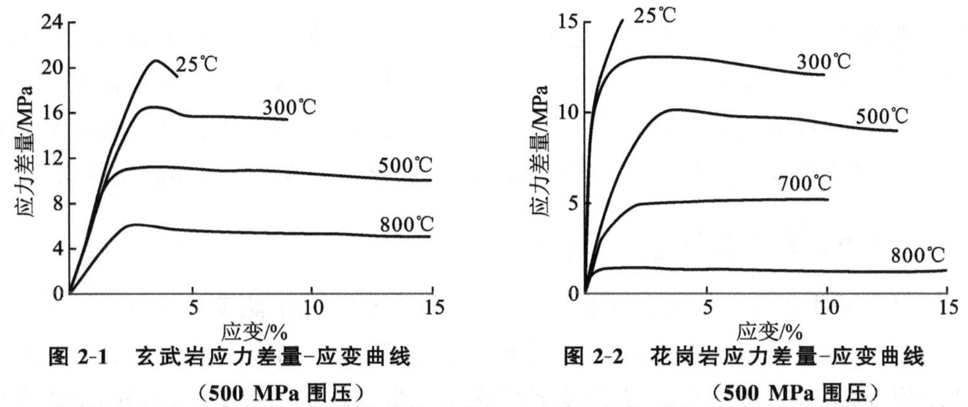

图 2-1 玄武岩应力差量-应变曲线（500 MPa 围压）

图 2-2 花岗岩应力差量-应变曲线（500 MPa 围压）

随着地温的升高，作业环境逐渐恶化，进而影响井下工人的施工质量，不恰当的施作支护结构将给矿井的安全生产埋下很大的隐患。图 2-4 为新汶孙村矿地层温度随埋深的变化曲线。

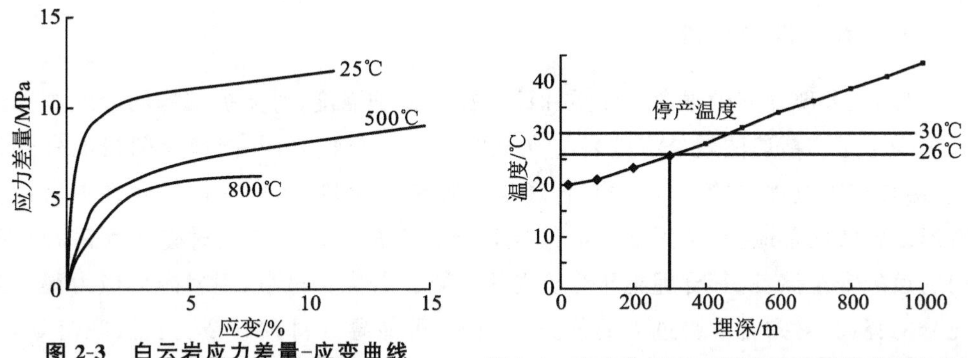

图 2-3 白云岩应力差量-应变曲线（500 MPa 围压）

图 2-4 新汶孙村矿地层温度随埋深的变化曲线

地下巷道的开掘，使得围岩与外界必定会发生一定的热量交换，外界风流温度的变化将在围岩内产生一个不断变化的温度场分布区域，深井巷道围岩在这个变化着的温度场的长期作用下将产生膨胀或收缩，从而形成一定的热应力，热应力的长时间作用又可以改变围岩流变变形的速率。

2.2.4 强烈开采扰动

开采扰动主要包括巷道掘进和回采，它改变了原岩应力场，导致深部围岩发生变形或位移。进入深部开采后，以高应力为主的巷道要经受回采空间引起的强烈支承压力作用，这将使影响范围内的巷道围岩压力较原岩应力增大数倍甚至近十倍，从而在浅部表现为坚硬脆性的岩石，在深部却表现了出软岩的一些延性性质，比如大变形、大流变、难支护的特征。

深部巷道受开采扰动破坏主要表现为岩爆和大变形。开采扰动在增大深部地下空间临空面积的同时，打破了原岩应力场的平衡状态，围岩应力重新分布，导致许多应力在集中区域产生，积累了大量的应力集中能；临空面积越大，对岩体强度的要求越高；开采扰动易引起围岩微裂隙的产生，影响岩体的整体性，加速裂隙带、破碎带、弯曲带的发育；在开采扰动与深部高应力场联合作用下，岩爆触发的条件逐渐形成，最终能量瞬间释放导致巷道坍塌破坏。此外，在开采扰动和温度共同作用下，深部岩性发生变化，转变为工程软岩，可能导致大范围非线性流变现象。

2.2.5 支护结构

目前深井巷道支护结构较单一，且不注重多重支护，不能满足巷道围岩变形要求；支护仍停留在传统支护理论上，未能创造出新兴支护理论；巷道掘进后未能快速封底，底板处于裸露状态，巷道支护结构不能形成稳定的封闭环；另外，不恰当的支护材料选择也是深井围岩变形破坏的主要原因。支护结构不合理往往会导致巷道发生过量变形而失稳坍塌。

2.2.6 施作时机

目前，大部分支护理念只注重片面地提高支护强度，对支护结构的合理施作时机很少考虑。新奥法就是将围岩与支护体作为一个整体，共同承受围岩的外部荷载，结合施工过程中的动态监测，合理地选择施作时机，初次支护后允许围岩适度变形以释放内部应力，从而减少后续支护结构上的受力。二次衬砌作为深井马头门巷道的安全储备，其合理施作时机尤为重要。若支护过早，围岩内部应力得不到充分的释放，衬砌将承受过大的外力和变形，可能导致衬砌开裂、失稳、脱落等，损坏了支护结构的安全与稳定；若支护过晚，任由位移向巷道内部发展，围岩的强度将随时间的推移逐渐减弱，进而造成二次衬砌所受荷载更大，最终导致巷道冒顶、片帮等破坏。

2.3 围岩变形破坏特征

由于围岩赋存地质条件的不同，深部岩体的力学特性与浅部岩体相比有很大的不同，深部高应力软岩巷道围岩表现出其特有的变形破坏特征。

2.3.1 围岩分区破坏化

深部巷道围岩根据状态通常可分为塑性区、松动破碎区和弹性区三个区域。

国内外学者进行的大量的理论分析、实验室相似模拟实验、数值模拟计算及深部矿井现场试验等研究表明，深部巷道围岩出现区域破裂化现象，即膨胀带和压缩带（或称为破裂区和完整区）交替出现，且呈现非连续性破坏特征，如图 2-5 所示。

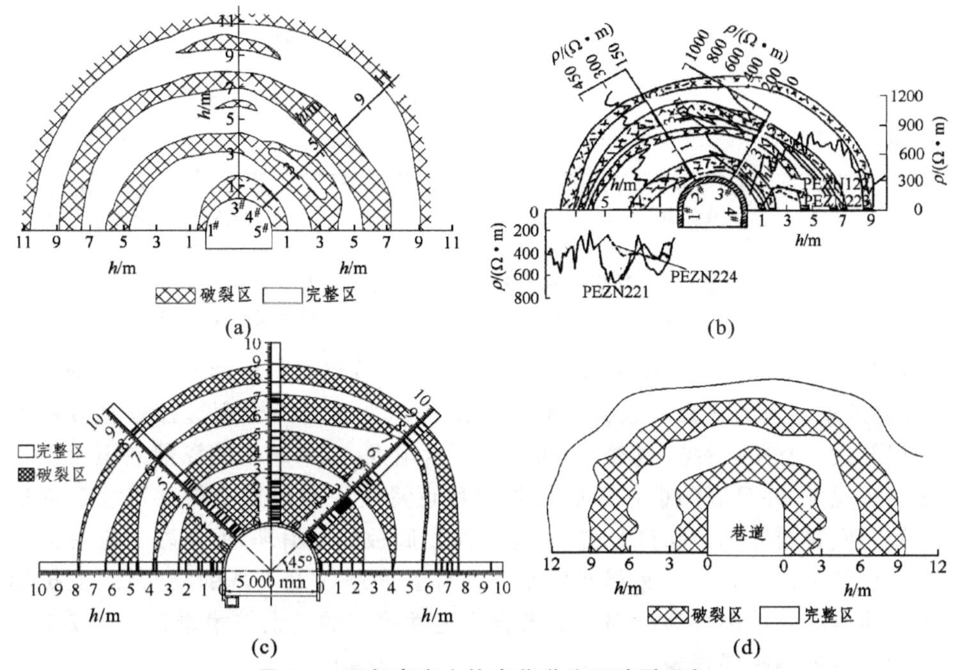

图 2-5 深部高应力软岩巷道分区破裂现象

(a)俄罗斯 Маяк 矿分区破裂化现象；(b)Taimyrskii 矿山巷道围岩的分区破裂化现象；(c)淮南矿区丁集矿深部巷道分区破裂现象；(d)金川镍矿区深部巷道分区破裂现象

2.3.2 围岩的大变形和强流变特性

深部高应力软岩巷道的基本工程地质特征决定了巷道围岩具有变形量大、变形持续时间长、围岩自稳时间短、巷道底臌严重等特点。深部高应力软岩巷道具有明显的流变特性，变形具有随掘进时间变化而变化的时间效应(图 2-6)。巷道掘出过程中，巷道的变形持续时间一般为 25～60 d，但有的长达半年以上仍然不稳定。巷道围岩在支护良好的情况下，其稳定变形量一般为 60～100 mm，甚至可达到 300～500 mm；如果支护不当，围岩稳定变形量更大，甚至达到 500～1000 mm 以上。掘进或回采扰动等还会加剧这种变形的发展，如支护措施不合理、不及时，当变形量持续增大超过允许变形量时，支护结构就会失效，丧失承载力，进而加速围岩变形失稳破坏。深井围岩变形区分为易控制的松动带和不易控制的塑变带，塑变带是上覆岩层自重和开采扰动作用叠加产生的，因此不易控制。在深井开采过程中，常伴随着开采扰动的影响，对巷道围岩所施加的支护结构无法抵抗集中应力，抑制围岩塑性变形，因此只能使支护结构适应塑变带范围岩体的移动，支护结构应具备一定让压变形的能力。对松动带岩体而言，支护结构要控制其变形量在自身允许的合理范围内，从而保持松动带的整体稳定性，避免发生整体坍塌。

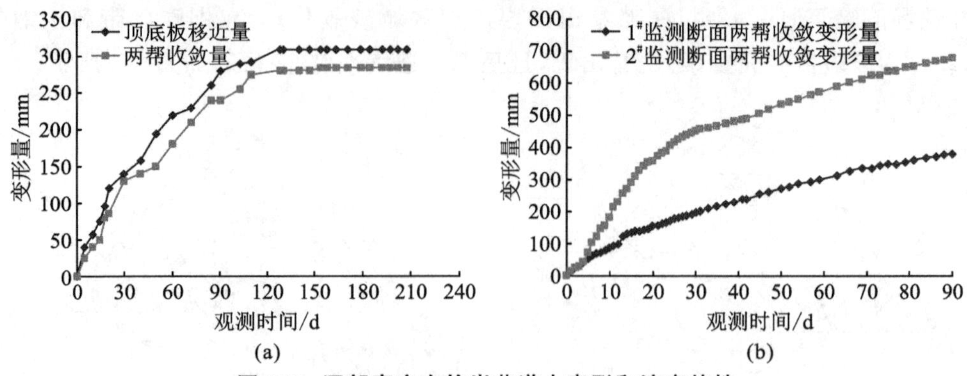

图 2-6　深部高应力软岩巷道大变形和流变特性

(a)唐口煤矿泵房变形监测结果；(b)榆树井煤矿总回风巷变形监测结果

在深部巷道围岩变形中底臌变形是一个非常重要的表现形式。与浅部巷道不同，深部开采巷道的底臌量极大。底臌变形是深部巷道围岩变形在垂直方向的主要表现形式。有关研究资料表明：随开采深度增大，越来越多的深部巷道出现严重底臌破坏现象，并且底臌量在顶底板相对移近量所占的比重也随巷道埋深逐渐增大。针对底臌的控制，现有的支护观念只注重底板加固治理，而忽略了巷道其他部位对底板稳定性的影响。深部巷道赋存条件及底臌触发机理的复杂性、支护理念的落后使得底臌治理成为深部巷道围岩稳定性控制的一大技术难题。图 2-7 为大屯姚桥矿巷道的底臌现象。

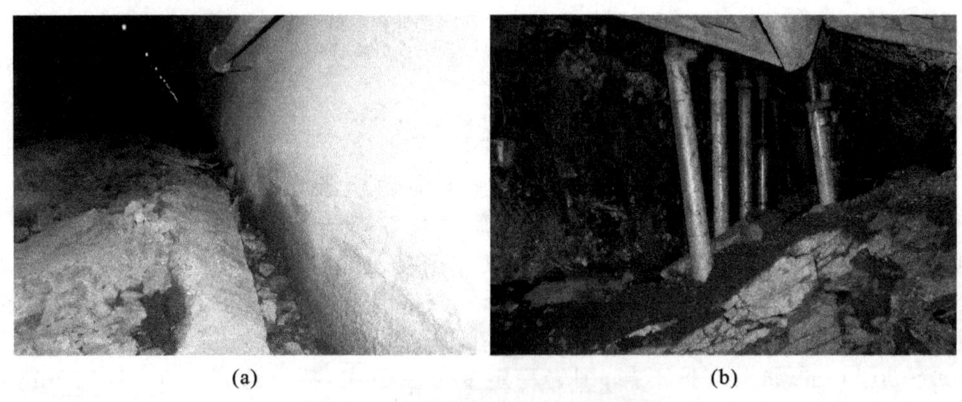

(a)　　(b)

图 2-7　大屯姚桥矿巷道严重底臌

(a)辅助运输大巷；(b)7001 顺槽

2.3.3　深部岩体的脆-延转化

在浅部低应力环境中，岩石破坏以脆性为主，通常没有或仅有少量的永久变形或塑性变形；进入深部开采，在高地应力作用下岩石可能转化为延性，破坏时其永久变形量通常较大。随着矿井开采深度的增加，岩石已由浅部的脆性力学响应转化为深部潜在的延性力学响应。

2.3.4　传统的刚性支护破坏严重及锚喷支护失效

深部高应力软岩巷道具有变形量大、持续时间长、流变性大、底臌严重等变形破坏特征，导致传统的刚性支护及锚喷支护所承受的变形压力很大，巷道及支护结构在施工后很快就发生破坏，必须再次或多次翻修后巷道才能正常使用，这说明传统的刚性支护及锚喷支护已不能完全适应深部高应力软岩巷道非线性、大变形破坏规律的需要。其中典型的变电所通道及回风石门底臌破坏如图 2-8 所示。

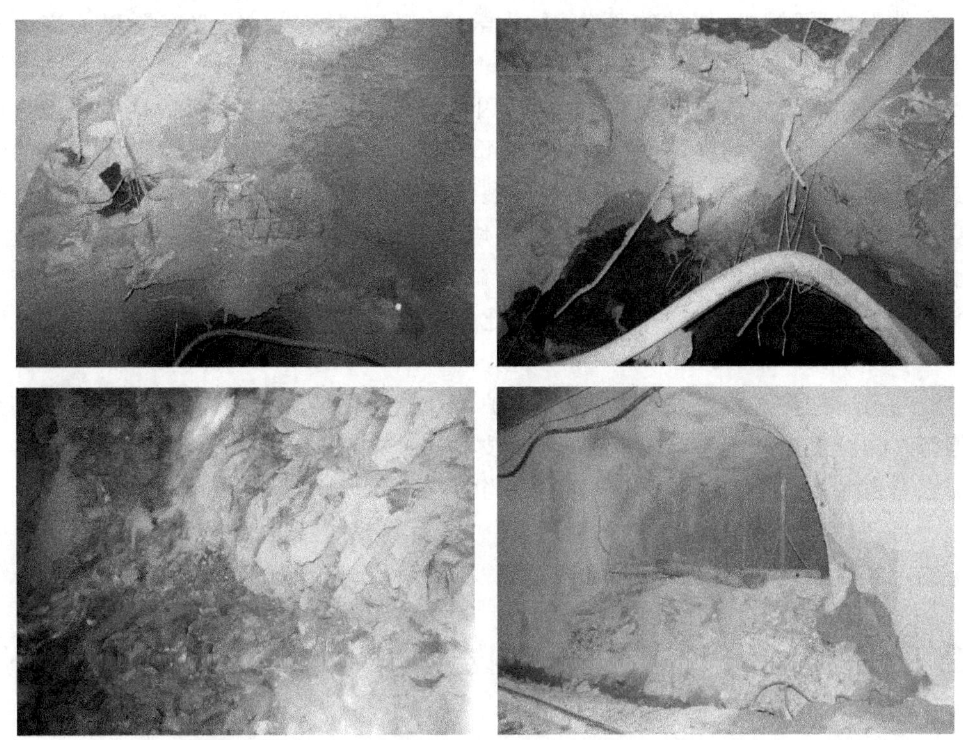

图 2-8　唐口煤矿变电所通道及回风石门底臌破坏状况

2.3.5　深部高应力软岩巷道围岩变形破坏的主要影响因素分析

深部高应力软岩巷道围岩变形破坏的影响因素主要包括以下几个方面。

1. 软岩物理及力学性质影响

岩性是影响巷道围岩稳定性的最基本的因素。含有蒙脱石、伊利石、高岭石等膨胀性黏土矿物的软岩遇水后软化、泥化、崩解，体积急剧膨胀，产生很大的膨胀压力，导致巷道围岩变形更加剧烈；并且这类软岩的强度较低，对巷道围岩的稳定性最为不利。

2. 复杂的围岩应力场

深部岩体处于垂直应力、构造应力、采动压力等相互构成的复杂的应力场中。随着开采深度的增加，深部软岩巷道受到上覆岩层的自重应力也越来越大，由于软岩本身的承载能力较差，一旦巷道支护体系破坏失效，巷道变形急剧加速；在地质构造活动强烈地区，残余构造应力更大，水平应力往往大于垂直应力，形成高水平地应力，这些都增加了软岩巷道地压显现及巷道围岩破坏的剧烈程度，造成深部高应力软岩巷道支护更加困难。受采动影响，软岩巷道的破坏速度加快、破坏更为严重、破坏区域更大等，加大了深部高应力软岩巷道的支护难度。

3. 地下水的影响

地下水通过对岩体的物理作用、化学作用和力学作用，既改变围岩的应力状态，又影响了围岩的强度。根据 Terzaghi(1923)的有效应力原理，孔隙水压力的增大减小了作用于结构面上的有效应力，因而降低了岩体沿结构面的抗剪强度。地下水影响巷道围岩的稳定性，静水压力可以减小岩体的有效应力而降低岩体的强度，在裂隙岩体中的孔隙静水压力可使裂隙产生扩容变形；动水压力作用在巷道围岩上，既增加了软岩巷道的支护难度，又增加了支护体变形和破坏的可能性。地下水对含有蒙脱石、伊利石、高岭石等黏土矿物成分的软岩产生软化、泥化作用，使其产生显著的体积膨胀、崩解和溶解等变化，加速了巷道围岩的变形破坏。

4. 支护结构不合理

巷道支护形式单一，且多为一次支护，不能适应围岩变形要求；支护理念落后，停留在传统支护理论上，未能形成新兴支护理论；巷道底板处于敞开状态，不重视加强巷道底板支护；支护材料选择不恰当等。

另外，温度、冲击地压、施工管理、爆破震动等因素都会对巷道围岩稳定产生一定的不利影响，加速了巷道围岩的变形破坏，不利于巷道围岩的稳定。

2.4 深部高应力软岩巷道围岩力学特性的黏弹性理论分析

2.4.1 深部高应力软岩巷道黏弹性力学分析的基本假设

为了研究问题和建立模型的方便，提出以下基本假设：

①围岩为均质各向同性的线黏弹性体；

②围岩的体积变形是弹性的，而形状变形规律符合 Burgers 黏弹性模型；

③原岩应力为各向等压状态，侧压系数 $\lambda=1$，即水平应力分量和垂直应力分量相等，都等于其上覆岩层的重量 γH；

④巷道断面为半径为 r_0 的圆形，巷道长度无限长，即属于平面应变问题；

⑤不考虑其他临近巷道、硐室或采场的开挖影响；

⑥不计巷道周围岩体自重，即巷道处于无限大黏弹性体中。

根据以上假设，可以将软岩巷道简化为载荷与结构都是对称的平面应变圆孔问题，如图 2-9 所示。

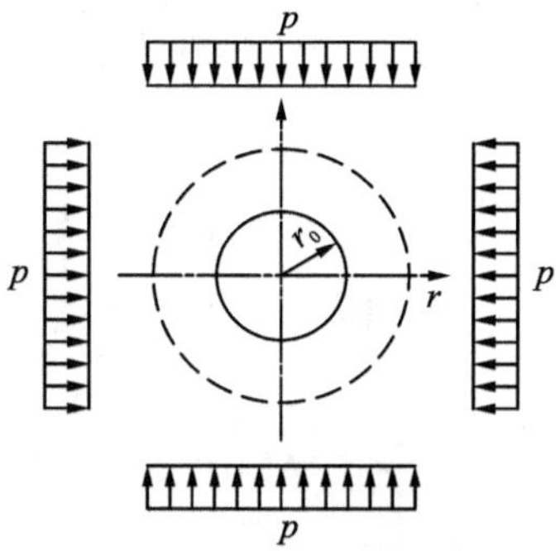

图 2-9 轴对称圆形软岩巷道黏弹性力学分析模型

p—原岩应力；r_0—圆形巷道半径

2.4.2 深部高应力软岩巷道黏弹性力学分析

根据前面建立的轴对称圆形软岩巷道黏弹性力学分析模型，为了方便计算圆形巷道周边的应力以及位移，选择极坐标系进行求解，如图 2-10 所示。

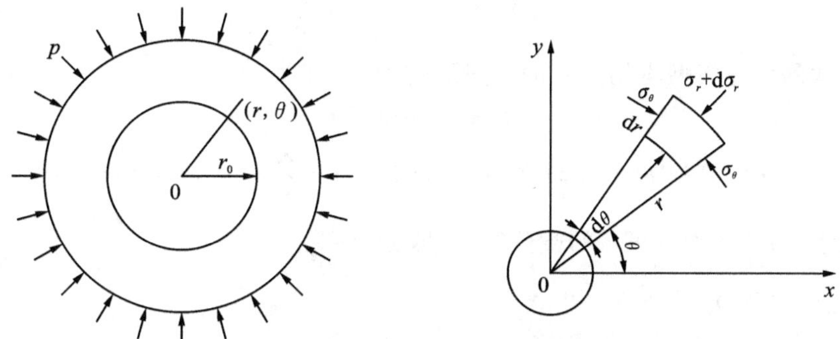

图 2-10 轴对称圆形软岩巷道黏弹性力学分析极坐标计算模型

p—原岩应力；r_0—圆形巷道半径；r—径向半径；θ—环向半径；σ_θ—切向应力；σ_r—径向应力

根据前面的假设，且假定体力为零，该轴对称问题的基本方程可以写成如下形式。

(1)平衡微分方程。

$$\frac{\mathrm{d}\sigma_r}{\mathrm{d}r}+\frac{\sigma_r-\sigma_\theta}{r}=0 \tag{2-1}$$

(2)几何方程。

$$\begin{cases}\varepsilon_r=\dfrac{\mathrm{d}u_r}{\mathrm{d}r}\\ \varepsilon_\theta=\dfrac{u_r}{r}\end{cases} \tag{2-2}$$

(3)Burgers 模型由 Maxwell 模型(M 体)和 kelvin 模型(K 体)串联而成，

Burgers模型的本构方程如下所示。

$$\ddot{\sigma}+\left(\frac{E_{\mathrm{M}}}{\eta_{\mathrm{M}}}+\frac{E_{\mathrm{M}}}{\eta_{\mathrm{K}}}+\frac{E_{\mathrm{K}}}{\eta_{\mathrm{K}}}\right)\dot{\sigma}+\frac{E_{\mathrm{M}}E_{\mathrm{K}}}{\eta_{\mathrm{M}}\eta_{\mathrm{K}}}\sigma=E_{\mathrm{M}}\ddot{\varepsilon}+\frac{E_{\mathrm{M}}E_{\mathrm{K}}}{\eta_{\mathrm{K}}}\dot{\varepsilon} \tag{2-3}$$

式中，E_{M}、E_{K} 分别为 M 体、K 体中弹簧的弹性模量；η_{M}、η_{K} 分别为 M 体、K 体中粘壶的黏滞系数。

(4)边界条件。

$$\begin{cases}\sigma_r\big|_{r=r_0}=0\\ \sigma_r\big|_{r=\infty}=p\end{cases} \tag{2-4}$$

该问题的弹性解为：

$$\begin{cases}\sigma_r=p(1-\dfrac{r_0^2}{r^2})\\ \sigma_\theta=p(1+\dfrac{r_0^2}{r^2})\\ u_r=\dfrac{p}{2G}\cdot\dfrac{r_0^2}{r}\end{cases} \tag{2-5}$$

式中，u_r 为巷道围岩径向位移；r_0 为巷道半径；r 为巷道围岩内任意点距圆形巷道圆心的距离；G 为岩石的剪切弹性模量。

对式(2-5)利用对应性原理，则有

$$\bar{u}_r(S)=\frac{p}{2\bar{G}(S)}\cdot\frac{r_0^2}{r} \tag{2-6}$$

线性黏弹性模型本构关系的一般形式为：

$$P(D)\sigma=Q(D)\varepsilon \tag{2-7}$$

式中，$P(D)$，$Q(D)$为 D 的 n 阶多项式，即 $P(D)=\sum\limits_{i=0}^{n}p_iD^i$，$Q(D)=\sum\limits_{j=0}^{n}q_jD^j$，$p_i$ 和 q_j 为系列常数；D 为对时间 t 的微分算子，即 $D^n=\dfrac{\mathrm{d}n}{\mathrm{d}t}$。

联立式(2-7)、式(2-3)，可得：

$$\begin{cases}P(D)=1+\left(\dfrac{\eta_{\mathrm{M}}}{E_{\mathrm{M}}}+\dfrac{\eta_{\mathrm{M}}+\eta_{\mathrm{K}}}{E_{\mathrm{K}}}\right)D+\dfrac{\eta_{\mathrm{M}}\eta_{\mathrm{K}}}{E_{\mathrm{M}}E_{\mathrm{K}}}\cdot D^2\\ Q(D)=\eta_{\mathrm{M}}D+\dfrac{\eta_{\mathrm{M}}\eta_{\mathrm{K}}}{E_{\mathrm{K}}}\cdot D^2\end{cases} \tag{2-8}$$

对式(2-8)进行 Laplace 变换，并满足边界条件式(2-4)，则有：

$$\begin{cases}P(S)=1+\left(\dfrac{\eta_{\mathrm{M}}}{E_{\mathrm{M}}}+\dfrac{\eta_{\mathrm{M}}+\eta_{\mathrm{K}}}{E_{\mathrm{K}}}\right)S+\dfrac{\eta_{\mathrm{M}}\eta_{\mathrm{K}}}{E_{\mathrm{M}}E_{\mathrm{K}}}\cdot S^2\\ Q(S)=\eta_{\mathrm{M}}S+\dfrac{\eta_{\mathrm{M}}\eta_{\mathrm{K}}}{E_{\mathrm{K}}}\cdot S^2\end{cases} \tag{2-9}$$

由式(2-9)，可得：

$$\bar{G}(S)=\frac{Q(S)}{P(S)}=\frac{\eta_{M}S+\frac{\eta_{M}\eta_{K}}{E_{K}}\cdot S^{2}}{1+\left(\frac{\eta_{M}}{E_{M}}+\frac{\eta_{M}+\eta_{K}}{E_{K}}\right)S+\frac{\eta_{M}\eta_{K}}{E_{M}E_{K}}\cdot S^{2}} \tag{2-10}$$

将式(2-10)代入式(2-6),整理可得：

$$\bar{u}_{r}(S)=\frac{p}{2E_{K}}\cdot\frac{r_{0}^{2}}{r}\cdot\left[\frac{E_{K}}{\eta_{M}}\cdot\frac{1}{S^{2}}+\left(\frac{E_{K}}{E_{M}}+1\right)\frac{1}{S}-\frac{\eta_{K}}{E_{K}+S\eta_{K}}\right] \tag{2-11}$$

对式(2-11)进行 Laplace 逆变换,可得到巷道围岩位移的黏弹性解：

$$u_{r}(t)=\frac{p}{2E_{M}}\cdot\frac{r_{0}^{2}}{r}\left\{1+\frac{E_{M}}{\eta_{M}}\cdot t+\frac{E_{M}}{E_{K}}\left[1-\exp\left(-\frac{E_{K}t}{\eta_{K}}\right)\right]\right\} \tag{2-12}$$

对式(2-12)求导,可以得到巷道围岩位移速率的黏弹性解：

$$\dot{u}_{r}(t)=\frac{p}{2E_{M}}\cdot\frac{r_{0}^{2}}{r}\left[\frac{E_{M}}{\eta_{M}}+\frac{E_{M}}{\eta_{K}}\cdot\exp\left(-\frac{E_{K}t}{\eta_{K}}\right)\right] \tag{2-13}$$

软岩巷道围岩表面位移为：

$$u_{r_{0}}(t)=\frac{pr_{0}}{2E_{M}}\left\{1+\frac{E_{M}}{\eta_{M}}\cdot t+\frac{E_{M}}{E_{K}}\left[1-\exp\left(-\frac{E_{K}t}{\eta_{K}}\right)\right]\right\} \tag{2-14}$$

软岩巷道围岩表面位移速率为：

$$\dot{u}_{r_{0}}(t)=\frac{pr_{0}}{2E_{M}}\left[\frac{E_{M}}{\eta_{M}}+\frac{E_{M}}{\eta_{K}}\cdot\exp\left(-\frac{E_{K}t}{\eta_{K}}\right)\right] \tag{2-15}$$

为了直观地反映不同原岩应力作用下巷道围岩的变形特性,根据 Burgers 流变模型参数选取结果(表 2-6),并利用数学软件 Matlab 绘制了不同原岩应力作用下巷道围岩表面位移及变形速率随时间的变化曲线,如图 2-11 所示。

表 2-6　　**Burgers 数值模拟参数**

参数	E_M/GPa	E_K/GPa	η_M/(GPa·h)	η_K/(GPa·h)
数值	1.473	0.334	11.355	0.465

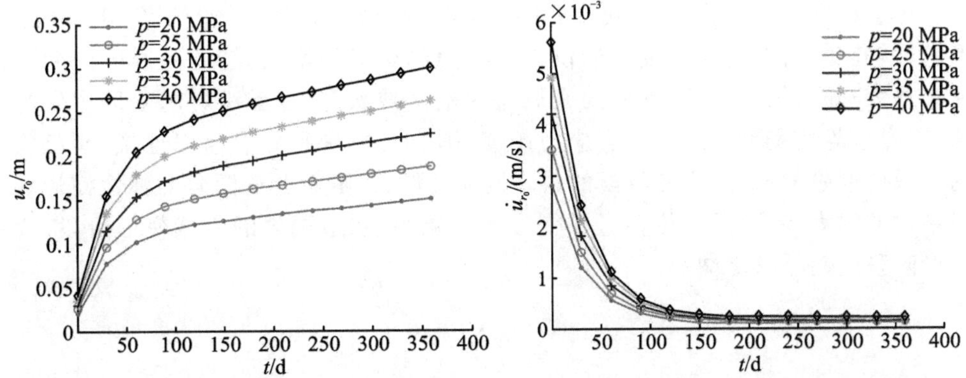

图 2-11　不同原岩应力作用下的巷道围岩表面位移和变形速率随时间的变化曲线

为了分析巷道围岩的变形量、变形速率与岩石的弹性模量、黏滞系数的关系，将弹性模量、黏滞系数分别取原参数的 1.0 倍、1.2 倍、1.4 倍、1.6 倍、1.8 倍、2.0 倍，并利用数学软件 Matlab 绘制了相同原岩应力，不同弹性模量和黏滞系数的巷道围岩表面位移及变形速率随时间的变化曲线，如图 2-12、图 2-13 所示。

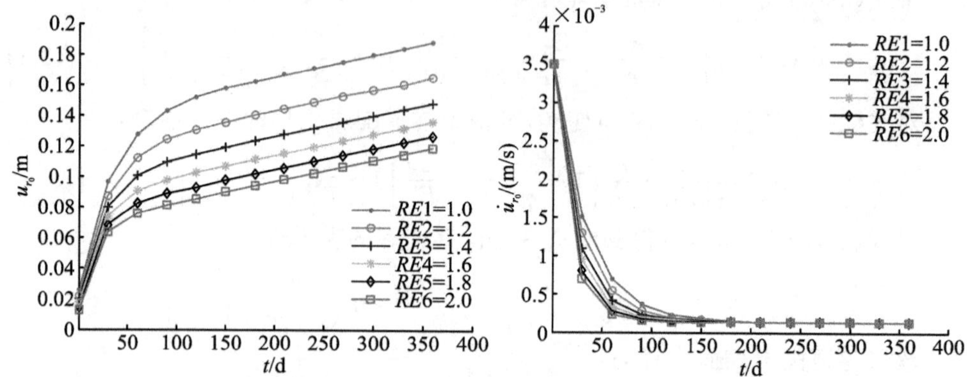

图 2-12 不同弹性模量下的巷道围岩表面位移和变形速率随时间的变化曲线

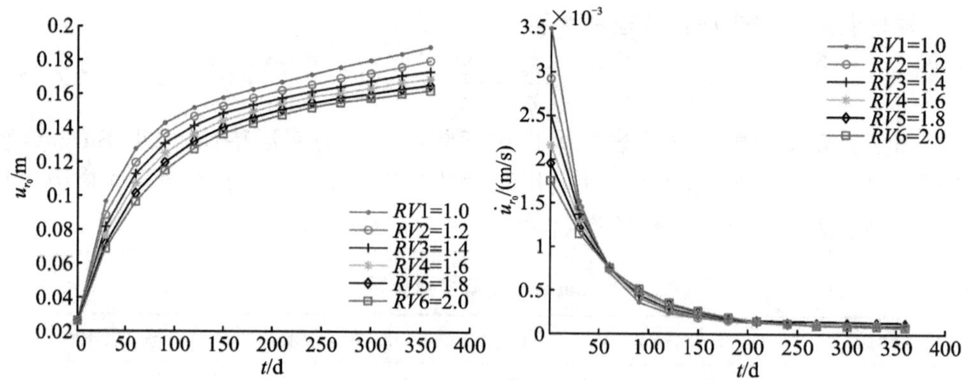

图 2-13 不同黏滞系数下的巷道围岩表面位移和变形速率随时间的变化曲线

由图 2-11～图 2-13 可知：巷道围岩的变形可分为衰减变形阶段和稳定变形阶段，巷道开挖后，巷道围岩的位移随时间的延续而增大，巷道围岩的初期变形速率最大；随时间的延长，围岩的变形速率呈衰减状态，之后围岩的变形速率为定值，围岩呈等速变形状态。原岩应力越高，围岩变形量和变形速率越快，巷道围岩的衰减变形阶段、稳定变形阶段的斜率也随之增大；随着巷道围岩的弹性模量和黏滞系数的增大，巷道围岩位移量和变形速率减小，巷道围岩的衰减变形阶段、稳定变形阶段的斜率随之减小。

2.5 围岩变形破坏特征的数值模拟分析

2.5.1 数值模拟模型的建立

本书数值模拟以唐口煤矿井底车场的辅助运输石门为工程背景，建立模拟区域的长×宽×高为 50 m×50 m×40 m，共划分 128 800 个单元和 134 793 个节点，本模拟建立的 FLAC 3D 模型如图 2-14 所示，开挖后的 FLAC 3D 模型如图 2-15 所示。

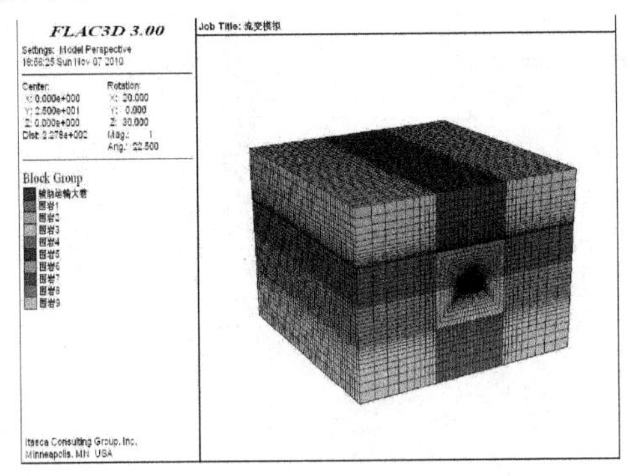

图 2-14 FLAC 3D 三维数值模拟模型

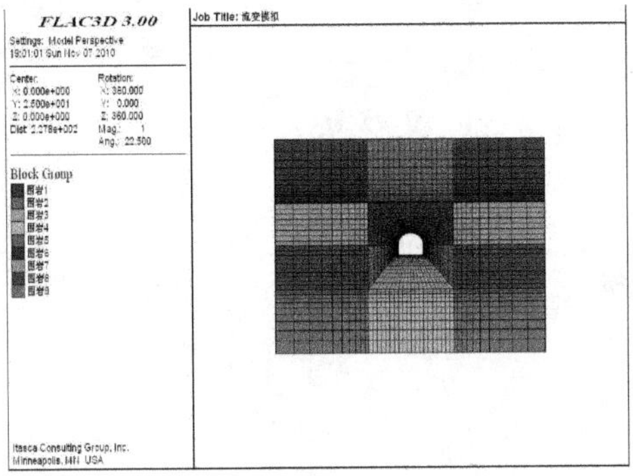

图 2-15 FLAC 3D 开挖三维数值模拟模型

本模型侧面限制水平移动，下表面固定；上表面施加 25 MPa 的荷载，模拟上覆岩体的自重边界；工程岩体的物理力学计算参数按照实验室岩石的三轴抗压试验及单轴抗压试验取值，详见表 2-3；并采用 Burgers 流变模型，揭示反映巷道围岩开挖过程中的流变特性，数值模拟参数如表 2-6 所示。

2.5.2 深部高应力软岩巷道变形破坏特性

为研究高应力软岩巷道围岩变形的流变特征，本章模拟巷道开挖后不同天数时的围岩位移，比较不同时间的围岩位移的变化，分析围岩位移变化规律，深入研究深部高应力软岩巷道变形破坏特性。通过数值模拟获得不同天数的垂直位移云图、水平位移云图，分别如图 2-16、图 2-17 所示。

从图 2-16、图 2-17 可知，在高应力作用下，从软岩巷道开挖后的 10 天到 120 天，巷道围岩的顶板、底板和两帮位移变化随时间的延续呈线性增大的趋势，这表明软岩巷道围岩变形的流变特性十分显著；最大垂直位移、水平位移在位移云图中所占的面积比随时间的延续而不断扩大，并且最大位移区域是从巷道周边不断向围岩深部扩展，引起巷道围岩变形破坏的区域也随之增加，最终导致巷道围岩变形剧烈、两帮内挤、顶板破坏和底臌严重。

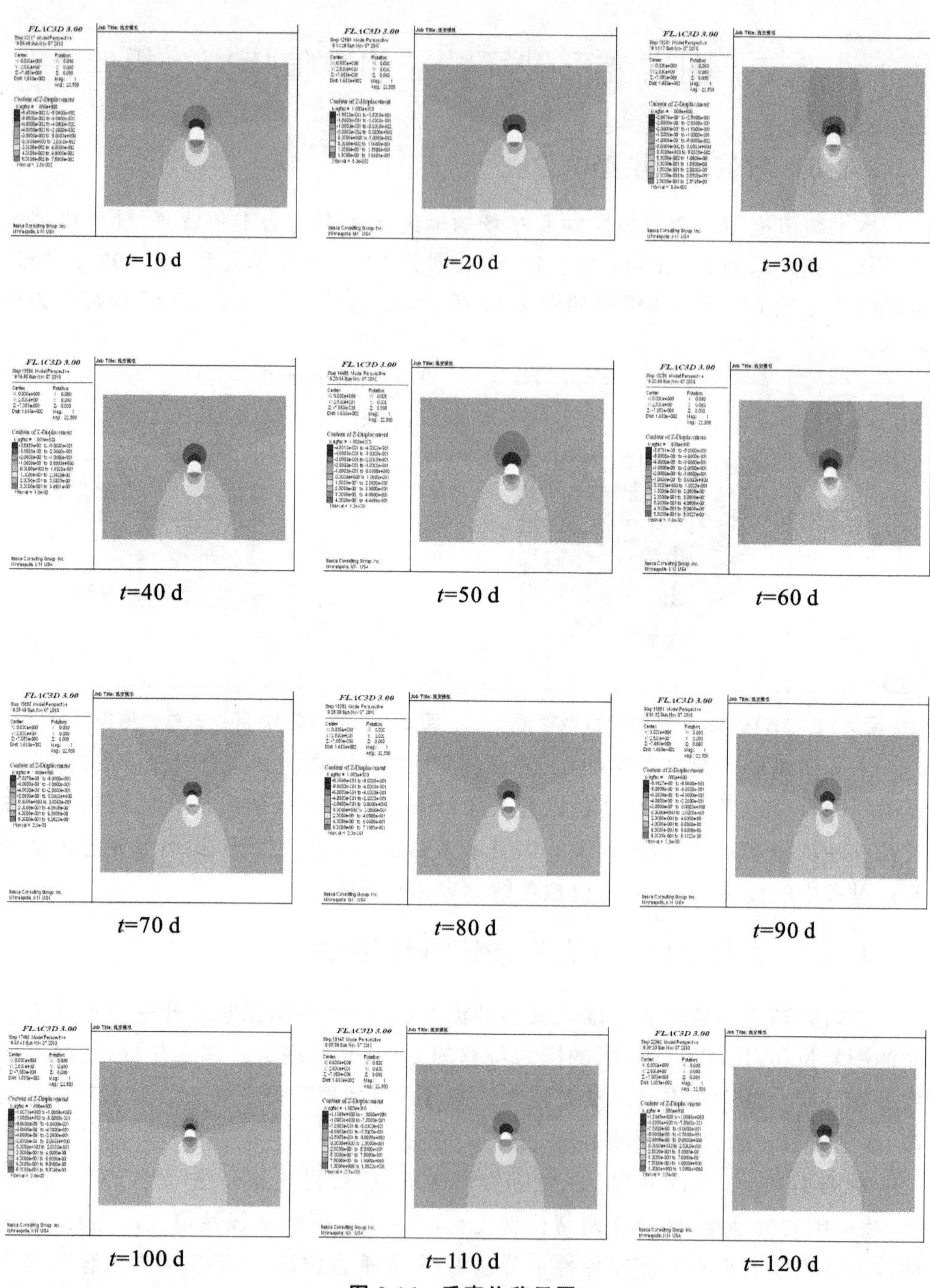

t=10 d
t=20 d
t=30 d
t=40 d
t=50 d
t=60 d
t=70 d
t=80 d
t=90 d
t=100 d
t=110 d
t=120 d

图 2-16　垂直位移云图

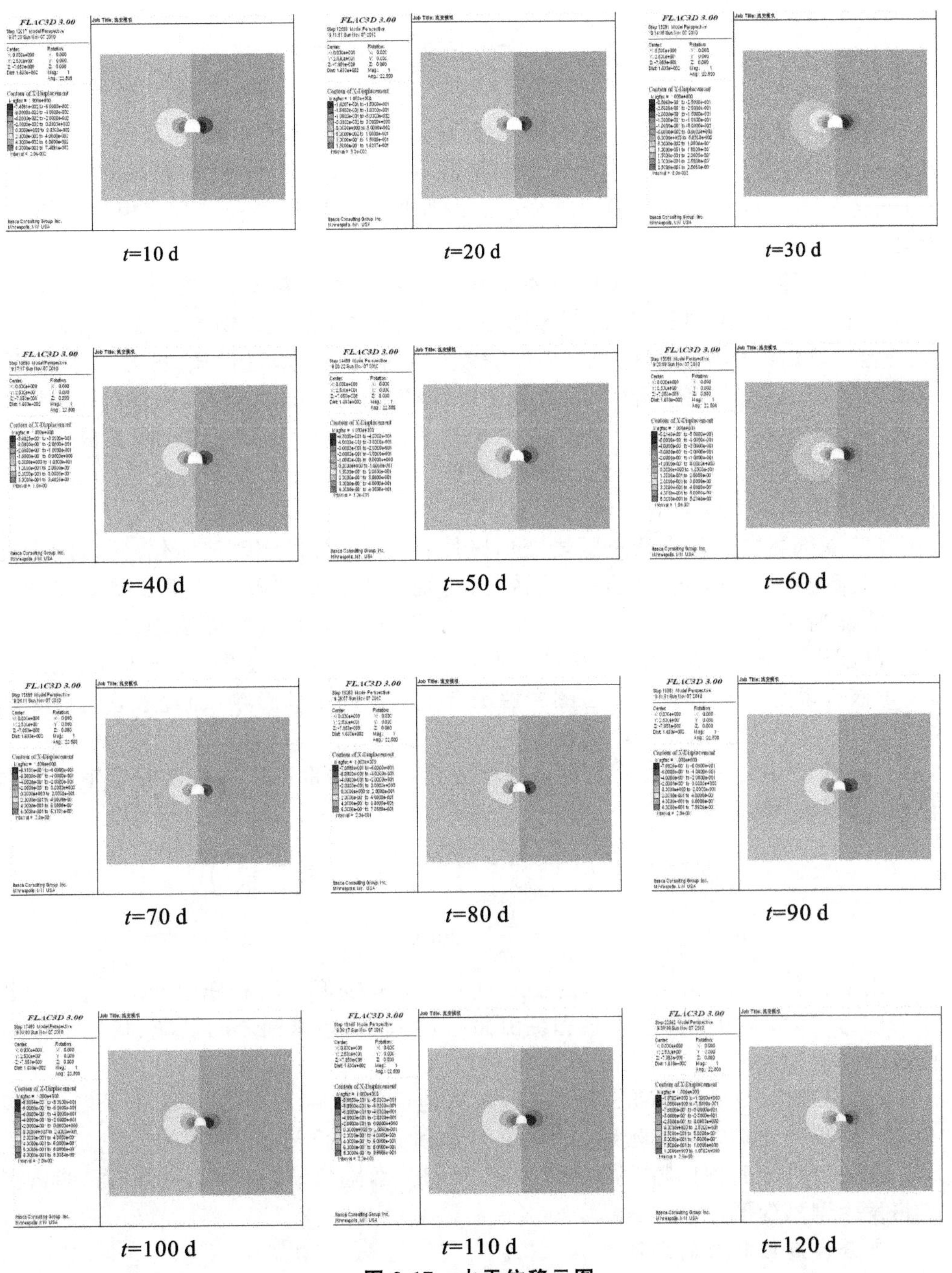

t=10 d
t=20 d
t=30 d
t=40 d
t=50 d
t=60 d
t=70 d
t=80 d
t=90 d
t=100 d
t=110 d
t=120 d

图 2-17　水平位移云图

2.6 本章小结

本章在阐述深部高应力软岩巷道的基本工程地质特征的基础上，首先基于Burgers流变模型对深部高应力软岩巷道进行了黏弹性理论分析，然后采用FLAC 3D数值分析软件对深部高应力软岩巷道的变形破坏特征进行了数值模拟分析，得到以下主要结论。

(1)深部高应力软岩巷道的基本工程地质特征主要包括：①黏土矿物组成，围岩中含有高岭石、伊利石、蒙脱石等膨胀性黏土矿物，黏土矿物的存在在很大程度上决定了软岩的性质，这是形成高应力软岩的内因。②水理性质，围岩遇水膨胀，且具有一定的吸水软化特性。③力学性质，围岩的力学强度较高，只有在较高的应力水平下才会发生变形破坏；在低应力状态下表现为硬岩特性，这也是其成为高应力软岩的直接原因。④地应力，地应力整体水平较高，局部水平构造应力显著，高应力是形成高应力软岩的外因。

(2)深部高应力软岩巷道围岩变形破坏特征为：围岩分区破坏化；围岩的大变形和强流变特性；深部岩体的脆-延转化；传统的刚性支护破坏严重及锚喷支护失效。深部高应力软岩巷道围岩变形破坏的主要影响因素为：软岩物理及力学性质、复杂的围岩应力场、地下水、支护结构不合理，等等。另外，温度、冲击地压、施工管理、爆破震动等因素都会对巷道围岩稳定产生一定的不利影响，加速了巷道围岩的变形破坏，不利于巷道围岩的稳定。

(3)基于Burgers流变模型的黏弹性分析，得到深部高应力软岩巷道围岩表面位移及位移速率的表达式：

$$\begin{cases} u_{r_0}(t)=\dfrac{pr_0}{2E_M}\left\{1+\dfrac{E_M}{\eta_M}\cdot t+\dfrac{E_M}{E_K}\left[1-\exp\left(-\dfrac{E_K t}{\eta_K}\right)\right]\right\} \\ \dot{u}_{r_0}(t)=\dfrac{pr_0}{2E_M}\left[\dfrac{E_M}{\eta_M}+\dfrac{E_M}{\eta_K}\cdot\exp\left(-\dfrac{E_K t}{\eta_K}\right)\right] \end{cases}$$

由上式分析可知：巷道围岩的变形可分为衰减变形阶段和稳定变形阶段，随着原岩应力增大，围岩的弹性模量和黏滞系数的减小，巷道围岩的衰减、稳定变形阶段的斜率也随之增大。

(4)FLAC 3D数值模拟结果表明，在高地应力作用下，巷道围岩的顶板、底板和两帮位移变化随时间的延续呈线性逐渐增大趋势，最大垂直位移、水平位移在位移云图中所占的面积比随时间的延续而不断扩大，随着该趋势的不断加强，巷道围岩将发生剧烈变形，直至失稳。

部分灰度图对应的彩图见二维码。

本章彩图

3　深部高应力软岩巷道变形破坏机理

进入深部以后，地质条件恶化、松软破碎岩体增多、地应力增大、孔隙水压力增大、地温升高，赋存环境的不同导致深部围岩的变形破坏特征与浅部围岩存在明显的不同。由于地应力升高，在浅部表现为坚硬稳定的围岩，在深部一般表现出软岩特征。浅部原岩大多处于弹性状态，而进入深部以后由于围岩内赋存的高地应力和围岩体低强度之间的突出矛盾，巷道开挖后围岩应力重分布引起的应力高度集中，导致了巷道围岩受到的压剪应力超过了围岩强度，巷道围岩很快由表面向深部进入破裂碎胀和塑性扩容状态，出现围岩大变形而整体失稳破坏。

地下水通过物理作用、化学作用和力学作用，降低了岩石的强度和弹性模量等。地下水渗透压力可使裂隙面的抗剪强度降低，并使得裂隙尖端的应力强度因子提高，产生劈裂作用，造成岩体损伤。随着深度的增加，地下水渗透压力相应增大，巷道开挖后近表围岩内孔隙水压力大幅度降低，导致巷道近表围岩有效应力增大，致使围岩应力进一步超过岩体强度从而加剧巷道围岩的失稳破坏。

岩石是由不同的矿物颗粒所组成的非均质体，由于温度变化产生了热应力，而热应力又使岩石产生微裂纹。随着温度的升高，裂纹不断扩展形成网络，这就是岩石的热破裂现象。温度的升高扩大了岩石矿物晶体的塑性，增加了矿物晶体间胶结物的活化性能等，进而导致了岩石强度降低。因此，在一定的温度应力和压力共同作用下，岩石的破坏形式由脆性破裂转变为塑性流动。随着深度的增加，地温升高，巷道开挖后，通风作用将会在巷道近表围岩内产生较大的温度梯度，形成温度附加应力，加剧了巷道围岩变形破坏及破碎损伤区的扩展。

在采动的影响下，巷道围岩软弱结构面进一步发育，微裂隙进一步扩展、连接、贯通，使得围岩强度降低和巷道稳定性进一步降低，巷道开挖后，围岩应力重分布造成应力集中，而经受采动影响的巷道应力集中程度更高，导致巷道围岩变形会持续增长，加剧了巷道围岩变形破坏。

本章针对深部开采条件，运用岩体力学、弹塑性力学、流变力学、渗流力学和热力学的基本理论进行系统分析及数值模拟相结合的方法，探索“三高一扰动”相互作用下的深部软岩巷道围岩变形破坏机理，着重分析了深部软岩巷道在高应力作用下的围岩变形破坏机理。

3.1　高应力作用下的破坏机理

3.1.1　深部软岩巷道围岩变形破坏力学机制分析

1. 侧压系数 $\lambda=1$ 时，深部软岩巷道变形破坏的弹塑性分析

在岩体中开挖巷道或硐室必然扰动或破坏原先处于相对平衡状态的地应力

场，从而引起巷道围岩一定范围内的地应力重新分布，并经过调整后达到新的应力平衡状态，即围岩的二次应力状态，同时使围岩体发生一定程度的变形破坏。若围岩体自身的强度比较高或作用于围岩体上的应力比较低，巷道或硐室周边围岩的应力状态都在弹性范围；当围岩局部区域的应力超过了围岩体强度，围岩进入塑性变形或破坏状态。J. Talober(塔罗勃)(1957)、H. Kastner(卡斯特奈)(1951)等给出了弹塑性圆形巷道围岩中的应力分布图形，如图 3-1 所示。

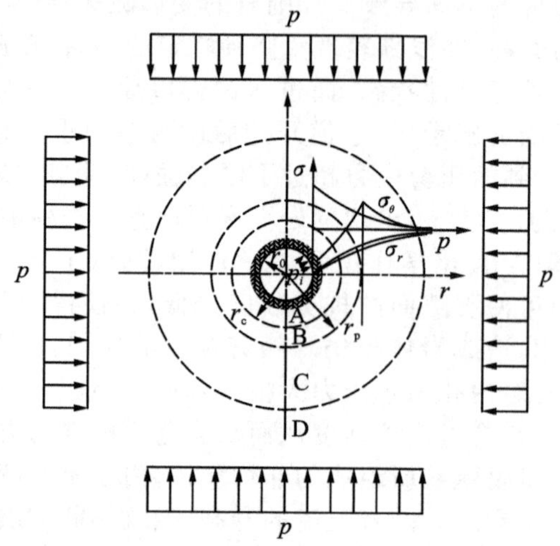

图 3-1　弹塑性围岩应力状态

A—松动破碎区；B—塑性区；C—弹性区；D—原始应力区；p—原岩应力；σ_θ—切向应力；σ_r—径向应力；r_0—圆形巷道半径；r_c—破碎区半径；r_p—塑性区半径；p_i—支护抗力

运用弹塑性理论，在各向等压的情况下轴对称圆形巷道的原岩应力、塑性区半径、周边位移的解答如下。

(1)弹性区位移及应力。

①位移：

$$u_r^e=\frac{p(1+\mu)}{E}\left[(1-2\mu)r+\frac{r_p^2}{r}\right]-\left[(p_i+c\cdot\cot\varphi)\left(\frac{r_p}{r_0}\right)^{\frac{2\sin\varphi}{1-\sin\varphi}}-c\cdot\cot\varphi\right]\frac{1+\mu}{E}\cdot\frac{r_p^2}{r} \tag{3-1}$$

②应力：

$$\begin{cases}\sigma_r^e=p\left(1-\dfrac{r_p^2}{r^2}\right)+\left[(p_i+c\cdot\cot\varphi)\left(\dfrac{r_p}{r_0}\right)^{\frac{2\sin\varphi}{1-\sin\varphi}}-c\cdot\cot\varphi\right]\dfrac{r_p^2}{r^2}\\ \sigma_\theta^e=p\left(1+\dfrac{r_p^2}{r^2}\right)-\left[(p_i+c\cdot\cot\varphi)\left(\dfrac{r_p}{r_0}\right)^{\frac{2\sin\varphi}{1-\sin\varphi}}-c\cdot\cot\varphi\right]\dfrac{r_p^2}{r^2}\end{cases} \tag{3-2}$$

(2)塑性区位移、半径及应力。

①位移：

$$u_r^{\mathrm{p}}=\frac{2p(1-\mu^2)}{E}\cdot\frac{r_{\mathrm{p}}^2}{r}-\left[(p_i+c\cdot\cot\varphi)\left(\frac{r_{\mathrm{p}}}{r_0}\right)^{\frac{2\sin\varphi}{1-\sin\varphi}}-c\cdot\cot\varphi\right]\frac{1+\mu}{E}\cdot\frac{r_{\mathrm{p}}^2}{r}\tag{3-3}$$

②半径：

$$r_{\mathrm{p}}=r_0\left[\frac{(p+c\cdot\cot\varphi)(1-\sin\varphi)}{p_{\mathrm{i}}+c\cdot\cot\varphi}\right]^{\frac{1-\sin\varphi}{2\sin\varphi}}\tag{3-4}$$

③应力：

$$\begin{cases}\sigma_r^{\mathrm{p}}=(p_{\mathrm{i}}+c\cdot\cot\varphi)\left(\dfrac{r}{r_0}\right)^{\frac{2\sin\varphi}{1-\sin\varphi}}-c\cdot\cot\varphi\\ \sigma_\theta^{\mathrm{p}}=(p_i+c\cdot\cot\varphi)\left(\dfrac{1+\sin\varphi}{1-\sin\varphi}\right)\left(\dfrac{r}{r_0}\right)^{\frac{2\sin\varphi}{1-\sin\varphi}}-c\cdot\cot\varphi\end{cases}\tag{3-5}$$

由式(3-3)、式(3-4)可知，巷道围岩的稳定性及其周边位移主要取决于巷道所处岩层的原岩应力 p，反映岩体强度性质的黏聚力 c 和内摩擦角 φ，巷道支护抗力 p_{i} 及巷道半径 r_0 等，它们之间的关系如下。

(1)塑性区半径 r_{p} 和巷道围岩周边位移 u_r^{p}，随着巷道围岩原岩应力 p 的增大呈指数关系迅速增大。这是深部软岩巷道在高应力作用下，巷道开挖后围岩变形急剧增加的主要原因。

(2)塑性区半径 r_{p} 和巷道围岩周边位移 u_r^{p}，随着黏聚力 c 和内摩擦角 φ 的减小而显著增加，巷道围岩的强度也急剧降低。

(3)塑性区半径 r_{p} 和巷道围岩周边位移 u_r^{p}，随着巷道支护抗力 p_{i} 的增大而减小。

2. 侧压系数 $\lambda\neq1$ 时，深部软岩巷道变形破坏的黏弹性分析

假设深部软岩巷道为轴对称圆形软岩巷道，由弹性力学中的基尔斯解答可得侧压系数 $\lambda\neq1$ 时的轴对称圆形软岩巷道的应力分布：

$$\begin{cases}\sigma_r=\dfrac{p}{2}\left[(1+\lambda)\left(1-\dfrac{r_0^2}{r^2}\right)-(1-\lambda)\left(1-4\cdot\dfrac{r_0^2}{r^2}+3\cdot\dfrac{r_0^4}{r^4}\right)\cos2\theta\right]\\ \sigma_\theta=\dfrac{p}{2}\left[(1+\lambda)\left(1+\dfrac{r_0^2}{r^2}\right)+(1-\lambda)\left(1+3\cdot\dfrac{r_0^4}{r^4}\right)\cos2\theta\right]\\ \tau_{r\theta}=-\dfrac{p}{2}\left[(1-\lambda)\left(1+2\cdot\dfrac{r_0^2}{r^2}-3\cdot\dfrac{r_0^4}{r^4}\right)\sin2\theta\right]\end{cases}\tag{3-6}$$

由弹性力学的物理方程和几何方程可知：

$$\varepsilon_r=\frac{1-\mu^2}{E}(\sigma_r-\mu\sigma_\theta)\tag{3-7}$$

$$\varepsilon_r=\frac{\partial u_r}{\partial r}\tag{3-8}$$

联立式(3-7)和式(3-8)，可得：

$$\frac{\partial u_r}{\partial r}=\frac{1-\mu^2}{E}(\sigma_r-\mu\sigma_\theta)\tag{3-9}$$

式中，μ 为泊松比。

联立式(3-6)和式(3-9)，方程两边同时积分且忽略刚体位移，可得巷道围岩内的弹性位移：

$$u_r=\frac{1-\mu^2}{2E}\cdot p\left[(1+\lambda)\left(r+\frac{r_0^2}{r}\right)-(1-\lambda)\left(r+\frac{4r_0^2}{r}-\frac{r_0^4}{r^3}\right)\cos2\theta\right]-\frac{\mu(1+\mu)}{2E}\cdot p\left[(1+\lambda)\left(r-\frac{r_0^2}{r}\right)+(1-\lambda)\left(r-\frac{r_0^4}{r^3}\right)\cos2\theta\right] \tag{3-10}$$

在式(3-10)中，令 $r_0=0$，可得在开挖前，在原岩应力作用下的巷道岩体的弹性位移：

$$u_{r_0}=\frac{1-\mu^2}{2E}\cdot pr[(1+\lambda)-(1-\lambda)\cos2\theta]-\frac{\mu(1+\mu)}{2E}\cdot pr[(1+\lambda)+(1-\lambda)\cos2\theta] \tag{3-11}$$

联立式(3-10)和式(3-11)，可得巷道由于开挖而产生的位移：

$$u_{r_w}=\frac{1-\mu^2}{2E}\cdot p[(1+\lambda)\frac{r_0^2}{r}-(1-\lambda)(\frac{4r_0^2}{r}-\frac{r_0^4}{r^3})\cos2\theta]+\frac{\mu(1+\mu)}{2E}\cdot p[(1+\lambda)\frac{r_0^2}{r}+(1-\lambda)\frac{r_0^4}{r^3}\cos2\theta] \tag{3-12}$$

根据井底车场围岩物理力学参数选取结果(表 2-3)，取 $p=25$ MPa、$r_0=3.0$ m、$2\theta=45°$，并利用数学软件 Matlab 绘制侧压系数 λ 分别为 0.4、0.8、1.0、1.2、1.6、2.0 时的巷道围岩表面位移随半径的变化规律，如图 3-2 所示。

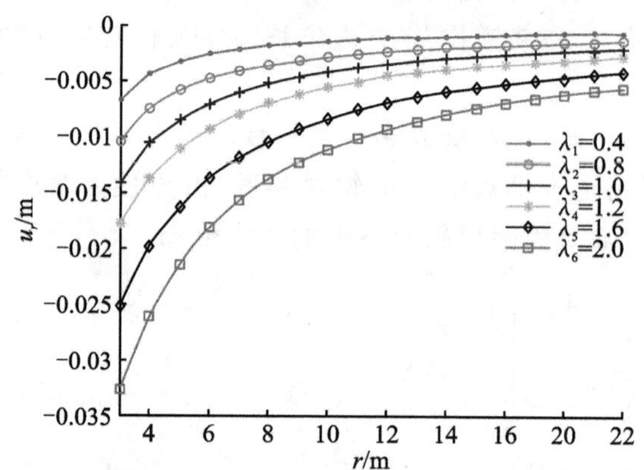

图 3-2　深部软岩巷道围岩表面位移随半径的变化曲线

由图 3-2 可知，侧压系数相同时，离巷道围岩表面越远，巷道围岩内点的位移就越小；随着侧压系数的增大，相同半径处点的位移也越大。

岩石蠕变试验表明，在非侧限条件下岩石的蠕变变形遵循对数规律，其本构方程可选为：

$$\begin{cases}\varepsilon=\dfrac{\sigma}{\eta_c}\ln(\alpha t+1)\\ \gamma=\dfrac{\tau}{\eta_\tau}\ln(\alpha t+1)\end{cases} \tag{3-13}$$

式中，η_c、η_τ 分别为抗压、抗剪黏弹性常数，MPa；α 为与巷道围岩性质有关的材料常数。由塑性力学可知，应力、应变都用偏张量表示，如下所示：

$$e_{ij}=\frac{s_{ij}}{2G} \tag{3-14}$$

式中，$G=\dfrac{E}{2(1+\mu)}$，E 为弹性模量，μ 为泊松比。

岩石蠕变本构的张量形式为：

$$e_{ij}=\frac{s_{ij}}{2G}+\frac{s_{ij}}{2\eta_\tau}\cdot c\ln(\alpha t+1) \tag{3-15}$$

式中，s_{ij} 为应力偏张量，$s_{ij}=\sigma_{ij}-\sigma_m\delta_{ij}$；$\sigma_{ij}$ 为应力张量；σ_m 为静水压力（$\sigma_m=\dfrac{\sigma_r+\sigma_\theta+\sigma_z}{3}$）；$\delta_{ij}$ 为克罗内克（Kronecker）算子（当 $i=j$ 时，$\delta_{ij}=1$；当 $i\neq j$ 时，$\delta_{ij}=0$），$i,j=r,\theta,z$；e_{ij} 为应变偏张量，$e_{ij}=\varepsilon_{ij}-\varepsilon_m\delta_{ij}$；$\varepsilon_{ij}$ 为应变张量；ε_m 为平均应变（$\varepsilon_m=\dfrac{\varepsilon_r+\varepsilon_\theta+\varepsilon_z}{3}$）；$c$ 为与巷道围岩性质有关的材料常数。

假设巷道围岩介质球张量符合弹性关系，由塑性力学可知：

$$\varepsilon_m=\frac{1-2\mu}{E}\cdot\sigma_m \tag{3-16}$$

静水压力 σ_m 为：

$$\sigma_m=\frac{\sigma_r+\sigma_\theta+\sigma_z}{3}=\frac{1}{3}\left[p(1+\lambda)+p(1-\lambda)\frac{2r_0^2}{r^2}\cdot\cos2\theta\right]+\frac{1}{3}\sigma_z \tag{3-17}$$

由式(3-15)可得：

$$\begin{cases}\varepsilon_r-\varepsilon_m=\dfrac{\sigma_r-\sigma_m}{2G}+\dfrac{\sigma_r-\sigma_m}{2\eta_\tau}\cdot c\ln(\alpha t+1)\\ \varepsilon_\theta-\varepsilon_m=\dfrac{\sigma_\theta-\sigma_m}{2G}+\dfrac{\sigma_\theta-\sigma_m}{2\eta_\tau}\cdot c\ln(\alpha t+1)\\ \varepsilon_z-\varepsilon_m=\dfrac{\sigma_z-\sigma_m}{2G}+\dfrac{\sigma_z-\sigma_m}{2\eta_\tau}\cdot c\ln(\alpha t+1)\end{cases} \tag{3-18}$$

对于平面应变问题，则有 $\varepsilon_z=0$，由式(3-18)可得：

$$\varepsilon_z=\varepsilon_m+\frac{\sigma_z-\sigma_m}{2G}+\frac{\sigma_z-\sigma_m}{2\eta_\tau}\cdot c\ln(\alpha t+1)=0 \tag{3-19}$$

若式(3-18)对任意 t 都成立，则其自由项为零，即：

$$\varepsilon_m+\frac{\sigma_z-\sigma_m}{2G}=0 \tag{3-20}$$

联立式(3-16)和式(3-20)，可得：

$$\sigma_z=\frac{3\mu}{1+\mu}\sigma_m \tag{3-21}$$

联立式(3-17)和式(3-21)，可得：

$$\sigma_{\mathrm{m}}=\frac{1+\mu}{3}(\sigma_r+\sigma_\theta)=\frac{1+\mu}{3}\left[p(1+\lambda)+p(1-\lambda)\frac{2r_0^2}{r^2}\cdot\cos2\theta\right] \tag{3-22}$$

联立式(3-16)和式(3-22),可得:

$$\varepsilon_{\mathrm{m}}=\frac{(1-2\mu)\sigma_{\mathrm{m}}}{E}=\frac{(1-2\mu)(1+\mu)}{3E}\left[p(1+\lambda)+p(1-\lambda)\frac{2r_0^2}{r^2}\cdot\cos2\theta\right] \tag{3-23}$$

联立式(3-18)、式(3-22)和式(3-23),可得:

$$\begin{aligned}\varepsilon_r&=\frac{1+\mu}{E}\cdot\sigma_r-\frac{3\mu}{E}\cdot\sigma_{\mathrm{m}}+\frac{\sigma_r-\sigma_{\mathrm{m}}}{2\eta_\tau}\cdot c\ln(\alpha t+1)\\&=\frac{1+\mu}{2E}\cdot p(1+\lambda)\left[(1-2\mu)-\frac{r_0^2}{r^2}\right]-\\&\quad\frac{1+\mu}{2E}\cdot p(1-\lambda)\left[\left(1-4\cdot\frac{r_0^2}{r^2}+3\cdot\frac{r_0^4}{r^4}\right)+\mu\cdot\frac{4r_0^2}{r^2}\right]\cos2\theta+\\&\quad\frac{1+\lambda}{4\eta_\tau}\cdot p\left[1-\frac{r_0^2}{r^2}-\frac{2(1+\mu)}{3}\right]c\ln(\alpha t+1)-\\&\quad\frac{1-\lambda}{4\eta_\tau}\cdot p\left[\left(1-4\cdot\frac{r_0^2}{r^2}+3\cdot\frac{r_0^4}{r^4}\right)+\frac{4(1+\mu)}{3}\cdot\frac{r_0^2}{r^2}\right]c\ln(\alpha t+1)\cdot\cos2\theta\end{aligned} \tag{3-24}$$

联立式(3-8)和式(3-24),方程两边同时积分且忽略刚体位移,可得巷道围岩内的黏弹性位移:

$$\begin{aligned}u_r&=\frac{1+\mu}{2E}\cdot p(1+\lambda)\left[(1-2\mu)r+\frac{r_0^2}{r}\right]-\\&\quad\frac{1+\mu}{2E}\cdot p(1-\lambda)\left[\left(r+4\cdot\frac{r_0^2}{r}-\frac{r_0^4}{r^3}\right)-\mu\cdot\frac{4r_0^2}{r}\right]\cos2\theta+\\&\quad\frac{1+\lambda}{4\eta_\tau}\cdot p\left[r+\frac{r_0^2}{r}-\frac{2(1+\mu)}{3}r\right]c\ln(\alpha t+1)-\\&\quad\frac{1-\lambda}{4\eta_\tau}\cdot p\left[\left(r+4\cdot\frac{r_0^2}{r}-\frac{r_0^4}{r^3}\right)-\frac{4(1+\mu)}{3}\cdot\frac{r_0^2}{r}\right]c\ln(\alpha t+1)\cdot\cos2\theta\end{aligned} \tag{3-25}$$

巷道围岩周边位移为:

$$\begin{aligned}u_r\big|_{r=r_{\mathrm{a}}}&=\frac{1-\mu^2}{E}\cdot p(1+\lambda)r_0-\frac{2(1-\mu^2)}{E}\cdot p(1-\lambda)r_0\cos2\theta+\\&\quad\frac{(2-\mu)(1+\lambda)}{6\eta_\tau}\cdot pr_0c\ln(\alpha t+1)-\\&\quad\frac{(2-\mu)(1-\lambda)}{3\eta_\tau}\cdot pr_0c\ln(\alpha t+1)\cdot\cos2\theta\end{aligned} \tag{3-26}$$

根据井底车场围岩物理力学实验及现场测试情况,取 $p=25$ MPa、$r_0=3.0$ m、$2\theta=45°$、$\eta_\tau=250$ MPa·d,其他力学参数选取参考表 2-3,并利用数学软件 Matlab

绘制侧压系数 λ 分别为 0.4、0.8、1.0、1.2、1.6、2.0 时的巷道围岩表面位移随时间的变化曲线，如图 3-3 所示。

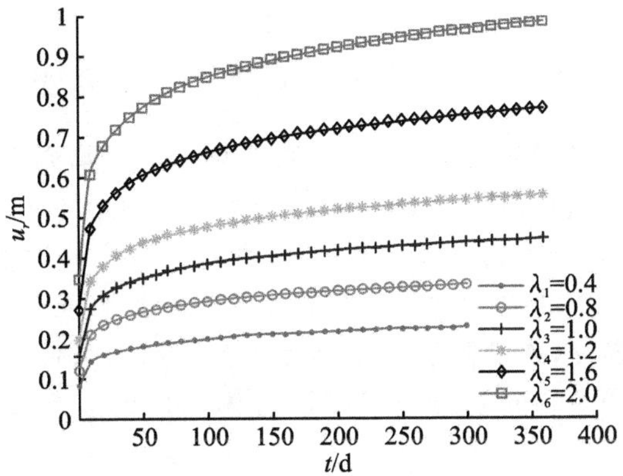

图 3-3　不同侧压系数下的巷道围岩表面位移随时间的变化曲线

由图 3-3 可知：巷道围岩的变形可分为衰减变形阶段和稳定变形阶段；巷道围岩表面位移随时间的延续而增大，并且巷道围岩的初期变形量较大，随时间的延长，围岩的变形量趋于稳定；随着侧压系数的增大，巷道围岩变形量逐渐增大。

3.1.2　高地应力作用下的深部软岩巷道变形破坏机理

进入深部开采以后，地应力明显增大，处于 1000 m 左右深度的巷道，即使在自重应力的作用下，其原岩应力也可达到 25 MPa 左右。煤系地层一般都经历过强烈的地质构造运动，褶皱、断层和破碎带的形成都是剧烈地质构造运动的产物，故在煤系地层中一般都赋存了较高的构造应力，导致了水平构造应力普遍大于自重应力。国内外的地应力测量结果表明，水平应力通常是垂直应力的 0.5～5.5 倍，大部分在 0.8～1.2 倍之间，最大值有的达 30 倍或更大。唐口煤矿－1028～－1030 m 水平的地应力测试结果表明，水平构造应力最高为 36.09 MPa，垂直应力最高为 25.62 MPa。

巷道开挖前，岩体处于三向受压的高地应力环境中，使得结构面处于闭合状态，岩体具有一定的强度并处于稳定平衡状态。巷道开挖后，围岩临空面一侧应力瞬时降为零，巷道由开挖前的三向应力状态调整为两向应力状态，巷道开挖后洞周围岩应力重分布引起的二次应力场造成巷道周边围岩的应力高度集中，使围岩局部区域的拉、剪应力超过了岩体的抗拉、剪强度，产生局部受拉、剪破坏，使围岩进入塑性状态，在围岩体内形成塑性滑动面，导致巷道围岩失稳破坏。与此同时，随着地应力的增加，深部软岩巷道的流变性较为显著，加剧了软岩巷道的变形破坏。

3.2 高孔隙水压力、高温及采矿扰动下的破坏机理

3.2.1 高孔隙水压力作用下的深部软岩巷道变形破坏机理

地下水作为岩体赋存环境因素之一，通过对岩体的物理作用、化学作用及力学作用，改变了岩体的矿物组成和结构特性，影响了巷道围岩的应力状态，降低了岩石的强度，进而影响巷道围岩的稳定性。孔隙水压力主要通过孔隙静水压力和孔隙动水压力作用对岩体的力学性质施加影响，孔隙静水压力可以减小岩体的有效应力而降低岩体的强度，在裂隙岩体中的孔隙静水压力可使裂隙产生扩容变形；孔隙动水压力对岩体产生切向的推力以降低岩体的抗剪强度，增加了巷道围岩坍塌的可能性。

巷道开挖前，巷道围岩体处于很高的水头压力作用下，孔隙水压力很高(埋深1000 m处的孔隙静水压力接近10 MPa左右)。由Terzaghi(1923)有效应力原理可知，尽管总应力很高，但是围岩骨架所受到的有效应力却很低。巷道开挖后，在巷道围岩近表处的孔隙水压力由开挖前的数兆帕迅速降为大气压值，巷道围岩内的有效应力大大提高，若超过了岩体的强度，巷道围岩表面的裂隙向深部扩展、贯通，并产生新的裂隙形成裂隙网络。裂隙不断向深部扩展，破坏了围岩的完整性，降低了岩体的强度；岩体孔隙度和裂隙开度的增加，增大了地下水的流速和流量，使深部围岩的孔隙水压力进一步降低，有效应力增大，造成巷道围岩的破裂迅速由表及里向围岩深部扩展，从而使本来就比较软弱的岩体更加容易发生失稳破坏。与此同时，地下水的存在加剧了软岩的蠕变和应力松弛特性，降低了软岩的长期强度，这对深部软岩巷道的稳定极为不利。

3.2.2 高温作用下的深部软岩巷道变形破坏机理

深部软岩巷道位于地层增温区中，随着开采深度的增加，围岩温度呈升高趋势。温度量测结果表明，越往地下深处，地温越高，地温梯度一般为30～50℃/km，常规情况下的地温梯度为3℃/100 m。有些地区如断层附近或导热率高的异常局部地区，地温梯度有时高达200℃/km。岩体在超出常规温度环境下，表现出的力学、变形性质与普通环境条件下具有很大差别。地温可以使岩体因热胀冷缩而破碎，而且岩体内温度变化1℃可产生0.4～0.5 MPa的地应力变化。岩体温度升高产生的地应力变化对工程岩体的力学特性会产生显著的影响。

巷道开挖前，深部软岩巷道中的温度场是稳定的，仅受岩层埋深的影响；巷道开挖后，矿井通风引起巷道内温度降低，可与巷道围岩进行热交换，改变了巷道围岩附近的温度场，造成距巷道表面一定深度范围的岩体内产生较大的温度梯度，形成温度应力。温度应力作用在支护结构或巷道围岩体上，引起巷道围岩产生离层，对巷道围岩稳定造成极为不利的影响，并且巷道埋深越大，其影响越剧烈；随着温

度的升高，软岩的应变和蠕变速率也随之增大，软岩的流变性更加显著，加剧了巷道围岩的变形破坏。

3.2.3　采矿扰动下的深部软岩巷道变形破坏机理

在采动的影响下，巷道围岩软弱结构面进一步发育，微裂隙进一步扩展、连接、贯通，使得围岩强度降低和巷道稳定性进一步降低，巷道开挖后，围岩应力重分布造成应力集中，而经受采动影响的巷道应力集中程度更高，导致巷道围岩变形会持续增长，加剧了巷道围岩变形破坏。受采动影响的软岩巷道变形破坏特点为：巷道破坏速度快，巷道破坏严重，巷道围岩破坏区域较大。

进入深部开采后，大多数软岩巷道在承受高地应力的同时，还要承受因回采空间引起的支承压力作用。一般来说，受采动影响的巷道围岩压力会增至原岩应力的几倍甚至近十倍，从而导致在浅部表现为坚硬的岩石，在深部却可能表现出高地压、大变形、难支护的软岩特征；浅部的原岩体大多处于弹性应力状态，而进入深部以后则可能处于塑性状态，各向不等的原岩应力引起的压剪应力超过了岩石强度，造成岩石破坏失稳。

3.3　巷道围岩流变破坏机理

3.3.1　巷道围岩流变特性及应力场变化

深部巷道围岩弹塑性区应力场的分布力学模型如图 3-4 所示，不计岩体自重并假设围岩岩体为各向同性均匀介质。巷道开挖初期，围岩变形速率快，变形量大，巷道周边应力最大值出现在弹、塑性区交界处，此时围岩内部应力一般未超过岩体自身的强度，围岩变形将进入随时间缓慢增大的蠕变阶段，当变形超过一定的极限时，围岩变形进入加速蠕变阶段，岩体强度将因破坏而逐渐降低，围岩应力峰值向深部不断扩展。根据图 3-4，随着围岩应力峰值不断地向深部转移，围岩径向应力 σ_r 逐渐增大，围岩切向应力 σ_θ 则不断减小，当围岩切向和径向应力值逐渐与围岩的原岩初始应力值接近时，塑性区将停止向深部继续转移，巷道也将趋于稳定状态。

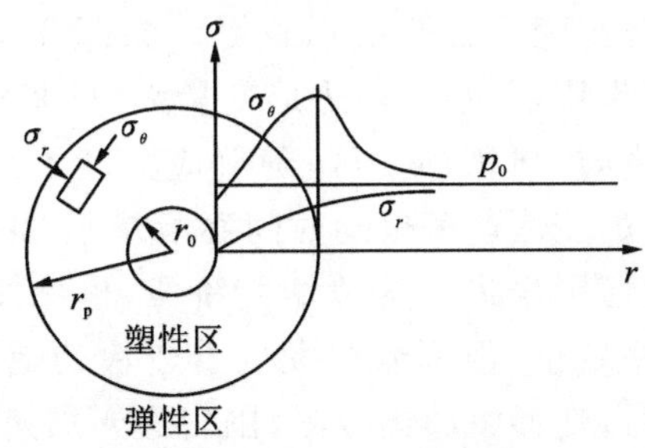

图 3-4　深井巷道围岩弹塑性区应力场分布图

r_0—巷道半径；r_p—塑性区半径；σ_θ—巷道围岩切向应力；σ_r—巷道围岩径向应力；p_0—深部原岩初始应力

然而，实际工程中巷道围岩并非各向同性的均质体，围岩中存在大量的节理、裂隙、断层等。随着深部开采掘进，巷道围岩会从节理裂隙等软弱结构面先行发生剪切变形，节理裂隙不断扩展直至发生破坏。巷道围岩弹、塑性区交界处岩体应力最大，此处岩体最先进入屈服破坏阶段，继而塑性区不断向深部扩展，应力峰值随之转移。深部巷道围岩由弹性区变塑性区，当围岩应力接近原岩初始应力时，塑性区停止扩张，变形趋于稳定。

深部巷道围岩应力场的变化趋势可以表示为：

$$\sigma_\theta=\sigma_c+\sigma_h\left[1-\frac{r_0^2}{(r+r_0)^2}\right]\frac{1+\sin\varphi}{1-\sin\varphi}\quad(0\leqslant r\leqslant r_m)\tag{3-27}$$

$$\sigma_\theta=\sigma_v+r_0^2\frac{\sigma_m-\sigma_v}{(r-r_m+r_0)^2}\quad(0<r\leqslant nr_0)\tag{3-28}$$

式中，σ_θ 为围岩切向应力；σ_c 为围岩单轴抗压强度；σ_h 为初始地应力水平分力；σ_v 为初始地应力垂直分力；σ_m 为峰值应力；r_m 为峰值应力点处半径；φ 为围岩内摩擦角。

3.3.2 流变破坏机理分析

深部巷道围岩在三向应力状态下是一个整体结构，因地质构造运动等岩体内集聚了大量的变形能。随着巷道开挖卸载，围岩应力状态由三向变为两向受力，初始平衡状态受到破坏，围岩中集聚的弹性变形能开始向巷道临空面释放，巷道周边不断向内部净空挤动，应力场重分布。应力峰值不断向深部转移，围岩应力得到调整，直至产生新的平衡状态。在应力调整的过程中，巷道变形主要表现为两帮收敛、顶板下沉及底臌变形。

如前文所述，在巷道围岩峰值应力不断向深部转移以及围岩应力重分布调整的过程中，围岩切向应力逐渐增大，径向应力逐渐减小。由于围岩应力差存在，含有节理裂隙等软弱结构面的围岩，将沿着这些软弱结构面发生剪切蠕变滑移；而对于层状岩体，应力差将使岩体发生挠曲变形。岩体的剪切蠕变变形引发岩体剪切扩容，围岩节理、裂隙等进一步张开；对于含膨胀性矿物成分的围岩，裂隙扩张为地下水渗流提供了通道，膨胀性软岩吸水膨胀，加剧了围岩的蠕变变形破坏。

图 3-5 为深部围岩蠕变变形三阶段示意图。深部开挖瞬间，巷道周边岩体应力出现峰值，在峰值应力作用下，巷道周边形变量大，且变形速率快；当围岩内部应力不断增大达到自身强度时，出现塑性区；随着应力的不断调整，塑性区及峰值应力不断向深部扩展，围岩的变形速率也随时间逐渐减小，此时岩体处于初始蠕变阶段。随着时间的增加，巷道围岩进入等速蠕变阶段，也称线性蠕变阶段，在此阶段围岩蠕变变形速率趋于稳定值，但围岩仍发生着较快的蠕变变形。当岩体因剪切蠕变变形发生滑移扩容时，变形将超出极限，围岩进入加速蠕变阶段；在这一阶段，围岩变形速率增大，很快进入屈服状态，失去继续承载的能力。根据深部软弱围岩蠕变特性，应对支护时机进行研究探讨，选择合理的支护时机，以避免围岩进入加

速蠕变阶段，导致巷道出现整体失稳破坏。

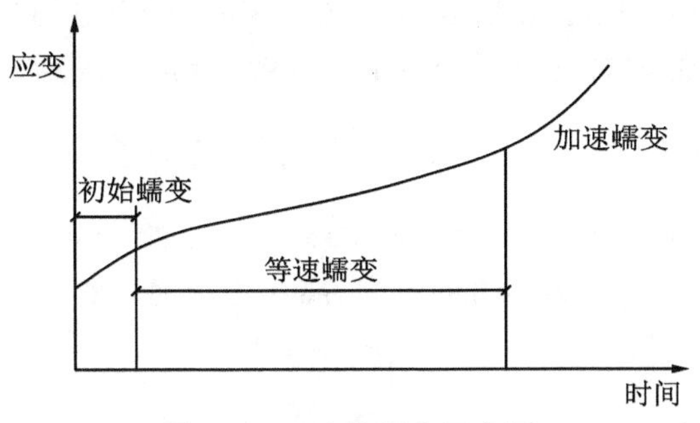

图 3-5 三阶段蠕变示意图

综上所述，巷道开挖导致围岩初始平衡状态被打破，围岩自身通过应力释放，进行内力调整。在调整过程中，塑性区形成并随着应力峰值不断向深部转移，围岩切向应力因应力重分布而不断增大，径向应力因围岩集聚弹性能的释放而不断减小。这种调整导致巷道围岩应力差及剪应力不断增大，在高应力差及高剪应力的作用下，围岩沿着节理、裂隙等软弱结构面发生剪切蠕变扩容或挠曲蠕变变形，进而导致岩体节理裂隙等结构面不断张开、扩展。在巷道围岩不断变形过程中，岩体强度不断削弱，塑性区向深部扩展。因此，应在合理时机施加支护结构，保持围岩自身的承载力，避免围岩进入破碎状态失去承载能力，而只能依靠支护结构进行抵抗变形。

3.4 巷道变形破坏机理数值模拟研究

随着煤矿开采深度的不断增加，巷道及采场的原岩应力水平也不断升高，特别是在地质构造活动强烈的地区，残余构造应力更大，水平构造应力往往大于垂直自重应力，形成高水平地应力软岩巷道，这些都增加了软岩巷道的地压显现及巷道围岩破坏的剧烈程度，造成深部高应力软岩巷道支护更加困难。当矿井深部软岩巷道地质条件较为复杂时，巷道围岩应力分布变化及矿压显现异常，地应力对巷道围岩变形与破坏的影响更加突出，这给软岩巷道支护与维护巷道长期稳定带来了极大的困难。

大量的地应力测量结果和研究表明，深部岩层中的水平构造应力基本上都大于垂直自重应力；而且水平构造应力具有明显的方向性；最大水平主应力明显高于最小水平主应力，最大水平主应力一般为最小水平主应力的 1.5～2.5 倍，甚至更大。最大水平应力理论认为，巷道顶、底板的稳定性受水平构造应力的影响较大，并且具有 3 个特点：当巷道轴向与最大水平主应力的方向平行时，巷道受水平应力的影响最小，顶、底板稳定性最好；当巷道轴向与最大水平主应力的方向有一定夹角时，巷道一侧会出现水平应力集中现象，顶、底板的变形、破坏会偏向巷道的某一帮；当巷道轴向与最大水平主应力的方向垂直时，巷道受水平应力的影响最大，顶、底板的稳定性最差。

水平构造应力是影响巷道顶、底板稳定性的重要因素之一，但由于水平构造应力具有明显的方向性，因此，在原岩应力场一定时，研究巷道轴向与水平构造应力呈不同夹角时对深部软岩巷道围岩稳定性的影响具有重要意义。

3.4.1 水平构造应力对深部高应力软岩巷道稳定性影响的理论分析

假定原坐标轴的方向与三个主应力 σ_1、σ_2、σ_3 的方向一一对应，计算简图如图 3-6所示，且图中的 y 轴为巷道的轴向，离巷道较远处的应力状态为：

$$\begin{cases}\sigma_{xx}=\sigma_2\\ \sigma_{yy}=\sigma_1\\ \sigma_{zz}=\sigma_3\end{cases} \tag{3-29}$$

软岩巷道轴向方向改变后，由原坐标系 x、y、z 变为 x'、y'、z'，且 y' 轴为坐标轴方向改变后的软岩巷道轴向，且与原软岩巷道轴向的夹角为 α。由已学知识可知，新坐标系的 x' 轴与原坐标系 x、y、z 方向的夹角余弦为 $\cos\alpha$、$-\sin\alpha$、0；新坐标系的 y' 轴与原坐标系 x、y、z 方向的夹角余弦为 $\sin\alpha$、$\cos\alpha$、0；新坐标系的 z' 轴与原坐标系 x、y、z 方向的夹角余弦为 0、0、1。

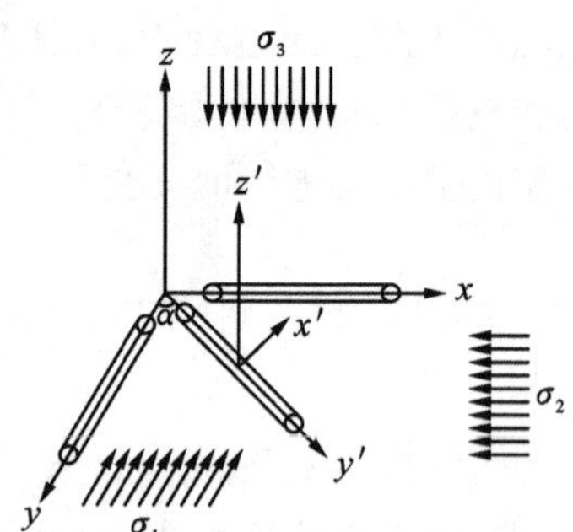

图 3-6 水平构造应力与软岩巷道轴向成一定夹角时的计算简图

在新坐标系中，离巷道较远处的应力状态为：

$$\begin{cases}\sigma'_{xx}=\cos^2\alpha\cdot\sigma_2+\sin^2\alpha\cdot\sigma_1\\ \sigma'_{yy}=\sin^2\alpha\cdot\sigma_2+\cos^2\alpha\cdot\sigma_1\\ \sigma'_{zz}=\sigma_3\end{cases} \tag{3-30}$$

3.4.2 水平构造应力对深部高应力软岩巷道稳定性影响的数值模拟研究

1. 模型的建立

(1)模型岩层划分与巷道所处的实际岩层相一致，且各岩层为均质、各向同性，工程岩体的物理力学计算参数详见表 2-3。

(2)数值模型总体边界范围应尽量大，以消除边界效应，本文建立模拟区域的长×宽×高为 50 m×50 m×40 m，共划分 128 800 个单元和 134 793 个节点，本模拟建立的 FLAC 3D 模型如图 3-9 所示。

(3)物理模型采用弹塑性模型，破坏准则采用 Mohr-Coulomb 模型，以模拟获得水平应力对巷道围岩变形、塑性区损伤扩展情况、应力分布的影响。

(4)本模型底部固定。上表面施加 25 MPa 的荷载，模拟上覆岩体的自重边界；侧面施加不同的水平应力。

(5)本书数值模拟以唐口煤矿井底车场的辅助运输石门为工程背景，对最大水平应力与巷道轴向呈(0°、30°、45°、60°、90°)5 种不同夹角的情况进行模拟。

2. 模拟结果

(1)最大水平应力与巷道轴向夹角为 0°时的模拟结果。

根据地应力测量结果(表 2-7)，取主应力值为 $\sigma_1=36.09$ MPa、$\sigma_2=27.91$ MPa、$\sigma_3=25$ MPa，根据式(3-30)计算可知 $\sigma'_{xx}=27.91$MPa、$\sigma'_{yy}=36.09$ MPa、$\sigma'_{zz}=25$ MPa。数值模拟结果如图 3-7、图 3-8 所示。

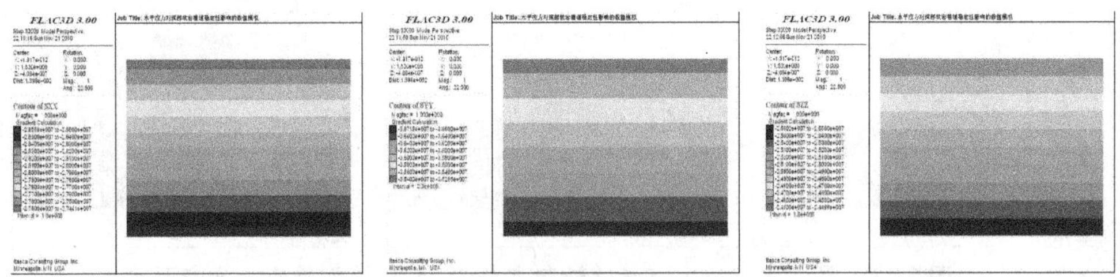

图 3-7　最大水平应力与巷道轴向夹角为 0°时的初始应力分布图

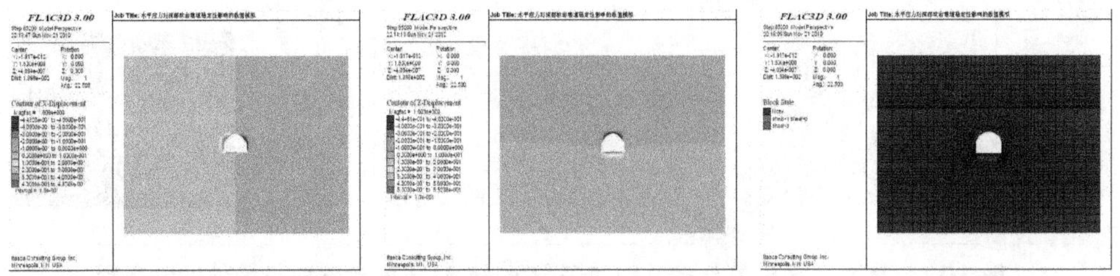

图 3-8　最大水平应力与巷道轴向夹角为 0°时的围岩位移与塑性区分布图

(2)最大水平应力与巷道轴向夹角为 30°时的模拟结果。

根据式(3-30)计算可知 $\sigma'_{xx}=29.96$ MPa、$\sigma'_{yy}=34.05$ MPa、$\sigma'_{zz}=25$ MPa。具体数值模拟结果如图 3-9、图 3-10 所示。

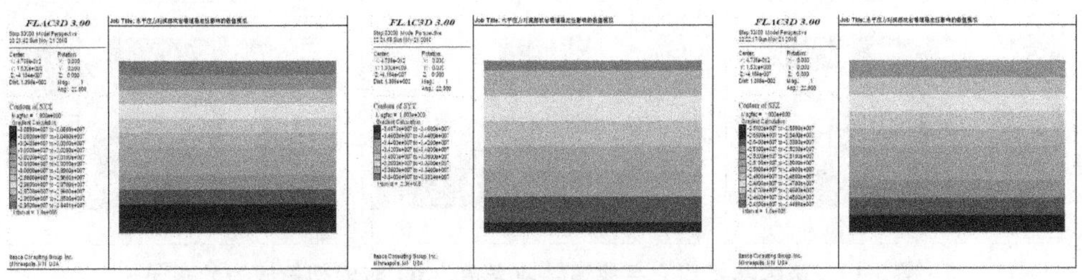

图 3-9　最大水平应力与巷道轴向夹角为 30°时的初始应力分布图

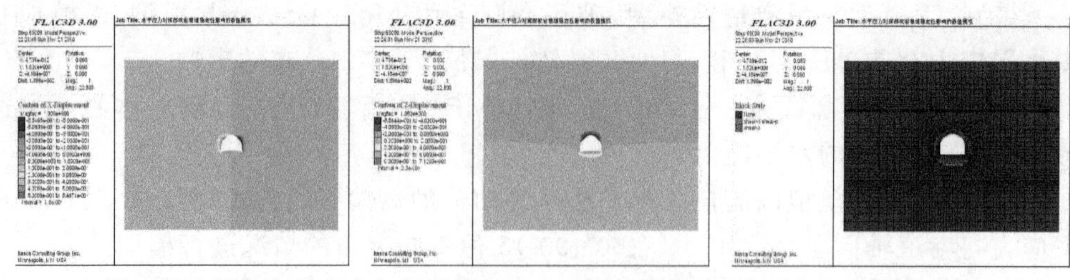

图 3-10　最大水平应力与巷道轴向夹角为 30°时的围岩位移与塑性区分布图

(3)最大水平应力与巷道轴向夹角为 45°时的模拟结果。

根据式(3-30)计算可知 $\sigma'_{xx}=32$ MPa、$\sigma'_{yy}=32$ MPa、$\sigma'_{zz}=25$ MPa。具体数值模拟结果如图 3-11、图 3-12 所示。

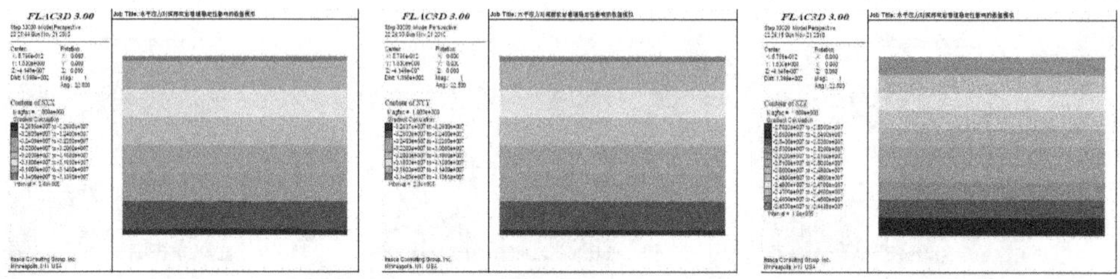

图 3-11　最大水平应力与巷道轴向夹角为 45°时的初始应力分布图

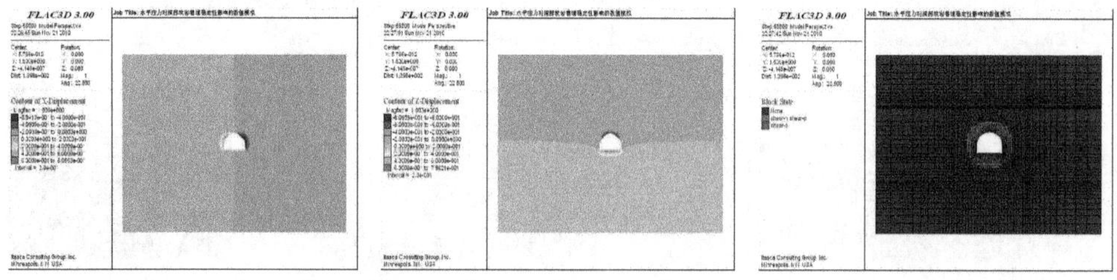

图 3-12　最大水平应力与巷道轴向夹角为 45°时的围岩位移与塑性区分布图

(4)最大水平应力与巷道轴向夹角为 60°时的模拟结果。

根据式(3-30)计算可知 $\sigma'_{xx}=34.05$ MPa、$\sigma'_{yy}=29.96$ MPa、$\sigma'_{zz}=25$ MPa。具体数值模拟结果如图 3-13、图 3-14 所示。

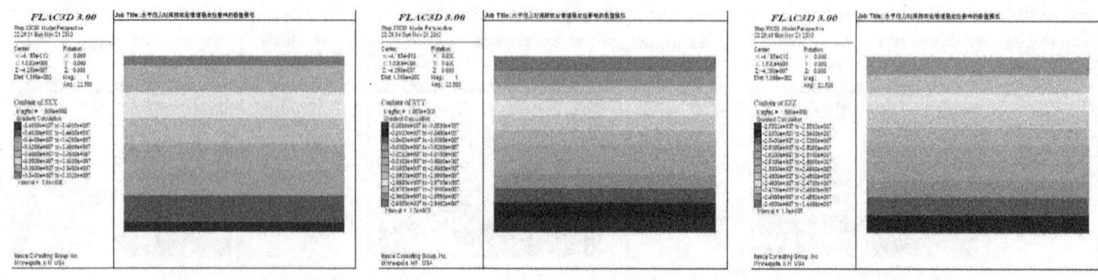

图 3-13　最大水平应力与巷道轴向夹角为 60°时的初始应力分布图

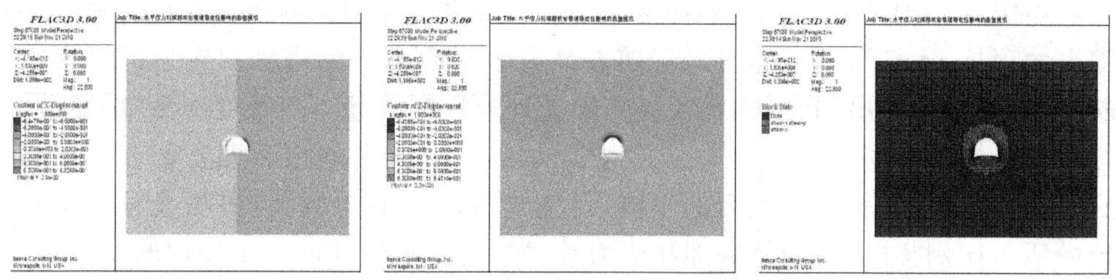

图 3-14 最大水平应力与巷道轴向夹角为 60°时的围岩位移与塑性区分布图

(5)最大水平应力与巷道轴向夹角为 90°时的模拟结果。

根据式(3-30)计算可知 $\sigma'_{xx}=36.09$ MPa、$\sigma'_{yy}=27.91$ MPa、$\sigma'_{zz}=25$ MPa。具体数值模拟结果如图 3-15、图 3-16 所示。

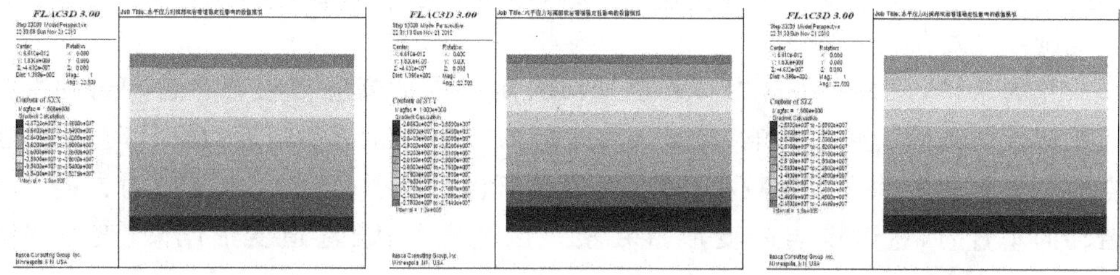

图 3-15 最大水平应力与巷道轴向夹角为 90°时的初始应力分布图

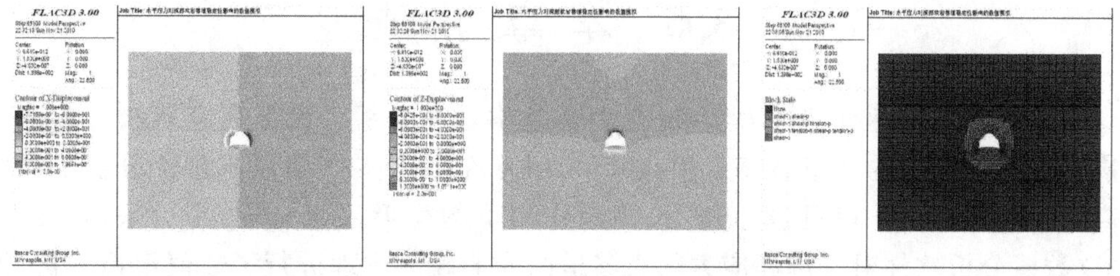

图 3-16 最大水平应力与巷道轴向夹角为 90°时的围岩位移与塑性区分布图

3. 模拟结果分析

最大水平应力与巷道轴向呈不同夹角时的围岩位移和塑性区如图 3-17 所示。

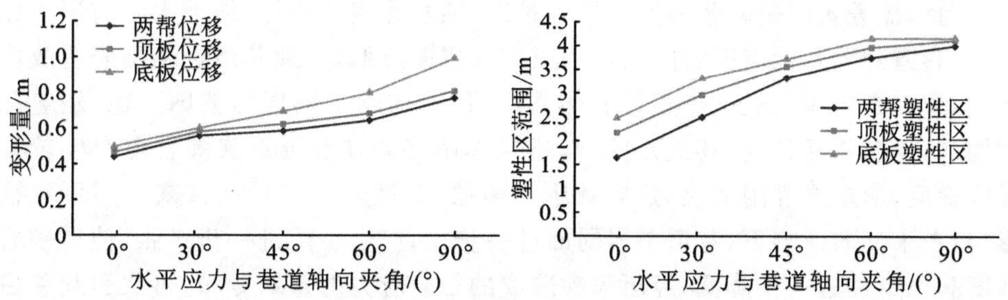

图 3-17 最大水平应力与巷道轴向呈不同夹角时的围岩位移和塑性区

由图 3-8、图 3-10、图 3-12、图 3-14、图 3-16、图 3-17 可知，深部高应力软岩巷道围岩的顶板、底板及两帮的变形量随着最大水平应力与巷道轴向夹角的增大而不断增大，并且呈现出“巷道围岩底板变形量＞顶板变形量＞两帮变形量”的规律，当最大水平应力与巷道轴向夹角增大到 90°时，巷道顶板、底板及两帮的变形量都达到了最大值；在水平构造应力的影响下，巷道底臌量相对较大，底臌量在巷道总变形中所占比例突出，底臌是深部高应力软岩巷道变形破坏的主要表现形式。

深部高应力软岩巷道围岩的顶板、底板及两帮的塑性区范围随着最大水平应力与巷道轴向夹角的增大而不断扩大，并且呈现出“顶板塑性区范围的增加幅度＞两帮塑性区范围的增加幅度＞底板塑性区范围的增加幅度”的规律；当最大水平应力与巷道轴向夹角为 0°时，底板塑性区的范围相对较大，两帮及底板的塑性区范围相对较小，随着夹角的增大，塑性区逐渐向两帮和顶板转移，使得两帮和顶板塑性区范围逐渐增加。

总的来说，最大水平应力与巷道轴向夹角对深部高应力软岩巷道围岩的变形量及塑性区范围有较大影响，当最大水平应力方向与巷道轴向近似平行时，巷道围岩的变形量和塑性区范围较小，巷道变形破坏相对较小；当最大水平应力方向与巷道轴向垂直时，巷道围岩的变形量和塑性区范围最大，巷道变形剧烈、变形破坏严重。

3.5 本章小结

本章首先采用弹塑性力学、流变力学基本理论分析了深部高应力软岩巷道在高地应力作用下的变形破坏机理；然后采用渗流力学、热力学基本理论分析了深部高应力软岩巷道在高孔隙水压力、高温作用下的变形破坏机理；最后采用 FLAC 3D 数值分析软件对深部高应力软岩巷道的变形破坏机理进行了数值模拟分析，得出以下主要结论。

(1)随着深度的增加，地应力逐渐增大，巷道开挖后二次应力场的形成引起了应力的高度集中，导致巷道围岩受到的压剪应力超过了围岩强度，巷道围岩很快由表面向深部进入破裂碎胀和塑性扩容状态；随着深度的增加，地下水渗透压力相应增大，巷道开挖后近表围岩内孔隙水压力大幅度降低，导致巷道近场围岩有效应力增大，致使围岩应力进一步超过岩体强度，从而加剧了围岩的破坏失稳；随着深度的增加，地温逐渐升高，巷道开挖后，通风作用将会在巷道近表围岩内产生较大的温度梯度，形成温度附加应力，导致围岩离层，对围岩破碎扩展带来了不可忽视的影响；在采动的影响下，巷道围岩弱面进一步发育，微裂隙进一步扩张，使得围岩的强度和稳定性进一步降低，经历采动造成的围岩应力的重新分布，再次引起巷道围岩变形持续增长，加剧了巷道围岩变形破坏。并且随着地应力的增大和温度的升高，深部软岩巷道的流变性较为显著，极不利于巷道围岩的稳定。

(2)基于侧压系数 $\lambda\neq 1$ 时的黏弹性分析,得到了深部高应力软岩巷道围岩表面位移的表达式:

$$u_r\big|_{r=r_0}=\frac{1-\mu^2}{E}\cdot p(1+\lambda)r_0-\frac{2(1-\mu^2)}{E}\cdot p(1-\lambda)r_0\cos 2\theta+\frac{(2-\mu)(1+\lambda)}{6\eta_\tau}\cdot$$

$$pr_0c\ln(\alpha t+1)-\frac{(2-\mu)(1-\lambda)}{3\eta_\tau}\cdot pr_0c\ln(\alpha t+1)\cdot\cos 2\theta$$

巷道围岩的变形可分为衰减变形阶段和稳定变形阶段。由上式可知:巷道围岩表面的位移随时间的延续而增大,并且巷道围岩的初期变形量较大,随时间的延长,围岩的变形量趋于稳定;随着侧压系数的增大,巷道围岩变形量逐渐增大。

(3)FLAC 3D 数值模拟结果表明,最大水平应力与巷道轴向夹角对深部高应力软岩巷道围岩的变形量及塑性区范围有较大影响,当最大水平应力方向与巷道轴向近似平行时,巷道围岩的变形量和塑性区范围较小,巷道变形破坏相对较小;当最大水平应力方向与巷道轴向垂直时,巷道围岩的变形量和塑性区范围最大,巷道变形剧烈、破坏严重。

部分灰度图对应的彩图见二维码。

本章彩图

4 深部高应力软岩巷道控制理论与支护机理研究

4.1 围岩力学特征的数值模拟研究

4.1.1 数值模拟模型的建立

本章数值模拟以唐口煤矿井底车场的辅助运输石门为工程背景，根据工程地质条件，本书建立模拟区域的长×宽×高为 50 m×30 m×40 m，共划分 59 000 个单元和 63 291 个节点，本模拟建立的 FLAC 3D 模型如图 4-1 所示，开挖后的 FLAC 3D 模型如图 4-2 所示。

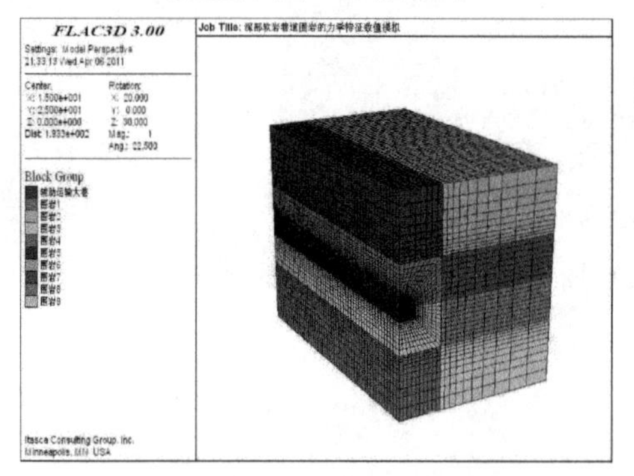

图 4-1 FLAC 3D 三维数值模拟模型(一)

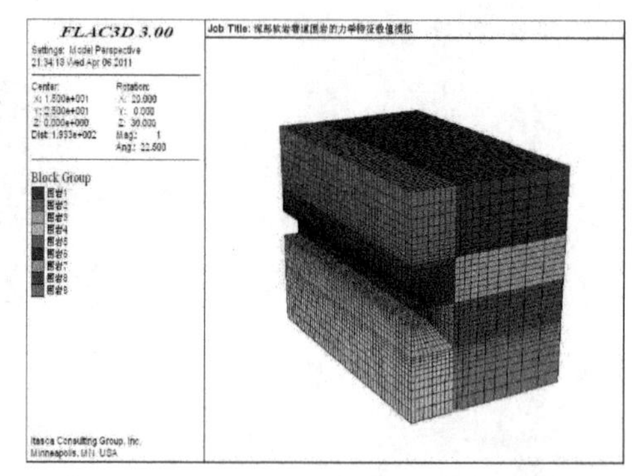

图 4-2 FLAC 3D 开挖三维数值模拟模型

本模型限制其侧向和底部处的位移；在上表面施加 25 MPa 的荷载，模拟上覆岩体的自重条件；工程岩体的物理力学计算参数按照实验室岩石的三轴抗压试验及单轴抗压试验取值，如表 2-3 所示；并采用 Mohr-Coulomb 破坏准则，揭示深部高应力软岩巷道在开挖过程中围岩动态变形及屈服破坏情况。

4.1.2 巷道开挖前后的围岩应力场演化特征

掘进工作面前方 5 m 处、掘进工作面处以及掘进工作面后方 5 m 处的最大主应力场云图如图 4-3 所示。

由图 4-3 可知，掘进工作面前方 5 m 处的围岩在掘进工作面后方开挖的影响下，最大主应力在开挖巷道的位置区域形成应力集中，应力升高至 27 MPa。巷道开挖后，巷道周边岩体应力急剧降低，巷道周边岩体应力降至 25 MPa；在距离巷道顶、底板约 2.5 m 的区域形成应力集中区，应力峰值达到 28 MPa。距离掘进工作面后方 5 m 处，巷道周边围岩的最大主应力降低区域继续向围岩深部扩展；与此同时，巷道顶、底板的应力集中区推移至距离巷道顶、底板约 3.5 m 的区域中，应力进一步升高至 28 MPa。在整个巷道开挖的过程中，最大主应力区域先在巷道中间区域处集中，然后由于开挖导致巷道围岩应力大幅度释放，巷道周边岩体的低应力区逐渐向围岩深部扩展，与此同时，巷道顶、底板的最大主应力集中区也逐渐增大并向围岩深部转移。

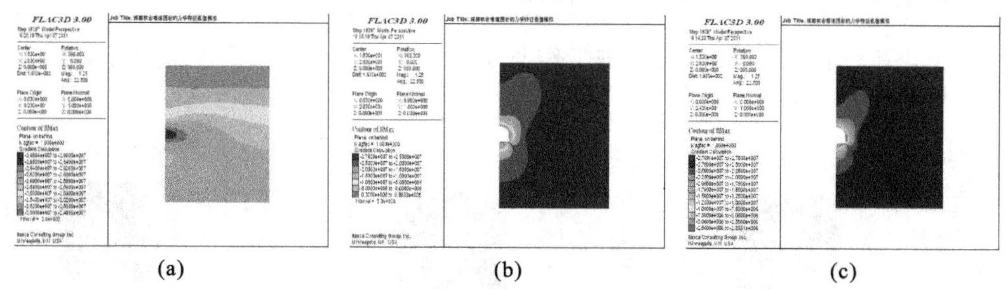

图 4-3　深部高应力软岩巷道开挖后的最大应力场

(a)掘进工作面前方 5 m 处；(b)掘进工作面处；(c)掘进工作面后方 5 m 处

4.1.3　巷道开挖前后的围岩位移场的变化特征

掘进工作面前方 5 m 处、掘进工作面处以及掘进工作面后方 5 m 处的位移场云图如图 4-4 所示。

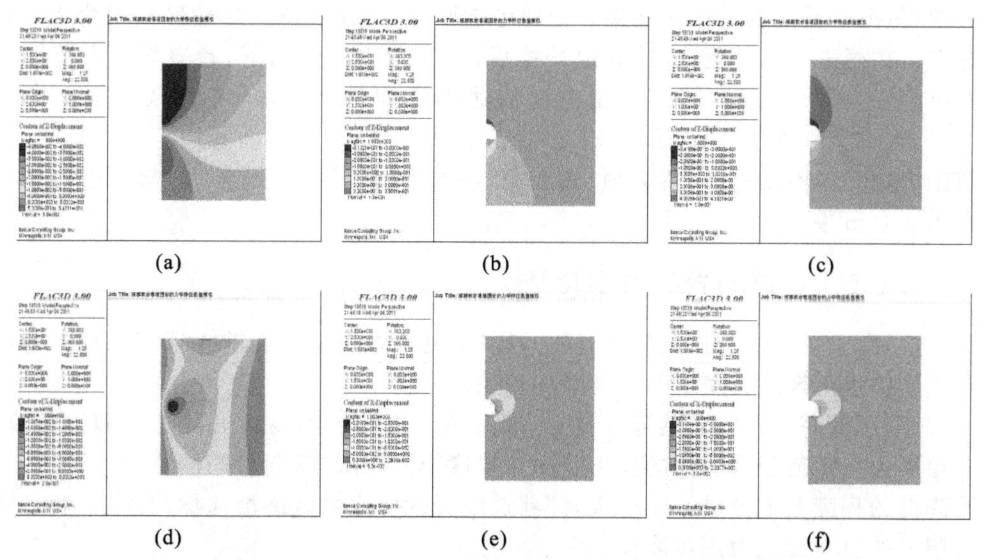

图 4-4　深部高应力软岩巷道开挖后的位移场

垂直位移：(a)掘进工作面前方 5 m 处；(b)掘进工作面处；(c)掘进工作面后方 5 m 处

水平位移：(d)掘进工作面前方 5 m 处；(e)掘进工作面处；(f)掘进工作面后方 5 m 处

由图 4-4 可知，在掘进工作面处的最大垂直位移为 31.3 cm，最大水平位移为 29.2 cm。在掘进工作面后方 5 m 处巷道顶、底板及两帮变形迅速发展，巷道围岩位移变形量相对较大，垂直位移高达 34.2 cm，水平位移高达 31.6 cm。掘进工作面前方 5 m 处，由于受掘进工作面巷道开挖扰动的影响，也产生了一定的位移，最大垂直位移为 4.1 cm，最大水平位移为 1.6 cm。在整个巷道开挖的过程中，巷道围岩周边位移相对较大，在巷道顶、底板及拱肩部位的位移尤为突出。

4.1.4 巷道开挖前后的围岩破坏特征

掘进工作面前方 5m 处、掘进工作面处以及掘进工作面后方 5m 处的塑性区分布云图如图 4-5 所示。

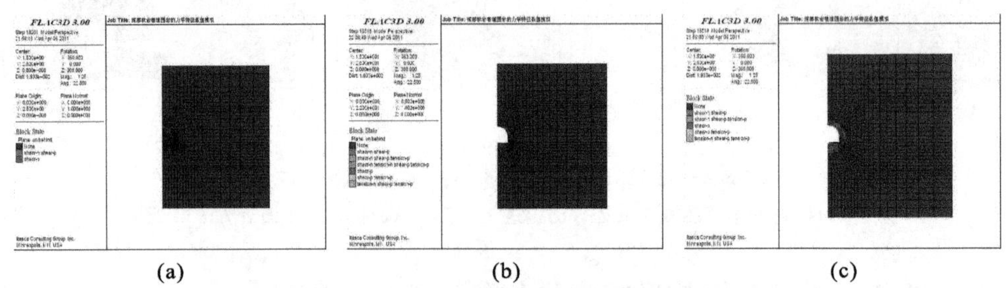

(a) (b) (c)

图 4-5 深部高应力软岩巷道开挖后的围岩塑性区分布图

(a)掘进工作面前方 5 m 处；(b)掘进工作面处；(c)掘进工作面后方 5 m 处

由图 4-5 可知，处于掘进工作面前方 5 m 处区域内的巷道周边岩体虽然还未开挖，但由于受掘进工作面巷道开挖的影响而处于塑性状态，塑性区范围为 1.5 m 左右。在掘进工作面处区域，巷道开挖后，在高应力的作用下，巷道周边大范围岩体迅速发生破坏，塑性区不断由巷道周边围岩向深部扩展，塑性区范围扩大为 2.5 m左右。在掘进工作面后方 5 m 处区域内，受掘进工作面巷道开挖的影响，巷道围岩塑性区不断发展，巷道顶、底板围岩的塑性区范围不断扩大，塑性区范围扩大为 3.0 m 左右。

4.1.5 巷道围岩的力学特征

(1)由于受巷道掘进工作面开挖的影响，处于掘进工作面前方还未开挖的巷道周边岩体也出现应力集中及塑性破坏现象。

(2)深部高应力软岩巷道开挖后，巷道围岩内积聚的高应力向巷道周边释放，巷道周边一定范围内岩体的应力水平大幅度降低；并且随着时间的增加，其应力水平降低的程度及范围进一步扩大，即巷道围岩的低应力区逐渐向深部扩展，巷道周边围岩的自承载能力逐步降低。

(3)深部高应力软岩巷道开挖后，巷道围岩内应力释放，导致了围岩发生破坏，巷道破坏首先是从某些关键部位(如巷道的帮肩、底角等)开始，然后发展到整个巷道失稳破坏，并且巷道底板围岩的变形及塑性区破坏范围明显大于巷道两帮及顶板。巷道围岩的变形破坏随时间的增长而不断发展，即巷道围岩的流变性显著。

4.2 巷道控制理论

基于对深部高应力软岩巷道变形破坏特征与破坏机理研究及深部高应力软岩巷道围岩的力学特征分析，提出了如下深部高应力软岩巷道控制理论。

(1)巷道开挖后要充分释放围岩变形能，以适应深部软岩巷道大变形的特点。

软岩巷道支护理论和工程实践证明，巷道开挖后，无论采用何种支护形式，巷道围岩都要进入一定的塑性变形状态，赋存在巷道围岩体内的变形能要释放出来。因此，巷道开挖后要充分释放赋存在围岩体内的变形能，使围岩最大限度地发挥塑性区承载能力而又不产生松动破坏，确定合理的二次支护时机。

(2)改善围岩性质，提高围岩强度。

软岩巷道开挖后及时恢复巷道临空面上的径向应力，改善因巷道开挖导致恶化的围岩应力状态，从而提高巷道围岩的强度和模量，限制围岩沿巷道临空面的径向位移。采用高强支护及锚注支护技术等加固措施，可增大围岩的抗剪强度，限制围岩沿裂隙滑移面的剪胀变形，提高围岩在高应力作用下的抗剪切破裂的能力。对松动破裂区围岩进行加固，对塑性区围岩进行修复，可提高巷道围岩的完整性和整体强度。

(3)维护、保持和提高围岩的残余强度，充分发挥围岩的承载能力。

软岩在经受水侵蚀或风化影响后，其强度将降低，在巷道开挖后应及时喷射混凝土以封闭围岩，可防止围岩风化潮解和减少围岩强度的损失；增加支护抗力，提高围岩残余强度，改善围岩应力状态；采用高强锚杆(锚索)支护体系加固巷道围岩，提高围岩的自承载能力；注浆补强加固围岩，提高围岩的自身强度，同时减小地下水对巷道围岩的损伤影响以及巷道围岩的流变变形，以充分发挥巷道围岩的承载能力。

(4)关键部位加强支护。

深部高应力软岩巷道破坏首先是从某些关键部位(如巷道的帮肩、底角等)开始的，然后发展到整个巷道的失稳破坏。因此应加强关键部位的支护，在关键部位实施支护体(锚索)和围岩的再次组合，最大限度地发挥围岩的自承载能力。适时地在关键部位实施高预应力锚索耦合支护技术，加强关键部位的稳定性控制，有效地限制塑性破坏的范围向围岩深部发展，以维持巷道围岩的长期稳定。

(5)全断面、分步联合加固。

锚杆、喷网、锚索联合支护可形成锚杆压缩区组合拱、喷网组合拱和锚索扩大承载拱，锚注支护后浆液的扩散作用形成一个浆液扩散加固拱，“锚网喷-锚索-锚注”组合的三锚联合支护形式实现了加固软岩巷道的多层有效加固承载拱结构；采用巷道全断面支护，可避免巷道围岩局部产生应力集中和部分破坏，保证巷道及支护结构的整体稳定；软岩巷道围岩变形破坏是分阶段的，软岩巷道变形力学机制较复杂，单一的支护形式难以适应巷道围岩的动态变形特征，因而应采取分步联合加固技术，使巷道围岩的变形破坏动态过程处于受控状态。

(6)长期监测。

软岩巷道围岩变形既直接反映了矿压规律，又是分析判断巷道稳定性的重要手段。进行现场巷道围岩变形及支护结构受力监测，可掌握围岩变形状态及支护结构的受力特性。及时反馈监测信息，可优化施工工艺、支护方案和支护参数等，可最大限度地发挥巷道围岩的自承能力和支护体系承载能力。深部软岩巷道围岩变形具有时间效应的流变特性，因此要长期监测，对及时掌握软岩巷道围岩稳定状况及采用相应的支护措施具有重要意义。

4.3 锚注支护机理研究

4.3.1 锚注支护机理

锚注支护是利用锚杆兼注浆管实现外锚内注的一体化新型支护形式，通过向含有大量裂隙的松散破碎岩体中注入能够胶结硬化的浆液，将破裂岩体重新胶结成较高强度的固结体，改善了巷道围岩破裂体的物理力学性质及其力学性能，尤其提高了巷道围岩的黏聚力 c 和内摩擦角 φ，进而提高巷道围岩的强度和整体承载能力，有利于巷道围岩的长期稳定。锚注支护提高了支护结构的承载能力，增强了支护结构的整体性，保证了支护结构的稳定性，既具有锚杆(索)支护、锚喷(网)支护等主动支护形式的柔性与让压作用，又具有金属支架和砌碹等被动支护形式的刚性与承压作用，与锚喷、锚索等其他支护形式组成联合支护体系，扩大了支护体系的承载范围，共同维持了巷道的稳定。

锚注支护机理主要包括以下几个方面。

(1)浆液封闭水源、隔绝空气、充填压密裂隙。

向围岩内注浆可以封堵渗流通道，防止或降低地下水对围岩的软化，避免围岩强度降低；浆液在泵压的作用下，渗透、充填、闭合围岩裂隙，降低了围岩体的孔隙率，提高了围岩体的完整性，进而提高了围岩强度。

(2)浆液充填围岩裂隙，改善岩体内的应力状态。

注浆后浆液充填围岩裂隙，使裂隙尖端处的应力集中程度削弱或消失，减缓了巷道开挖后围岩应力的集中程度；浆液充填围岩裂隙后将巷道周围岩体由二向应力状态转化为三向应力状态，从而改善了巷道围岩的应力状态。

(3)注浆提高围岩松动圈内破碎岩体的强度和变形模量，提高巷道围岩的稳定性。

浆液材料具有较大的黏结力，可提高破碎岩体的强度和刚度；注浆后改善了岩体不连续面的强度和变形模量等力学性能，尤其大幅度地提高了岩体的黏聚力 c 和内摩擦角 φ，从而提高了围岩的自身承载能力，使莫尔圆远离强度包络线，有利于巷道围岩的稳定。

(4)注浆强化关键部位,有利于巷道围岩的长期稳定。

软岩巷道围岩总是存在着影响围岩稳定性的关键软弱部位(如巷道的帮角、底角等),注浆后关键部位将形成有效加固结构效应,可减缓巷道围岩从关键部位向外扩展的渐进破坏,提高了巷道围岩的长期稳定。

(5)注浆强化巷道已有的支护结构,形成多层有效组合拱。

锚注支护是在软岩巷道原有支护的基础上进行壁后注浆,对原有支护结构有强化作用。锚注支护配合锚喷支护及锚索支护,可以形成一个多层有效组合拱,即锚杆锚固压缩区组合拱、喷网组合拱、锚索扩大承载拱及浆液扩散加固拱,提高了支护结构的整体性和承载能力,扩大了支护结构的承载范围,提高了支护结构的支护效果。

4.3.2 锚注支护与围岩共同作用机理分析

1.巷道围岩应力状态与变形分析

普通支护是指采用普通锚喷(网)、棚式支架(U形钢、工字钢、槽钢等)、砌碹(料石砌碹、混凝土砌碹、钢筋混凝土砌碹等)等支护形式。本书采用分段线性岩石力学模型(图4-6)。假设巷道为轴对称圆形巷道,原岩应力为 p($p=\gamma H$,γ 为岩石的容重,H 为巷道埋深),侧压系数 $\lambda=1$,巷道开挖后及时进行锚喷支护,巷道支护与围岩界面 R_0($R_0=r_0+\delta$,r_0 为圆形巷道半径,δ 为喷射混凝土喷层的厚度)处有支护抗力 p_i($p_i=p_1+p_2$,p_1 为锚杆的锚固力,p_2 为锚杆的初锚力)作用。巷道支护总是滞后于巷道断面的开挖,巷道开挖后引起巷道围岩应力重新分析和应力集中,当巷道表面围岩的切向集中应力超过围岩强度时,导致围岩破坏,产生碎胀,从而引起支护抗力提高。在支护与围岩的共同作用下,在巷道开挖后的周围岩体中形成3个区域,即残余强度区(Ⅰ区)、塑性软化区(Ⅱ区)、原岩弹性区(Ⅲ区),分别对应于岩石全应力-应变曲线上的残余强度段、峰后软化段和峰前弹性段(图4-7)。

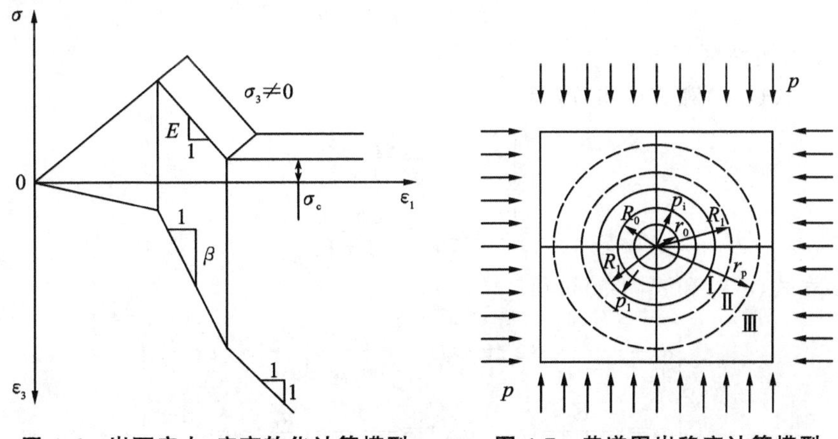

图4-6 岩石应力-应变软化计算模型　　图4-7 巷道围岩稳定计算模型

(1)原岩弹性区($r_p \leqslant r < \infty$)的应力及位移。

弹性区满足广义虎克定律，由弹性力学知识可得以下计算公式。

①平衡微分方程：

$$\frac{\mathrm{d}\sigma_r}{\mathrm{d}r}+\frac{\sigma_r-\sigma_\theta}{r}=0 \tag{4-1}$$

式中，σ_r 为沿 r 方向的径向正应力；σ_θ 为沿 θ 方向的环向或切向正应力。

②物理方程：

$$\begin{cases}\varepsilon_r=\dfrac{1}{E}(\sigma_r-\mu\sigma_\theta)\\ \varepsilon_\theta=\dfrac{1}{E}(\sigma_\theta-\mu\sigma_r)\\ \gamma_{r\theta}=0\end{cases} \tag{4-2}$$

式中，ε_r 为径向应变；ε_θ 为环向应变；$\gamma_{r\theta}$ 为切向应变。

③几何方程：

$$\varepsilon_r=\frac{\mathrm{d}u_r}{\mathrm{d}r}$$

$$\varepsilon_\theta=\frac{u_r}{r} \tag{4-3}$$

式中，u_r 为径向位移。

④莫尔-库伦强度破坏准则：

$$\sigma_\theta=\xi\sigma_r+\sigma_c \tag{4-4}$$

式中，ξ 为系数，$\xi=\dfrac{1+\sin\varphi}{1-\sin\varphi}$；$\sigma_c$ 为岩石的单轴抗压强度，$\sigma_c=\dfrac{2c\cdot\cos\varphi}{1-\sin\varphi}$，$c$ 为岩石的黏聚力，φ 为岩石内摩擦角。

⑤边界条件：

$$\sigma_r=\sigma_\theta\big|_{r\to\infty}=p$$

$$\sigma_r+\sigma_\theta\big|_{r=R_p}=2p \tag{4-5}$$

式中，r_p 为塑性区半径。

联立式(4-4)和式(4-5)可得：

$$\begin{cases}\sigma_r^e\big|_{r=r_p}=\dfrac{2p-\sigma_c}{1+\xi}\\ \sigma_\theta^e\big|_{r=r_p}=\dfrac{2\xi p+\sigma_c}{1+\xi}\end{cases} \tag{4-6}$$

联立式(4-2)和式(4-3)可得：

$$\begin{cases}\sigma_r=\dfrac{E}{1-\mu^2}(\varepsilon_r+\mu\varepsilon_\theta)=\dfrac{E}{1-\mu^2}\left(\dfrac{\mathrm{d}u_r}{\mathrm{d}r}+\mu\cdot\dfrac{u_r}{r}\right)\\ \sigma_\theta=\dfrac{E}{1-\mu^2}(\varepsilon_\theta+\mu\varepsilon_r)=\dfrac{E}{1-\mu^2}\left(\dfrac{u_r}{r}+\mu\cdot\dfrac{\mathrm{d}u_r}{\mathrm{d}r}\right)\end{cases} \tag{4-7}$$

将式(4-7)代入式(4-1)可得：

$$r^2 \cdot \frac{\mathrm{d}^2 u_r}{\mathrm{d}r^2} + r \cdot \frac{\mathrm{d}u_r}{\mathrm{d}r} - u = 0 \tag{4-8}$$

式(4-8)为欧拉方程,由高等数学求解欧拉方程的知识可知,引入中间变形量 $t=\ln r$,式(4-8)可简化为:

$$\frac{\mathrm{d}^2 u_r}{\mathrm{d}t^2} - u_r = 0 \tag{4-9}$$

式(4-9)为一元二次线性齐次微分方程,其通解为:

$$u_r = c_1 \mathrm{e}^t + c_2 \mathrm{e}^{-t} \tag{4-10}$$

所以,式(4-8)欧拉方程的通解为:

$$u_r = c_1 r + c_2 \cdot \frac{1}{r} \tag{4-11}$$

式中,c_1、c_2 为待定系数,可由边界条件确定。

联立式(4-7)和式(4-11)可得:

$$\begin{cases} \sigma_r = \dfrac{E}{1-\mu^2}\left[(1+\mu)c_1 - (1-\mu)\dfrac{c_2}{r^2}\right] \\ \sigma_\theta = \dfrac{E}{1-\mu^2}\left[(1+\mu)c_1 + (1-\mu)\dfrac{c_2}{r^2}\right] \end{cases} \tag{4-12}$$

将式(4-5)代入式(4-12)可得:

$$\begin{cases} \sigma_r \big|_{r=r_\mathrm{p}} = \dfrac{E}{1-\mu^2}\left[(1+\mu)c_1 - (1-\mu)\dfrac{c_2}{r_\mathrm{p}^2}\right] = \sigma_{r_\mathrm{p}}^\mathrm{e} \\ \sigma_r \big|_{r\to\infty} = \dfrac{E}{1-\mu^2}(1+\mu)c_1 = p \end{cases} \tag{4-13}$$

式中,$\sigma_{r_\mathrm{p}}^\mathrm{e}$ 为弹塑性交界面的径向应力,角标 e 表示弹性区的分量。

由式(4-13)可得:

$$\begin{cases} c_1 = \dfrac{1-\mu}{E} \cdot p \\ c_2 = \dfrac{1+\mu}{E}(p - \sigma_{r_\mathrm{p}}^\mathrm{e}) r_\mathrm{p}^2 \end{cases} \tag{4-14}$$

将式(4-14)代入式(4-12)可得原岩弹性区的应力为:

$$\begin{cases} \sigma_r^\mathrm{e} = p\left(1 - \dfrac{r_\mathrm{p}^2}{r^2}\right) + \sigma_{r_\mathrm{p}}^\mathrm{e} \cdot \dfrac{r_\mathrm{p}^2}{r^2} \\ \sigma_\theta^\mathrm{e} = p\left(1 + \dfrac{r_\mathrm{p}^2}{r^2}\right) - \sigma_{r_\mathrm{p}}^\mathrm{e} \cdot \dfrac{r_\mathrm{p}^2}{r^2} \end{cases} \tag{4-15}$$

将式(4-14)代入式(4-11)可得:

$$u_r = \frac{r}{E}\left[(1+\mu)\frac{r_\mathrm{p}^2}{r^2}(p - \sigma_{r_\mathrm{p}}^\mathrm{e}) + (1-\mu)p\right] \tag{4-16}$$

用$\dfrac{E}{1-\mu^2}$代替 E,$\dfrac{\mu}{1-\mu}$代替 μ,可得按平面应变问题求解的原岩弹性区的位

移为：

$$u_r^{\mathrm{e}}=\frac{(1+\mu)r}{E}\left[\frac{r_{\mathrm{p}}^2}{r^2}(p-\sigma_{r_{\mathrm{p}}}^{\mathrm{e}})+(1-2\mu)p\right] \tag{4-17}$$

巷道开挖前的位移为：

$$u_0^{\mathrm{e}}=u_r^{\mathrm{e}}\big|_{r_{\mathrm{p}}=0}=\frac{(1+\mu)(1-2\mu)}{E}\cdot pr \tag{4-18}$$

巷道开挖后的位移为：

$$u_1^{\mathrm{e}}=u_r^{\mathrm{e}}-u_0^{\mathrm{e}}=\frac{(1+\mu)r_{\mathrm{p}}^2}{Er}(p-\sigma_{r_{\mathrm{p}}}^{\mathrm{e}}) \tag{4-19}$$

(2)塑性软化区($R_1\leqslant r<r_{\mathrm{p}}$)的应力及位移。

由塑性力学基本知识可得以下计算公式。

①平衡微分方程：

$$\frac{\mathrm{d}\sigma_r^{\mathrm{p}}}{\mathrm{d}r}+\frac{\sigma_r^{\mathrm{p}}-\sigma_\theta^{\mathrm{p}}}{r}=0 \tag{4-20}$$

②几何方程：

$$\begin{cases}\varepsilon_r^{\mathrm{p}}=\dfrac{\mathrm{d}u_r^{\mathrm{p}}}{\mathrm{d}r}\\[2ex]\varepsilon_\theta^{\mathrm{p}}=\dfrac{u_r^{\mathrm{p}}}{r}\end{cases} \tag{4-21}$$

式中，u_r^{p} 为径向位移，角标 p 表示塑性软化区的分量。

③莫尔-库伦强度破坏准则：

$$\sigma_\theta^{\mathrm{p}}=\xi\sigma_r^{\mathrm{p}}+\sigma_{\mathrm{c}}^{\mathrm{p}} \tag{4-22}$$

式中，σ_{c} 为塑性软化区的岩石单轴抗压强度，且 $\sigma_{\mathrm{c}}\leqslant\sigma_{\mathrm{c}}^{\mathrm{p}}\leqslant\sigma_{\mathrm{c}}^*$，$\sigma_{\mathrm{c}}^*$ 为岩石的残余强度。

在塑性软化区，岩体处于破碎状态，此时需要考虑岩体的体积膨胀特性（扩容现象）。因此，引入岩体强度峰值后的横向与纵向变形线性比例系数 α 的公式为：

$$\varepsilon_r^{\mathrm{p}}=\alpha\varepsilon_\theta^{\mathrm{p}} \tag{4-23}$$

联立式(4-21)和式(4-23)可得：

$$\frac{\mathrm{d}u_r^{\mathrm{p}}}{\mathrm{d}r}=\alpha\frac{u_r^{\mathrm{p}}}{r} \tag{4-24}$$

由式(4-24)解得：

$$u_r^{\mathrm{p}}=c_3r^\alpha \tag{4-25}$$

式中，c_3 为待定系数，可由边界条件确定。

弹塑性交界面上的位移连续条件为：

$$u_r^{\mathrm{e}}=u_r^{\mathrm{p}}\big|_{r=r_{\mathrm{p}}}=\frac{(1+\mu)r_{\mathrm{p}}}{E}\left[2(1-\mu)p-\sigma_{r_{\mathrm{p}}}^{\mathrm{e}}\right] \tag{4-26}$$

联立式(4-25)和式(4-26)可得：

$$c_3=\frac{(1+\mu)r_p^{1-\alpha}}{E}[2(1-\mu)p-\sigma_{r_p}^e] \tag{4-27}$$

将式(4-27)代入式(4-25)可得塑性软化区的位移为：

$$u_r^p=\frac{1+\mu}{E}[2(1-\mu)p-\sigma_{r_p}^e]r_p^{1-\alpha}r^\alpha \tag{4-28}$$

根据分段线性岩石力学模型可知，峰后软化段的岩石强度 σ_c^p 与切向应变 ε_θ 呈线性关系，即：

$$\sigma_c^p=\sigma_c-\frac{\sigma_c-\sigma_c^*}{\varepsilon_{\theta p}^r-\varepsilon_\theta^{r_1}}(\varepsilon_{\theta p}^r-\varepsilon_\theta^P) \tag{4-29}$$

式中，R_1 为塑性软化区和残余强度区交界面半径；σ_c、σ_c^p、σ_c^* 分别为岩石的极限抗压强度、塑性软化强度和残余强度；$\varepsilon_{\theta p}^r$、$\varepsilon_\theta^{R_1}$、ε_θ^p 分别为围岩在弹塑性交界处、塑性软化和残余强度交界处以及塑性软化区的切向应变。

联立式(4-21)和式(4-23)可得：

$$\varepsilon_\theta^p=c_3r^{\alpha-1} \tag{4-30}$$

将式(4-30)代入式(4-29)可得：

$$\sigma_c^p=\sigma_c-k(\varepsilon_{\theta p}^r-\varepsilon_\theta^p)=\sigma_c-k(\varepsilon_{\theta p}^r-c_3r^{\alpha-1}) \tag{4-31}$$

式中，$k=\dfrac{\sigma_c-\sigma_c^*}{\varepsilon_{\theta p}^r-\varepsilon_\theta^{R_1}}$，即为塑性软化区的斜率。

联立式(4-20)和式(4-22)可得：

$$r\frac{\mathrm{d}\sigma_r^p}{\mathrm{d}r}+(1-\xi)\sigma_r^p=\sigma_c^p \tag{4-32}$$

由式(4-32)解得：

$$\sigma_r^p=r^{\xi-1}\int r^{-\xi}\sigma_c^p\mathrm{d}r \tag{4-33}$$

将式(4-31)代入式(4-33)可得：

$$\sigma_r^p=\frac{(\sigma_c-k\varepsilon_{\theta p}^r)}{1-\xi}+\frac{c_3k}{\alpha-\xi}\cdot r^{\alpha-1}+c_4r^{\xi-1} \tag{4-34}$$

式中，c_4 为待定系数，可由边界条件确定。

弹塑性交界面上的应力连续条件为：

$$\sigma_r^p\big|_{r=r_p}=\sigma_r^e\big|_{r=r_p}=\sigma_{r_p}^e \tag{4-35}$$

将式(4-35)代入式(4-34)可得：

$$c_4=\frac{\sigma_{r_p}^e-(\sigma_c-k\varepsilon_{\theta p}^r)/(1-\xi)-\dfrac{c_3k}{\alpha-\xi}\cdot r_p^{\alpha-1}}{r_p^{\xi-1}} \tag{4-36}$$

联立式(4-22)和式(4-33)可得：

$$\sigma_\theta^p=\xi\left(\frac{\sigma_c-k\varepsilon_{\theta p}^r}{1-\xi}+\frac{c_3k}{\alpha-\xi}\cdot r^{\alpha-1}+c_4r^{\xi-1}\right)+\sigma_c^p \tag{4-37}$$

所以，塑性软化区的应力为：

$$\begin{cases}\sigma_r^{\mathrm{p}}=\dfrac{\sigma_{\mathrm{c}}-k\varepsilon_{\theta^{\mathrm{p}}}^{r}}{1-\xi}+\dfrac{c_3k}{\alpha-\xi}\cdot r^{\alpha-1}+c_4r^{\xi-1}\\ \sigma_\theta^{\mathrm{p}}=\xi\left(\dfrac{\sigma_{\mathrm{c}}-k\varepsilon_{\theta^{\mathrm{p}}}^{r}}{1-\xi}+\dfrac{c_3k}{\alpha-\xi}\cdot r^{\alpha-1}+c_4r^{\xi-1}\right)+\sigma_c^{\mathrm{p}}\end{cases} \tag{4-38}$$

式中，$c_3=\dfrac{(1+\mu)r_{\mathrm{p}}^{1-\alpha}}{E}[2(1-\mu)p-\sigma_{r_{\mathrm{p}}}^{\mathrm{e}}]$，$c_4=\dfrac{\sigma_{r_{\mathrm{p}}}^{\mathrm{e}}-(\sigma_c-k\varepsilon_{\theta^{\mathrm{p}}}^{r})/(1-\xi)-\dfrac{c_3k}{\alpha-\xi}\cdot r_{\mathrm{p}}^{\alpha-1}}{r_{\mathrm{p}}^{\xi-1}}$。

(3)残余强度区($R_0\leqslant r<R_1$)的应力及位移。

残余强度区的平衡微分方程和几何方程形式同塑性软化区形式相同，且满足莫尔-库伦强度破坏准则。

①平衡微分方程：

$$\frac{\mathrm{d}\sigma_r^{\mathrm{t}}}{\mathrm{d}r}+\frac{\sigma_r^{\mathrm{t}}-\sigma_\theta^{\mathrm{t}}}{r}=0 \tag{4-39}$$

②几何方程：

$$\begin{gathered}\varepsilon_r^{\mathrm{t}}=\frac{\mathrm{d}u_r^{\mathrm{t}}}{\mathrm{d}r}\\ \varepsilon_\theta^{\mathrm{t}}=\frac{u_r^{\mathrm{t}}}{r}\end{gathered} \tag{4-40}$$

式中，u_r^{t} 为径向位移，角标 t 表示残余强度区的分量。

③莫尔-库伦强度破坏准则：

$$\sigma_\theta^{\mathrm{t}}=\xi\sigma_r^{\mathrm{t}}+\sigma_{\mathrm{c}}^{*} \tag{4-41}$$

④在塑性软化区和残余应力区交界处($r=R_1$)，满足体积不可压缩条件：

$$\varepsilon_r^{\mathrm{t}}\big|_{r=R_1}+\varepsilon_\theta^{\mathrm{t}}\big|_{r=R_1}=0 \tag{4-42}$$

联立式(4-40)和式(4-42)可得：

$$\frac{\mathrm{d}u_r^{\mathrm{t}}}{\mathrm{d}r}+\frac{u_r^{\mathrm{t}}}{r}=0 \tag{4-43}$$

由式(4-43)解得：

$$u_r^{\mathrm{t}}=\frac{c_5}{r} \tag{4-44}$$

式中，c_5 为待定系数，可由边界条件确定。

塑性软化区和残余应力区交界面上的位移连续条件为：

$$u_r^{\mathrm{t}}\big|_{r=r_{\mathrm{p}}}=u_r^{\mathrm{p}}\big|_{r=r_{\mathrm{p}}}=\frac{1+\mu}{E}[2(1-\mu)p-\sigma_{r_{\mathrm{p}}}^{\mathrm{e}}]r_{\mathrm{p}}^{1-\alpha}R_1^{\alpha} \tag{4-45}$$

联立式(4-44)和式(4-45)可得：

$$c_5=\frac{1+\mu}{E}[2(1-\mu)p-\sigma_{r_{\mathrm{p}}}^{\mathrm{e}}]r_p^{1-\alpha}R_1^{1+\alpha} \tag{4-46}$$

将式(4-46)代入式(4-44)可得残余强度区的位移为：

$$u_r^{\mathrm{t}}=\frac{1+\mu}{Er}[2(1-\mu)p-\sigma_{r_{\mathrm{p}}}^{\mathrm{e}}]r_{\mathrm{p}}^{1-\alpha}R_1^{1+\alpha} \tag{4-47}$$

联立式(4-39)和式(4-41)可得：

$$\sigma_r^t = r^{\xi-1}\int r^{-\xi}\sigma_c^* \mathrm{d}r = \sigma_c^* r^{\xi-1}\int r^{-\xi}\mathrm{d}r = \frac{1}{1-K}\cdot\sigma_c^* + c_6\sigma_c^* r^{\xi-1} \tag{4-48}$$

式中，c_6 为待定系数，可由边界条件确定。

巷道支护与围岩界面 R_0 处应力边界条件为：

$$\sigma_r^t\big|_{r=R_0} = \sigma_c^*\left(\frac{1}{1-K}+c_6R_0^{\xi-1}\right)=p_i \tag{4-49}$$

由式(4-49)解得：

$$c_6=\left(\frac{p_i}{\sigma_c^*}-\frac{1}{1-\xi}\right)R_0^{1-\xi} \tag{4-50}$$

联立式(4-49)和式(4-50)可得：

$$\sigma_r^t=\sigma_c^*\left[\frac{1}{1-\xi}+\left(\frac{p_i}{\sigma_c^*}-\frac{1}{1-\xi}\right)\left(\frac{R_0}{r}\right)^{1-\xi}\right] \tag{4-51}$$

由式(4-41)可得：

$$\sigma_\theta^t=\xi\sigma_r^t+\sigma_c^*=\sigma_c^*\left[\frac{1}{1-\xi}+\xi\left(\frac{p_i}{\sigma_c^*}-\frac{1}{1-\xi}\right)\left(\frac{R_0}{r}\right)^{1-\xi}\right] \tag{4-52}$$

所以，残余强度区的应力为：

$$\begin{cases}\sigma_r^t=\sigma_c^*\left[\dfrac{1}{1-\xi}+\left(\dfrac{p_i}{\sigma_c^*}-\dfrac{1}{1-\xi}\right)\left(\dfrac{R_0}{r}\right)^{1-\xi}\right]\\[2ex]\sigma_\theta^t=\sigma_c^*\left[\dfrac{1}{1-\xi}+\xi\left(\dfrac{p_i}{\sigma_c^*}-\dfrac{1}{1-\xi}\right)\left(\dfrac{R_0}{r}\right)^{1-\xi}\right]\end{cases} \tag{4-53}$$

(4)求解塑性区半径 r_p、塑性软化区和残余强度区交界面半径 R_1。

联立式(4-21)和式(4-25)可得：

$$\varepsilon_{\theta^p}^{r}=\frac{u_{r_p}^p}{r_p}=\frac{c_3r_p^\alpha}{r_p}=c_3r_p^{\alpha-1} \tag{4-54}$$

同理可得：

$$\varepsilon_\theta^*=\varepsilon_\theta^{R_1}=c_3R_1^{\alpha-1} \tag{4-55}$$

联立式(4-31)、式(4-54)和式(4-55)可得：

$$\sigma_c^*=\sigma_c-kc_3(r_p^{\alpha-1}-R_1^{\alpha-1}) \tag{4-56}$$

将式(4-27)代入式(4-56)可得

$$\frac{(\sigma_c-\sigma_c^*)E}{k(1+\mu)[2(1-\mu)p-\sigma_{r_p}^e]}=1-\left(\frac{R_1}{r_p}\right)^{\alpha-1} \tag{4-57}$$

由式(4-57)可得：

$$\frac{R_1}{r_p}=\left\{1-\frac{E(\sigma_c-\sigma_c^*)}{k(1+\mu)[2(1-\mu)p-\sigma_{r_p}^e]}\right\}^{\frac{1}{\alpha-1}} \tag{4-58}$$

塑性软化区和残余应力区交界处($r=R_1$)，应力连续条件为：

$$\sigma_r^p\big|_{r=R_1}=\sigma_r^t\big|_{r=R_1} \tag{4-59}$$

令$\dfrac{R_1}{r_p}=\beta$，将式(4-38)、式(4-53)和式(4-59)代入式(4-58)可得

$$r_{\mathrm{p}}=\frac{1}{\beta}\left\{\beta^{k-1}\cdot\frac{\sigma_{R_{\mathrm{p}}^{\mathrm{e}}}-\frac{\sigma_{\mathrm{c}}^{*}+k\varepsilon_{\theta}^{*}}{1-\xi}-\frac{k(1+\mu)[2(1-\mu)p-\sigma_{r_{\mathrm{p}}^{\mathrm{e}}}]}{E(\alpha-\xi)}}{\sigma_{\mathrm{c}}^{*}(\frac{p_{\mathrm{i}}}{\sigma_{\mathrm{c}}^{*}}-\frac{1}{1-\xi})R_{0}^{1-\xi}}+\right.$$
$$\left.\frac{\beta^{\alpha-1}\frac{k(1+\mu)[2-(1-\mu)p-\sigma_{r_{\mathrm{p}}}^{\mathrm{e}}]}{E(\alpha-\xi)}+\frac{k}{1-\xi}\cdot\varepsilon_{\theta}^{*}}{\sigma_{\mathrm{c}}^{*}\left(\frac{p_{\mathrm{i}}}{\sigma_{\mathrm{c}}^{*}}-\frac{1}{1-\xi}\right)R_{0}^{1-\xi}}\right\}^{\frac{1}{\xi-1}} \tag{4-60}$$

由式(4-58)可知，当支护抗力 p_0 和残余强度 σ_{c}^{*} 不同时为零时，塑性区半径 r_{p} 趋于一个定值，这是支护结构与巷道围岩组成的承载体稳定的基本条件。当 p_{i} 或 σ_{c}^{*} 增加时，塑性区半径 r_{p} 减小，有利于承载体的稳定。环向约束试验证明，当支护抗力 p_{i} 增加时，残余强度 σ_{c}^{*} 有所提高；当支护抗力 p_{i} 降低时，残余强度 σ_{c}^{*} 有所降低。故在支护结构与巷道围岩组成的承载体中，支护抗力 p_i 起着决定性的作用。

由式(4-15)、式(4-17)、式(4-26)、式(4-38)、式(4-47)和式(4-53)可知，原岩弹性区、塑性软化区和残余应力区的应力和位移方程与塑性区半径 r_{p} 密切相关，而塑性区半径 r_{p} 主要取决于支护所提供的支护抗力 p_{i}，r_{p} 与 p_{i} 间的关系如图 4-8 所示。

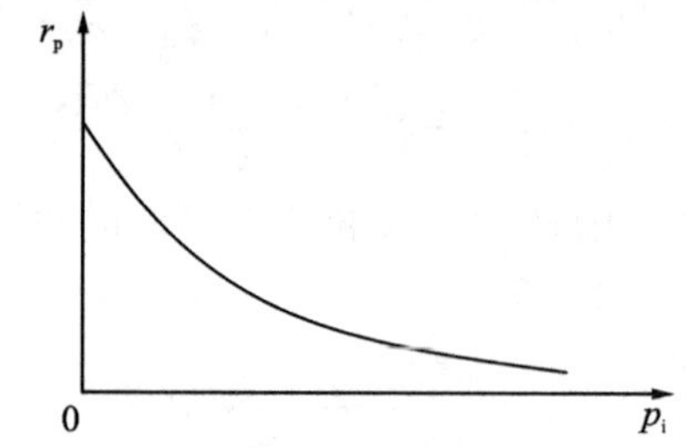

图 4-8 塑性区半径 r_{p} 和支护抗力 p_{i} 的关系

(5)在残余应力区注浆后的应力及位移。

残余应力区即锚注加固区，在锚注区岩石的单轴抗压强度为常数 $\sigma_{\mathrm{c}}=\sigma_{\mathrm{c}}^{\mathrm{m}}$（上标 m 代表锚注加固区）；支护抗力为 $p'_{\mathrm{i}}=p_{\mathrm{i}}+\Delta p_i$。

锚注加固区仍处于塑性区，故其位移和应力的表达式同残余强度区的位移和应力表达式应一致，则有：

$$u_r^{\mathrm{t}}=\frac{1+\mu}{Er}[2(1-\mu)p-\sigma_{r_{\mathrm{p}}}^{\mathrm{e}}]r_{\mathrm{p}}^{1-\alpha}R_1^{1+\alpha} \tag{4-61}$$

$$\begin{cases}\sigma_r^{\mathrm{m}}=\sigma_{\mathrm{c}}^{\mathrm{m}}\left[\frac{1}{1-\xi}+\left(\frac{p'_{\mathrm{i}}}{\sigma_{\mathrm{c}}^{\mathrm{m}}}-\frac{1}{1-\xi}\right)\left(\frac{R_0}{r}\right)^{1-\xi}\right]\\ \sigma_{\theta}^{\mathrm{m}}=\sigma_{\mathrm{c}}^{\mathrm{m}}\left[\frac{1}{1-\xi}+\xi\left(\frac{p'_{\mathrm{i}}}{\sigma_{\mathrm{c}}^{\mathrm{m}}}-\frac{1}{1-\xi}\right)\left(\frac{R_0}{r}\right)^{1-\xi}\right]\end{cases} \tag{4-62}$$

令 $\left(\frac{R_1}{r_{\mathrm{p}}}\right)'=\beta'$，由式(4-58)可得：

$$\beta'=\left(\frac{R_1}{r_p}\right)'=\left\{1-\frac{E(\sigma_c-\sigma_c^m)}{k(1+\mu)[2(1-\mu)p-\sigma_{r_p}^e]}\right\}^{\frac{1}{\alpha-1}} \tag{4-63}$$

将 β 换成 β'，p_i 换成 p'_i，σ_c^* 换成 σ_c^m，ε_θ^* 换成 ε_θ^m，由式(4-60)可得：

$$r_p'=\frac{1}{\beta'}\left\{\beta'^{k-1}\cdot\frac{\sigma_{r_p^e}-\dfrac{\sigma_c^m+k\varepsilon_\theta^m}{1-\xi}-\dfrac{k(1+\mu)[2(1-\mu)p-\sigma_{r_p^e}]}{E(\alpha-\xi)}}{\sigma_c^m\left(\dfrac{p_i}{\sigma_c^m}-\dfrac{1}{1-\xi}\right)R_0^{1-\xi}}+\frac{\beta'^{\alpha-1}\dfrac{k(1+\mu)[2-(1-\mu)p-\sigma_{r_p^e}]}{E(\alpha-\xi)}+\dfrac{k}{1-\xi}\varepsilon_\theta^m}{\sigma_c^m\left(\dfrac{p_i}{\sigma_c^m}-\dfrac{1}{1-\xi}\right)R_0^{1-\xi}}\right\}^{\frac{1}{\xi-1}} \tag{4-64}$$

由式(4-64)可知，注浆后，原支护抗力 p_i 和残余强度 σ_c^* 分别增加成 p'_i 和 σ_c^m，使塑性区半径 r_p 减小，更有利于承载结构的稳定。

(6)结论。

通过以上分析可知，在软岩巷道开挖后允许围岩产生一定量的变形，以充分释放赋存在围岩内的变形能，若及时采取锚喷支护，可以控制巷道围岩塑性区半径 r_p 向围岩深部扩展，从而减小巷道围岩位移和残余强度区半径 R_1；通过在残余应力区内注浆，改善巷道围岩破裂体的物理性质及其力学性能，提高巷道围岩的强度和整体承载能力，并提高支护抗力，减小了塑性区半径 r_p，进而减小了巷道围岩的位移。

2. 锚注加固结构支护抗力分析

锚注加固后形成的有效支护结构与围岩的界面半径($R_1=R_0+h_j$，R_1 为塑性软化区和残余应力区的交界面半径，R_0 为巷道支护与围岩界面半径，h_j 为注浆加固拱厚度)得到大幅度提高，原锚喷(网)支护结构($R_0=r_0+t+d+h_y+\delta$，r_0 为圆形巷道半径，t 为岩石均匀压缩带的厚度，d 为岩体均匀压缩带与喷网层组合拱之间的距离，h_y 为与喷层共同作用的岩石圈厚度，δ 为喷射混凝土喷层的厚度)成为锚注支护结构的主体；处于残余应力区的部分破碎岩体被胶结成一体，成为支护结构的辅助承载部分。

锚注加固结构提供的支护抗力为 p_i(不考虑原支护抗力)，由拉麦公式可得：

$$p_i=[\sigma_m]\frac{1-(R_0/R_1)^2}{2}=[\sigma_m]\frac{(1-1/n^2)}{2} \tag{4-65}$$

式中，R_0 为巷道支护与围岩界面半径；R_1 为塑性软化区和残余强度区交界面半径；$[\sigma_m]$为锚注加固形成的固结体的有效强度。

一般可取$[\sigma_m]$=20～30 MPa，n=1.25～1.5，则 p_i=3.60～8.33 MPa；一般来说，普通锚喷(网)支护提供的支护抗力不超过 0.5 MPa，故锚注加固结构提供的径向约束力为锚喷(网)支护的 7.2～16.66 倍；常规被动支护提供的支护抗力一般仅为 0.1～0.3 MPa，故锚注加固结构提供的径向约束力为被动支护的 12～83.3 倍，因此，锚注加固结构可为破碎岩体提供可靠而足够的径向约束力，提高破碎岩体的强度，有利于发挥围岩的承载性能。

3. 锚注加固结构极限承载能力分析

按弹塑性理论确定锚注加固结构的极限承载能力时，当锚注加固结构全断面进入塑性区后，即为锚注加固结构的极限应力状态。可将锚注加固拱简化为厚壁圆筒状结构，在环向约束力 p_1 的作用下，锚注加固结构内岩体的应力状态的拉梅解答为：

$$\begin{cases}\sigma_r=\dfrac{R_1^2p_1}{R_1^2-r_0^2}\left(1-\dfrac{r_0^2}{r^2}\right)\\ \sigma_\theta=\dfrac{R_1^2p_1}{R_1^2-r_0^2}\left(1+\dfrac{r_0^2}{r^2}\right)\end{cases} \tag{4-66}$$

径向位移为：

$$u_r=\frac{R_1^2p_1}{E(R_1^2-r_0^2)}\left[(1-\mu)\frac{r_0^2}{r}+(1-\mu)r\right] \tag{4-67}$$

由式(4-66)可得：

$$\sigma_\theta-\sigma_r=\frac{2R_1^2p_1}{R_1^2-r_0^2}\cdot\frac{r_0^2}{r^2} \tag{4-68}$$

由式(4-68)可得：当 $r=r_0$ 时，$(\sigma_\theta-\sigma_r)$有最大值$(\sigma_\theta-\sigma_r)_{\max}=\dfrac{2R_1^2p_1}{R_1^2-r_0^2}$，故锚注加固结构将由巷道内表面开始发生屈服破坏，然后向巷道围岩深部不断扩展。若此时的外压力为 p_1^e，则可得到弹性极限压力为：

$$p_1^e=\frac{1}{2}\sigma_s\left[1-\left(\frac{r_0}{R_1}\right)^2\right] \tag{4-69}$$

由式(4-69)可得：当 $p_1<p_1^e$ 时，锚注加固拱结构处于弹性状态；当 $p_1>p_1^e$ 时，锚注加固拱结构内侧出现塑性区，并随外压力的增加，塑性区逐步向巷道围岩深部扩展，而锚注加固结构的外侧仍然处于弹性区。

Tresca 屈服条件为：

$$\sigma_\theta-\sigma_r=\sigma_s \tag{4-70}$$

平衡方程：

$$\frac{d\sigma_r}{dr}+\frac{\sigma_r-\sigma_\theta}{r}=0 \tag{4-71}$$

边界条件：

$$\sigma_r\big|_{r=r_0}=0 \tag{4-72}$$

联立式(4-70)和式(4-71)可得：

$$\sigma_r=\sigma_s\ln r+c_7 \tag{4-73}$$

式中，c_7 为待定系数，可由边界条件确定。

联立式(4-72)和式(4-73)可得：

$$c_7=-\sigma_s\ln r_0 \tag{4-74}$$

联立式(4-73)和式(4-74)可得：

$$\sigma_r=\sigma_s\ln r-\sigma_s\ln r_0=\sigma_s\ln\frac{r}{r_0} \tag{4-75}$$

联立式(4-70)和式(4-75)可得：

$$\sigma_\theta=\sigma_r+\sigma_s=\sigma_s\ln\frac{r}{r_0}+\sigma_s=\sigma_s\left(1+\ln\frac{r}{r_0}\right) \tag{4-76}$$

故锚注加固体内塑性区($r_0\leqslant r\leqslant r_p$)内的应力分量为：

$$\begin{cases}\sigma_r=\sigma_s\ln\dfrac{r}{r_0}\\ \sigma_\theta=\sigma_s\left(1+\ln\dfrac{r}{r_0}\right)\end{cases} \tag{4-77}$$

弹性区($r_p\leqslant r\leqslant R_1$)内的锚注加固体的应力为：

$$\begin{cases}\sigma_r=\dfrac{R_1^2r_p^2(p-p_1)}{R_1^2-r_p^2}\cdot\dfrac{1}{r^2}+\dfrac{R_1^2p_1-r_p^2p}{R_1^2-r_p^2}\\ \sigma_\theta=\dfrac{R_1^2r_p^2(p-p_1)}{R_1^2-r_p^2}\cdot\dfrac{1}{r^2}+\dfrac{r_p^2p-R_1^2p_1}{R_1^2-r_p^2}\end{cases} \tag{4-78}$$

式中，r_p、p 为锚注加固拱内弹塑性区交界面半径、径向约束力。

从弹性区来看，在锚注加固拱内弹塑性区交界面 $r=r_p$ 处刚刚达到屈服条件，则由式(4-69)可得：

$$p=\frac{1}{2}\sigma_s\left[1-\left(\frac{r_p}{R_1}\right)^2\right] \tag{4-79}$$

由锚注加固拱内弹塑性区交界面处应力连续条件可知：

$$\sigma_r\big|_{r=r_p}=p \tag{4-80}$$

联立式(4-77)和式(4-80)可得：

$$p=\sigma_s\ln\frac{r_p}{r_0} \tag{4-81}$$

联立式(4-79)和式(4-81)可得：

$$p_1=\frac{1}{2}\sigma_s\left[1-\left(\frac{r_p}{R_1}\right)^2\right]+\sigma_s\ln\frac{r_p}{r_0} \tag{4-82}$$

联立式(4-78)和式(4-82)可得到以 r_p 表示弹性区($r_p\leqslant r\leqslant R_1$)的应力分量为：

$$\begin{cases}\sigma_r=\dfrac{R_1^2r_p^2\left(\sigma_s\ln\dfrac{r_p}{r_0}-p_1\right)}{R_1^2-r_p^2}\cdot\dfrac{1}{r^2}+\dfrac{R_1^2p_1r_p^2-\sigma_s\ln\dfrac{r_p}{r_0}}{R_1^2-r_p^2}\\ \sigma_\theta=\dfrac{R_1^2r_p^2\left(\sigma_s\ln\dfrac{r_p}{r_0}-p_1\right)}{R_1^2-r_p^2}\cdot\dfrac{1}{r^2}+\dfrac{\sigma_s\ln\dfrac{r_p}{r_0}-R_1^2p_1r_p^2}{R_1^2-r_p^2}\end{cases} \tag{4-83}$$

锚注加固拱中的塑性区随围压的增加而不断扩大，当 $r_p=R_1$ 时，整个锚注加固拱全面进入塑性状态，即整个锚注加固拱结构达到极限应力状态，其塑性极限承载能力为：

$$p_{max}=\sigma_s\ln\frac{R_1}{r_0} \tag{4-84}$$

此时，其应力分量形式与式(4.77)相同。

取$\frac{R_1}{r_0}=2\sim3$，$\sigma_s=20\sim30$ MPa，因此，$p_{max}=13.86\sim32.96$ MPa，远高于普通支护(锚喷支护、棚式支架、砌碹支护)提供的 0.1～0.5 MPa 的支护抗力。

根据式(4-69)，可得到锚注加固结构按弹性极限确定的极限承载能力为 7.5～13.3 MPa；根据式(4-84)，可得到锚注加固结构按弹塑性理论确定的极限承载能力为 13.86～32.96 MPa。因此，按弹塑性理论确定锚注结构极限承载能力明显高于按弹性极限确定的承载能力，提高幅度为 2～3 倍。

总的来说，锚注加固结构可对深部破裂围岩提供较大的径向约束力，提高了破裂岩体的强度和支护结构的整体承载能力，扩大了支护结构的承载范围，保证了巷道的稳定，适应了深部高应力软岩巷道大变形的要求。

4.4 锚注支护机理数值模拟研究

4.4.1 数值模拟模型的建立

大量试验表明，锚注加固后岩石的单轴抗压强度 σ_c 提高了 15%～79%、单轴抗拉强度 σ_t 提高了 32%～108%、弹性模量 E 提高了 14%～61%、泊松比 μ 降低了 12%～29%、黏聚力 c 提高了 66%～225%、内摩擦角 φ 提高了 6°～10°。注浆后，浆液充填围岩裂隙，改善了巷道围岩破裂体的物理力学性质及其力学性能，将浆液在岩石裂隙中扩散范围(扩散半径)内的岩层称为“锚注加固体等效层”，取“锚注加固体等效层”的厚度 H 或浆液扩散半径 R 依次为 1 m、1.5 m、2.0 m、2.5 m、3.0 m、4.0 m，如图 4-9 所示。

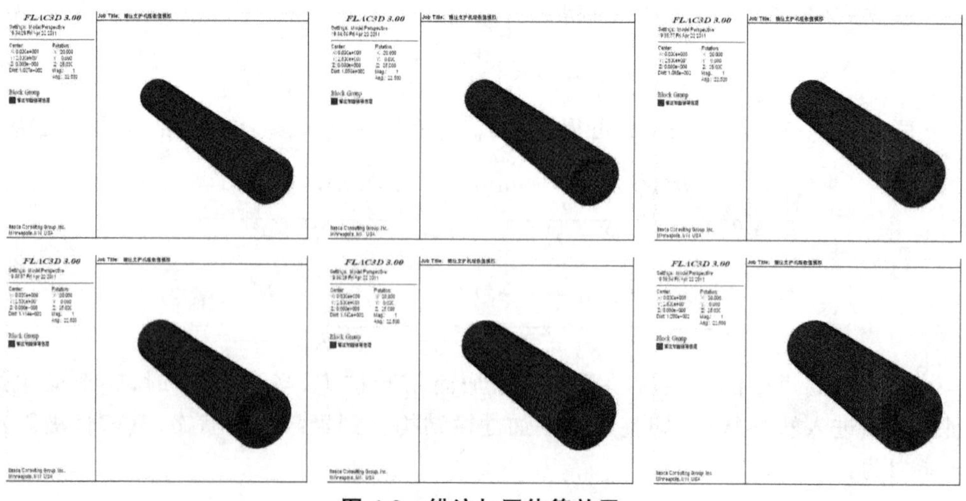

图 4-9 锚注加固体等效层

为了研究锚注支护机理的方便，将巷道选为轴对称圆形巷道，本书采用不同的浆液扩散半径 R（或不同的“锚注加固体等效层”厚度 H）、弹性模量 E、黏聚力 c、内摩擦角 φ，来模拟研究锚注支护机理及支护效果。本书建立模拟区域的长×宽×高为 50 m×50 m×40 m，本模拟建立的 FLAC 3D 模型如图 4-10 所示。

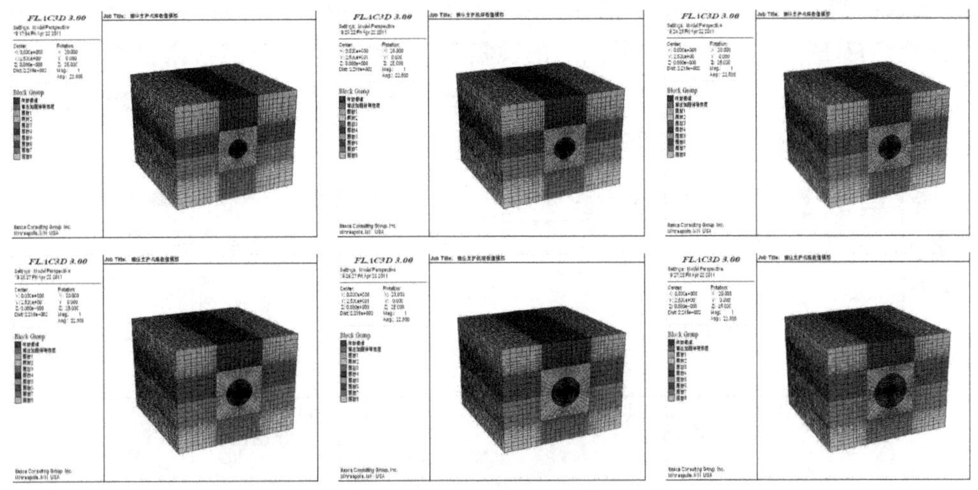

图 4-10　FLAC 3D 三维数值模拟模型（二）

本模型限制其侧向和底部处的位移；在上表面施加 25 MPa 的荷载，模拟上覆岩体的自重条件；工程岩体的物理力学计算参数按照实验室岩石的三轴抗压试验及单轴抗压试验取值，详见表 2-3；并采用 Mohr-Coulomb 破坏准则，揭示巷道在开挖过程中的围岩变形破坏情况及锚注支护机理和支护效果。

4.4.2　数值模拟结果分析

1. 不同弹性模量 E' 的模拟结果

取弹性模量 E' 为原地层弹性模量 E 的 1.0 倍、1.15 倍、1.25 倍、1.35 倍、1.45 倍和 1.60 倍，巷道围岩收敛变形及塑性区分布模拟结果如图 4-11、图 4-12 所示。

(1)巷道围岩变形模拟结果。

由图 4-11 可知，当取浆液扩散半径 $R=1.0$ m、弹性模量 $E'=1.0E$ 时，巷道开挖后，巷道围岩的顶板下沉量最大值为 40.06 cm，底板底臌量最大值为 48.76 cm，两帮内挤量最大值为 37.61 cm；锚注支护后，取弹性模量 $E'=1.25E$ 时，巷道围岩的顶板下沉、底板底臌及两帮内挤量最大值依次为 38.97 cm、47.77 cm、36.82 cm，即顶板下沉、底板底臌及两帮内挤量依次减少了 2.72%、2.03%、2.10%；锚注支护后，取弹性模量 $E'=1.6E$ 时，巷道围岩的顶板下沉、底板底臌及两帮内挤量最大值依次为 38.54 cm、47.31 cm、36.48 cm，即顶板下沉、底板底臌及两帮内挤量依次减少了 3.79%、2.97%、3.00%。

当取浆液扩散半径 $R=2.5$ m、弹性模量 $E'=1.0E$ 时，巷道开挖后，巷道围岩的顶板下沉量最大值为 40.07 cm，底板底臌量最大值为 48.82 cm，两帮内挤量最大值为 37.73 cm；锚注支护后，取弹性模量 $E'=1.25E$ 时，巷道围岩的顶板下沉、底板底臌及两帮内挤量最大值依次为 34.89 cm、43.14 cm、33.27 cm，即顶板下沉、底板底臌及两帮内挤量依次减少了 12.93%、11.64%、11.82%；锚注支护后，取弹性模量 $E'=1.6E$ 时，巷道围岩的顶板下沉、底板底臌及两帮内挤量最大值依次为 32.04 cm、39.62 cm、30.24 cm，即顶板下沉、底板底臌及两帮内挤量依次减少了 20.04%、18.85%、19.85%。

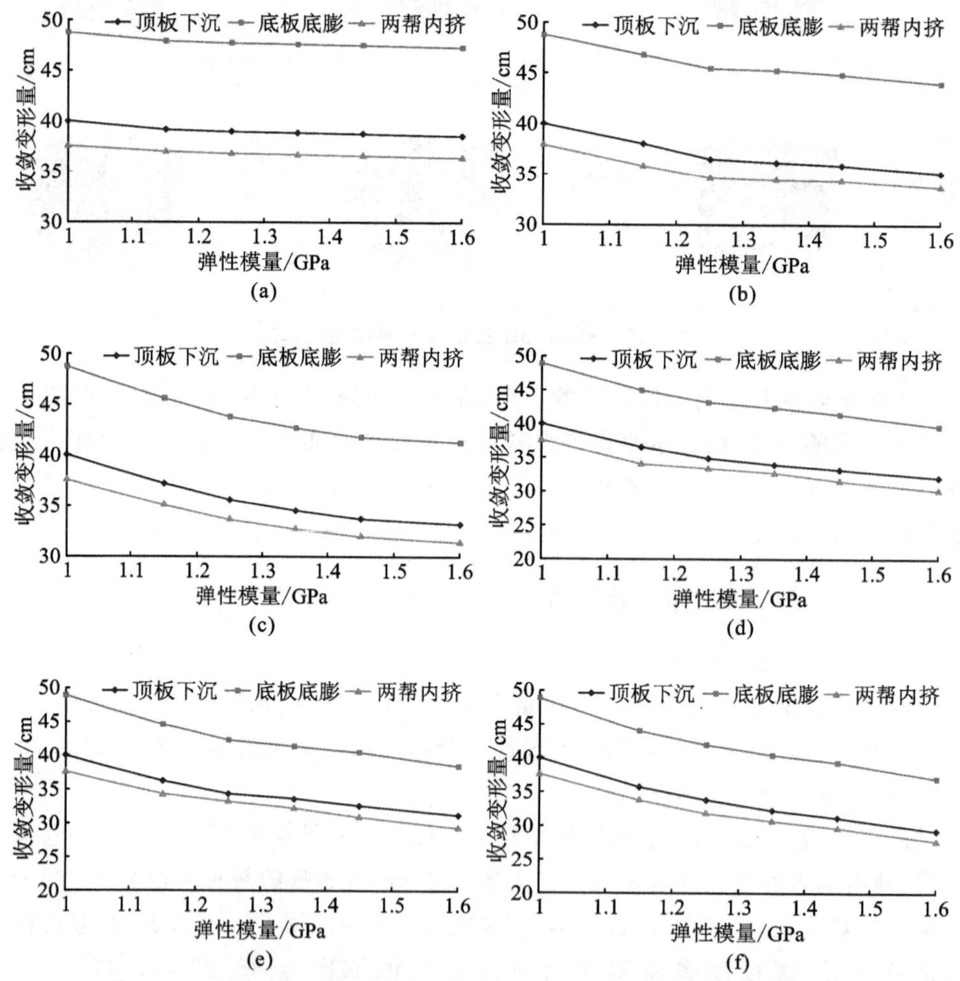

图 4-11　相同浆液扩散半径 *R*、不同弹性模量 *E'* 时的巷道围岩变形曲线

(a)浆液扩散半径 $R=1.0$ m；(b)浆液扩散半径 $R=1.5$ m；(c)浆液扩散半径 $R=2.0$ m；(d)浆液扩散半径 $R=2.5$ m；(e)浆液扩散半径 $R=3.0$ m；(f)浆液扩散半径 $R=4.0$ m

当取浆液扩散半径 R=4.0 m、弹性模量 E'=1.0E 时，巷道开挖后，巷道围岩的顶板下沉量最大值为 40.04 cm，底板底臌量最大值为 48.68 cm，两帮内挤量最大值为 37.66 cm；锚注支护后，取弹性模量 E'=1.25E 时，巷道围岩的顶板下沉、底板底臌及两帮内挤量最大值依次为 32.59 cm、41.81 cm、31.93 cm，即顶板下沉、底板底臌及两帮内挤量依次减少了 18.61%、14.11%、15.22%；锚注支护后，取弹性模量 E'=1.60E 时，巷道围岩的顶板下沉、底板底臌及两帮内挤量最大值依次为 29.26 cm、36.87 cm、28.23 cm，即顶板下沉、底板底臌及两帮内挤量依次减少了 26.92%、24.26%、25.04%。

总的来说，当浆液扩散半径 R 相同(或"锚注加固体等效层"的厚度 H 相同)时，随着弹性模量 E'(E'=1.0E～1.60E)取值的增加，巷道围岩的顶板下沉、底板底臌及两帮内挤量不断减小；当取浆液扩散半径 R=1.0 m、弹性模量 E'=1.0E～1.60E 时，顶板下沉量减小范围为 0～3.79%，底板底臌量减小范围为 0～2.97%，两帮内挤量减小范围为 0～3.00%；当取浆液扩散半径 R=2.5 m、弹性模量 E'=1.0E～1.60E 时，顶板下沉量减小范围为 0～20.04%，底板底臌量减小范围为 0～18.85%，两帮内挤量减小范围为 0～19.85%；当取浆液扩散半径 R=4.0 m、弹性模量 E'=1.0E～1.60E 时，顶板下沉量减小范围为 0～26.92%，底板底臌量减小范围为 0～24.26%，两帮内挤量减小范围为 0～25.04%。并且随着浆液扩散半径 R(R=1.0～4.0 m)的增大，巷道围岩的顶板下沉、底板底臌及两帮内挤量不断减小；取弹性模量 E'=1.25E、浆液扩散半径 R=1.0～4.0 m 时，顶板下沉量减小范围为 2.72%～18.61%，底板底臌量减小范围为 2.03%～14.11%，两帮内挤量减小范围为 2.10%～15.22%；取弹性模量 E'=1.60E、浆液扩散半径 R=1.0～4.0 m时，顶板下沉量减小范围为 3.79%～26.92%，底板底臌量减小范围为 2.97%～24.26%，两帮内挤量减小范围为 19.85%～25.04%。

(2)巷道围岩塑性区分布模拟结果。

由图 4-12 可知，在浆液扩散半径 R 相同时，随着弹性模量 E'(E'=1.0E～1.60E)取值的增加，巷道围岩塑性区分布范围变化不大、减小幅度很小，但是围岩塑性区分布趋于均匀；随着浆液扩散半径 R(R=1.0～4.0 m)的增大，巷道围岩塑性区分布范围变化也不大。

2.不同浆液扩散半径 R 的模拟结果

取浆液扩散半径 R 依次为 1.0 m、1.5 m、2.0 m、2.5 m、3.0 m、4.0 m，巷道围岩收敛变形及塑性区分布模拟结果如图 4-13、图 4-14 所示。

(1)巷道围岩变形模拟结果。

由图 4-13 可知，锚注支护后，取弹性模量 E'=1.15E、浆液扩散半径 R=1.0 m时，巷道围岩的顶板下沉、底板底臌及两帮内挤量最大值依次为 39.18 cm、

47.89 cm、36.99 cm；取浆液扩散半径 $R=2.5$ m 时，巷道围岩的顶板下沉、底板底臌及两帮内挤量最大值依次为 36.62 cm、44.96 cm、34.66 cm，即顶板下沉、底板底臌及两帮内挤量依次减少了 6.53%、6.12%、6.30%；取浆液扩散半径 $R=4.0$ m 时，巷道围岩的顶板下沉、底板底臌及两帮内挤量最大值依次为 35.67 cm、43.85 cm、33.74 cm，即顶板下沉、底板底臌及两帮内挤量依次减少了 8.96%、8.44%、8.79%。

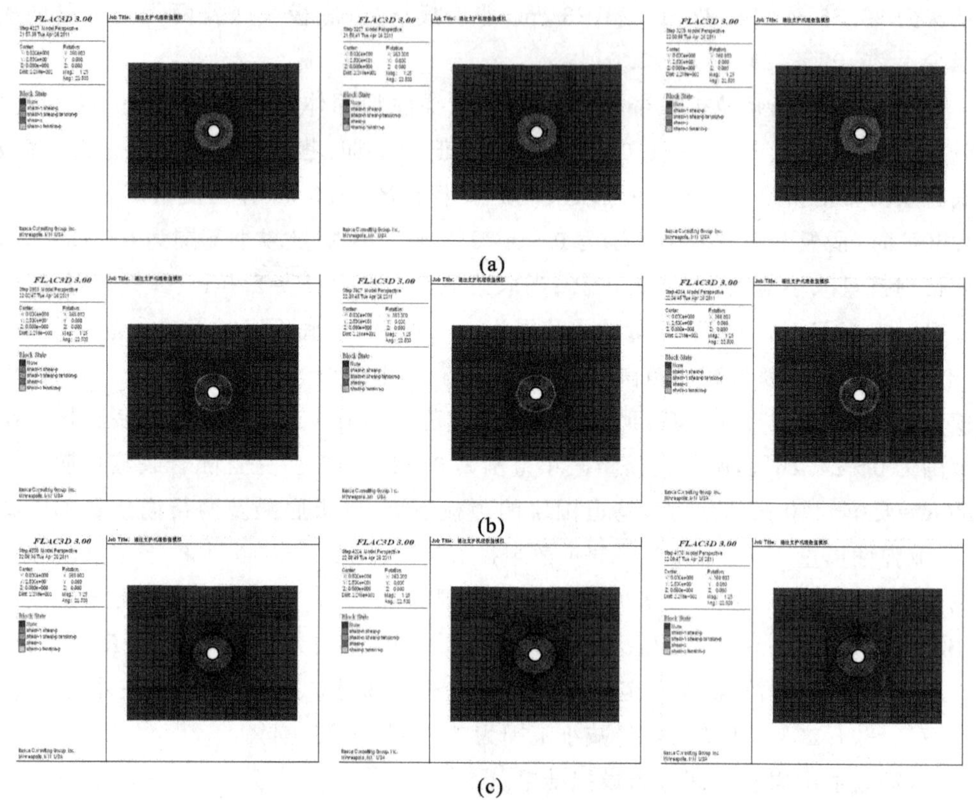

图 4-12 相同浆液扩散半径 R、不同弹性模量 E' 的巷道围岩塑性区分布图

(a)浆液扩散半径 $R=1.0$ m(弹性模量 $E'=1.0E$、$1.25E$、$1.6E$)；

(b)浆液扩散半径 $R=2.5$ m(弹性模量 $E'=1.0E$、$1.25E$、$1.6E$)；

(c)浆液扩散半径 $R=6.0$ m(弹性模量 $E'=1.0E$、$1.25E$、$1.6E$)

锚注支护后，取弹性模量 $E'=1.35E$、浆液扩散半径 $R=1.0$ m 时，巷道围岩的顶板下沉、底板底臌及两帮内挤量最大值依次为 38.82 cm、47.60 cm、36.71 cm；取浆液扩散半径 $R=2.5$ m 时，巷道围岩的顶板下沉、底板底臌及两帮内挤量最大值依次为 33.98 cm、42.19 cm、32.42 cm，即顶板下沉、底板底臌及两帮内挤量依次减少了 12.47%、11.37%、11.69%；取浆液扩散半径 $R=4.0$ m 时，巷道围岩的顶板下沉、底板底臌及两帮内挤量最大值依次为 32.55 cm、40.86 cm、31.21 cm，即顶板下沉、底板底臌及两帮内挤量依次减少了16.15%、14.16%、14.98%。

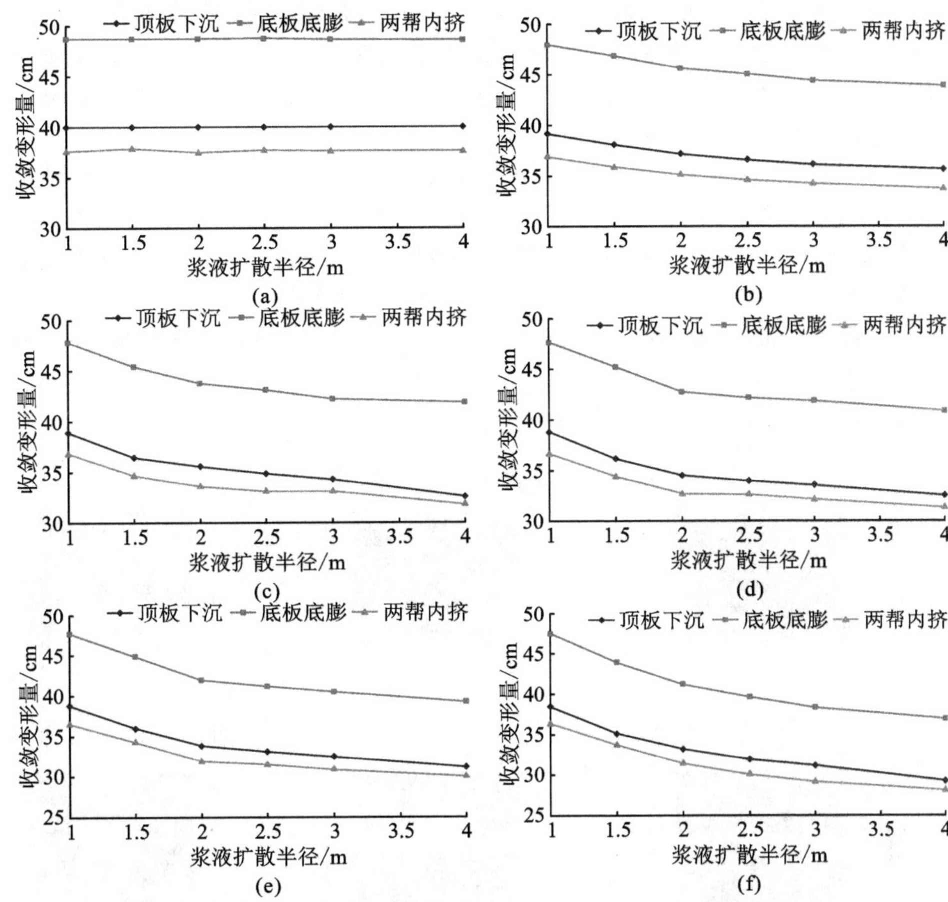

图4-13 相同弹性模量E'、不同浆液扩散半径R时的巷道围岩变形曲线

(a)弹性模量$E'=1.0E$;(b)弹性模量$E'=1.15E$;(c)弹性模量$E'=1.25E$;
(d)弹性模量$E'=1.35E$;(e)弹性模量$E'=1.45E$;(f)弹性模量$E'=1.6E$

锚注支护后,取弹性模量$E'=1.6E$、浆液扩散半径$R=1.0$ m时,巷道围岩的顶板下沉、底板底臌及两帮内挤量最大值依次为38.54 cm、47.31 cm、36.48 cm;取浆液扩散半径$R=2.5$ m时,巷道围岩的顶板下沉、底板底臌及两帮内挤量最大值依次为32.04 cm、39.62 cm、30.44 cm,即顶板下沉、底板底臌及两帮内挤量依次减少了16.87%、16.26%、16.56%;取浆液扩散半径$R=4.0$ m时,巷道围岩的顶板下沉、底板底臌及两帮内挤量最大值依次为29.26 cm、36.87 cm、28.23 cm,即顶板下沉、底板底臌及两帮内挤量依次减少了24.08%、22.07%、22.62%。

总的来说,当弹性模量E'相同时,随着浆液扩散半径R($R=1.0\sim4.0$ m)取值的增加,巷道围岩的顶板下沉、底板底臌及两帮内挤量不断减小;当取弹性模量$E'=1.15E$、浆液扩散半径$R=1.0\sim4.0$ m时,顶板下沉量减小范围为0~8.96%,底板底臌量减小范围为0~8.44%,两帮内挤量减小范围为0~8.79%;当取弹性模

量 $E'=1.35E$、浆液扩散半径 $R=1.0\sim4.0$ m 时，顶板下沉量减小范围为 0～16.15%，底板底臌量减小范围为 0～14.16%，两帮内挤量减小范围为 0～14.98%；当取弹性模量 $E'=1.6E$、浆液扩散半径 $R=1.0\sim4.0$ m 时，顶板下沉量减小范围为 0～24.08%，底板底臌量减小范围为 0～22.07%，两帮内挤量减小范围为0～22.62%。并且随着弹性模量 E'（$E'=1.0E\sim1.6E$）的增大，巷道围岩的顶板下沉、底板底臌及两帮内挤量不断减小；取浆液扩散半径 $R=2.5$ m、弹性模量 $E'=1.0E\sim1.6E$ 时，顶板下沉量减小范围为 6.53%～16.87%，底板底臌量减小范围为 6.12%～16.26%，两帮内挤量减小范围为 6.30%～16.56%；取浆液扩散半径 $R=4.0$ m、弹性模量 $E'=1.0E\sim1.6E$ 时，顶板下沉量减小范围为 8.96%～24.08%，底板底臌量减小范围为 8.44%～22.07%，两帮内挤量减小范围为 8.79%～22.62%。

(2)巷道围岩塑性区分布模拟结果。

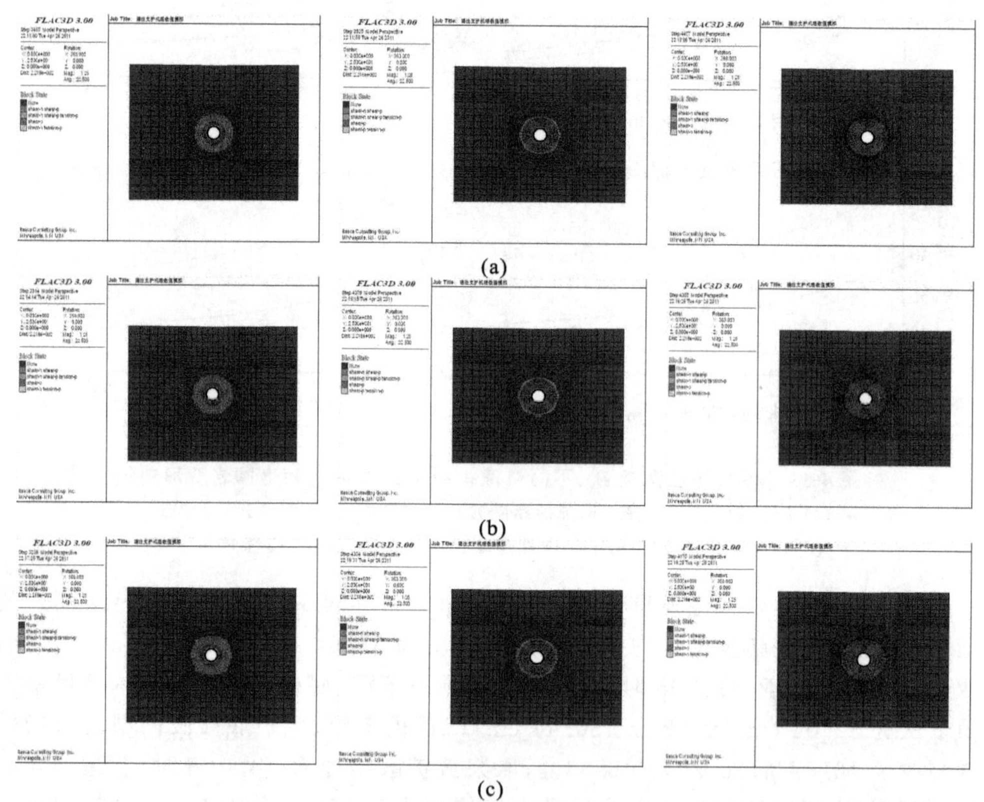

图 4-14　相同弹性模量 E'、不同浆液扩散半径 R 时的巷道围岩塑性区分布图

(a)弹性模量 $E'=1.15E$（浆液扩散半径 $R=1.0$ m、2.5 m、4.0 m）；(b)弹性模量 $E'=1.35E$（浆液扩散半径 $R=1.0$ m、2.5 m、4.0 m）；(c)弹性模量 $E'=1.6E$（浆液扩散半径 $R=1.0$ m、2.5 m、4.0 m）

由图 4-14 可知，当弹性模量 E' 相同时，随着浆液扩散半径 R（$R=1.0\sim4.0$ m）取值的增加，巷道围岩塑性区分布范围变化不大、减小幅度很小；随着弹性

模量 $E'(E'=1.0E\sim1.6E)$的增大，巷道围岩塑性区分布范围变化也不大，但围岩塑性区分布趋于均匀。

3. 不同黏聚力 c'的模拟结果

取黏聚力 c'为原黏聚力 c 的 1.0 倍、1.7 倍、2.0 倍、2.5 倍、3.0 倍、3.25 倍，取弹性模量 $E'=1.0E$，巷道围岩收敛变形及塑性区分布模拟结果如图 4-15～图 4-18 所示。

(1)巷道围岩变形模拟结果。

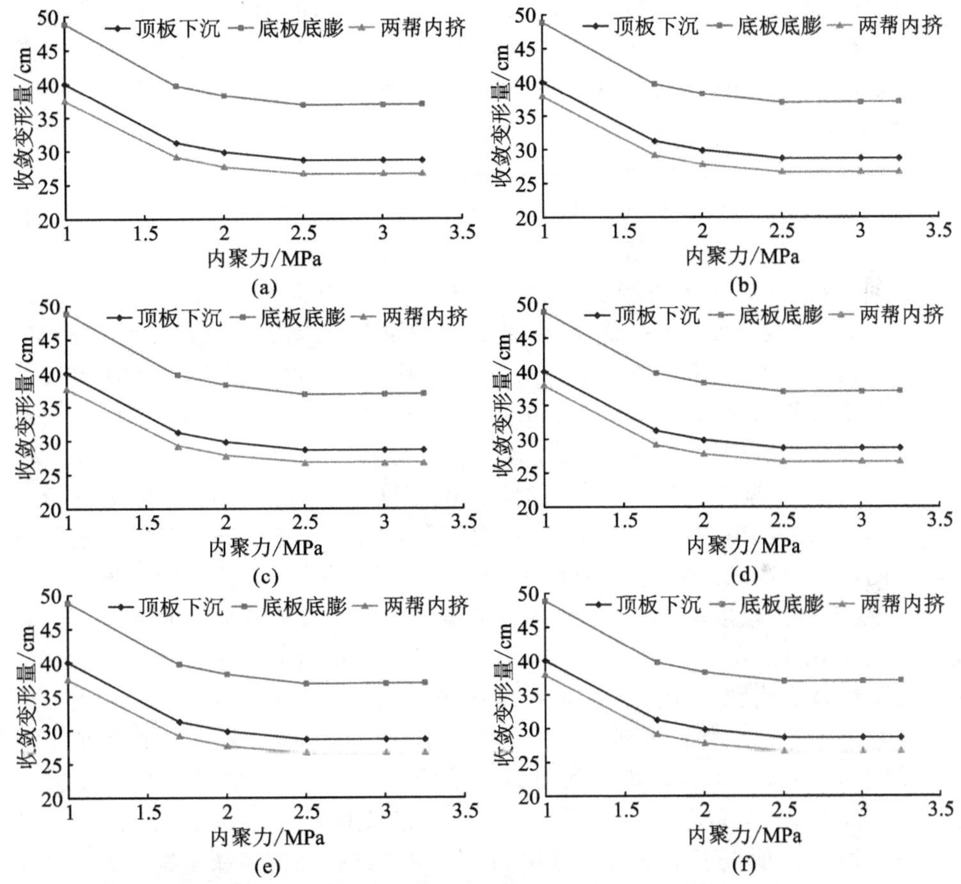

图 4-15 相同内摩擦角 φ、不同黏聚力 c'的巷道围岩变形曲线

(a)浆液扩散半径 $R=1.0$ m；(b)浆液扩散半径 $R=1.5$ m；(c)浆液扩散半径 $R=2.0$ m；(d)浆液扩散半径 $R=2.5$ m；(e)浆液扩散半径 $R=3.0$ m；(f)浆液扩散半径 $R=4.0$ m

由图 4-15 可知，当取浆液扩散半径 $R=1.0$ m、弹性模量 $E'=1.0E$、黏聚力 $c'=1.0c$时，巷道开挖后，巷道围岩的顶板下沉量最大值为 40.06 cm，底板底臌量最大值为 48.76 cm，两帮内挤量最大值为 37.61 cm；锚注支护后，取黏聚力 $c'=1.7c$时，巷道围岩的顶板下沉、底板底臌及两帮内挤量最大值依次为 31.32 cm、39.75 cm、29.22 cm，即顶板下沉、底板底臌及两帮内挤量依次减少了 21.82%、

18.48%、22.31%；锚注支护后，取黏聚力 $c'=3.25c$ 时，巷道围岩的顶板下沉、底板底臌及两帮内挤量最大值依次为 28.62 cm、36.96 cm、26.69 cm，即顶板下沉、底板底臌及两帮内挤量依次减少了 28.56%、24.20%、29.04%。

当取浆液扩散半径 $R=2.5$ m、弹性模量 $E'=1.0E$、黏聚力 $c'=1.0c$ 时，巷道开挖后，巷道围岩的顶板下沉量最大值为 40.07 cm，底板底臌量最大值为 48.82 cm，两帮内挤量最大值为 37.73 cm；锚注支护后，取黏聚力 $c'=1.7c$ 时，巷道围岩的顶板下沉、底板底臌及两帮内挤量最大值依次为 31.32 cm、39.77 cm、29.20 cm，即顶板下沉、底板底臌及两帮内挤量依次减少了 21.84%、18.54%、22.61%；锚注支护后，取黏聚力 $c'=3.25c$ 时，巷道围岩的顶板下沉、底板底臌及两帮内挤量最大值依次为 28.60 cm、36.94 cm、26.68 cm，即顶板下沉、底板底臌及两帮内挤量依次减少了 28.63%、24.34%、29.29%。

当取浆液扩散半径 $R=4.0$ m、弹性模量 $E'=1.0E$、黏聚力 $c'=1.0c$ 时，巷道开挖后，巷道围岩的顶板下沉量最大值为 40.04 cm，底板底臌量最大值为 48.68 cm，两帮内挤量最大值为 37.66 cm；锚注支护后，取黏聚力 $c'=1.7c$ 时，巷道围岩的顶板下沉、底板底臌及两帮内挤量最大值依次为 31.28 cm、39.61 cm、29.24 cm，即顶板下沉、底板底臌及两帮内挤量依次减少了 21.88%、18.65%、22.36%；锚注支护后，取黏聚力 $c'=3.25c$ 时，巷道围岩的顶板下沉、底板底臌及两帮内挤量最大值依次为 28.54 cm、36.78 cm、26.70 cm，即顶板下沉、底板底臌及两帮内挤量依次减少了 28.72%、24.45%、29.10%。

总的来说，当浆液扩散半径 R、弹性模量 E'($E'=1.0E$)相同时，随着黏聚力 c'($c'=1.0c$～$3.25c$)取值的增加，巷道围岩的顶板下沉、底板底臌及两帮内挤量不断减小，并且当 $c'\leqslant 2.5c$ 时，巷道变形减少幅度加大、曲线斜率较陡峭；当 $c'>2.5c$ 时，巷道变形减少幅度较小、曲线斜率较平缓。当取浆液扩散半径 $R=1.0$ m、弹性模量 $E'=1.0E$、黏聚力 $c'=1.0c$～$3.25c$ 时，顶板下沉量减小范围为 0～28.56%，底板底臌量减小范围为 0～2.97%，两帮内挤量减小范围为 0～29.04%；当取浆液扩散半径 $R=2.5$ m、弹性模量 $E'=1.0E$、黏聚力 $c'=1.0c$～$3.25c$ 时，顶板下沉量减小范围为 0～28.63%，底板底臌量减小范围为 0～24.34%，两帮内挤量减小范围为 0～29.29%；当取浆液扩散半径 $R=4.0$ m、弹性模量 $E'=1.0E$、黏聚力 $c'=1.0c$～$3.25c$ 时，顶板下沉量减小范围为 0～28.72%，底板底臌量减小范围为 0～24.45%，两帮内挤量减小范围为 0～29.02%。并且随着浆液扩散半径 R($R=1.0$～4.0 m)的增大，巷道围岩的顶板下沉、底板底臌及两帮内挤量不断减小；取黏聚力 $c'=1.7c$、弹性模量 $E'=1.0E$、浆液扩散半径 $R=1.0$～4.0 m 时，顶板下沉量减小范围为 21.82%～21.88%，底板底臌量减小范围为 18.48%～18.65%，两帮内挤量减小范围为 22.31%～22.36%；取黏聚力 $c'=3.25c$、弹性模量 $E'=1.0E$、浆液扩散半径 $R=1.0$～4.0 m时，顶板下沉量减小范围为 28.56%～28.72%，底板底臌量减小范围为 24.20%～24.45%，两帮内挤量减小范围为 29.04%～29.10%。

(2)巷道围岩塑性区分布模拟结果。

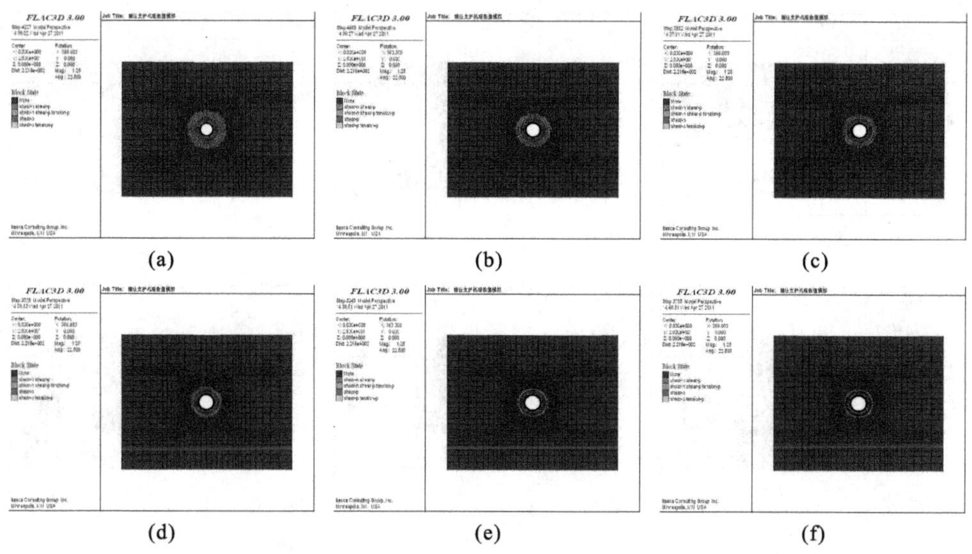

图 4-16　相同内摩擦角 φ、不同黏聚力 c' 的巷道围岩塑性区分布图（浆液扩散半径 $R=1.0$ m）

(a)黏聚力 $c'=1.0c$；(b)黏聚力 $c'=1.7c$；(c)黏聚力 $c'=2.0c$；
(d)黏聚力 $c'=2.5c$；(e)黏聚力 $c'=3.0c$；(f)黏聚力 $c'=3.25c$

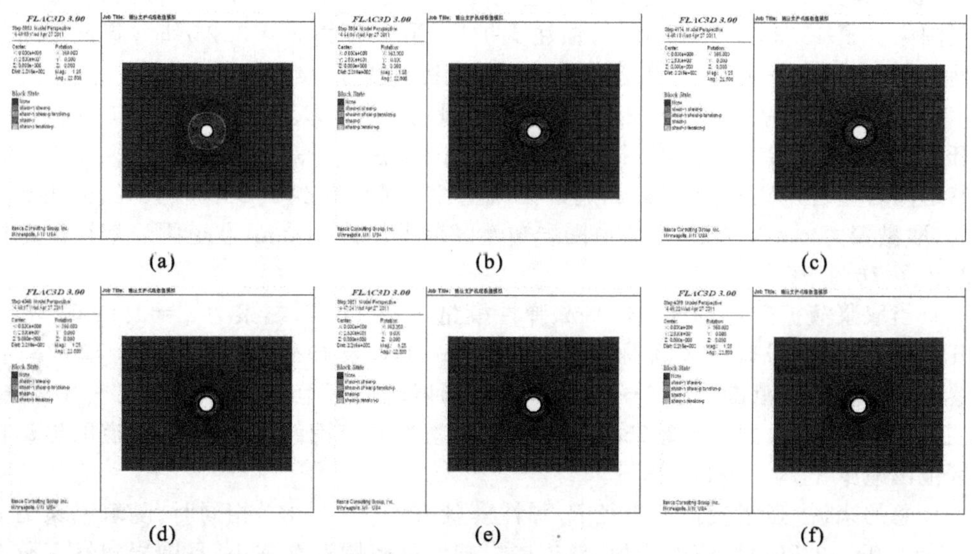

图 4-17　相同内摩擦角 φ、不同黏聚力 c' 的巷道围岩塑性区分布图（浆液扩散半径 $R=2.5$ m）

(a)黏聚力 $c'=1.0c$；(b)黏聚力 $c'=1.7c$；(c)黏聚力 $c'=2.0c$；
(d)黏聚力 $c'=2.5c$；(e)黏聚力 $c'=3.0c$；(f)黏聚力 $c'=3.25c$

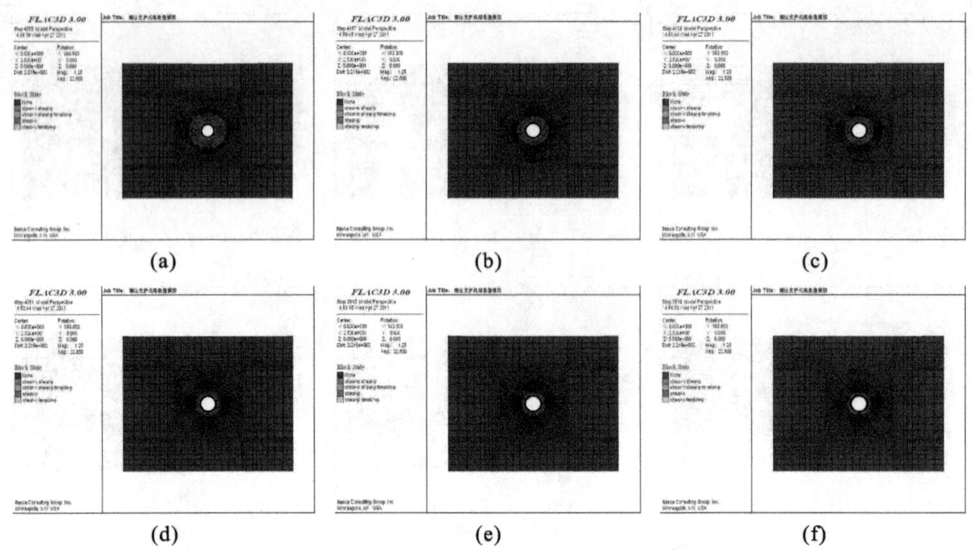

图 4-18　相同内摩擦角 φ、不同黏聚力 c' 的巷道围岩塑性区分布图（浆液扩散半径 R=4.0 m）

(a)黏聚力 $c'=1.0c$;(b)黏聚力 $c'=1.7c$;(c)黏聚力 $c'=2.0c$;

(d)黏聚力 $c'=2.5c$;(e)黏聚力 $c'=3.0c$;(f)黏聚力 $c'=3.25c$

由图 4-16～图 4-18 可知，当取浆液扩散半径 R=1.0 m、弹性模量 $E'=1.0E$、黏聚力 $c'=1.0c$ 时，巷道开挖后，巷道围岩塑性区范围为 2.5～3.0 m；锚注支护后，取黏聚力 $c'=1.7c$ 时，巷道围岩塑性区范围约为 2.2～2.5 m，巷道围岩塑性区范围减少了 13.33%～15.39%；锚注支护后，取黏聚力 $c'=3.25c$ 时，巷道围岩塑性区范围为 1.4～1.5 m，巷道围岩塑性区范围减少了 44%～46.15%。

当取浆液扩散半径 R=2.5 m、弹性模量 $E'=1.0E$、黏聚力 $c'=1.0c$ 时，巷道开挖后，巷道围岩塑性区范围为 2.5～3.0 m；锚注支护后，取黏聚力 $c'=1.7c$ 时，巷道围岩塑性区范围为 1.8 m，巷道围岩塑性区范围减少了 28%～40%；锚注支护后，取黏聚力 $c'=3.25c$ 时，巷道围岩塑性区范围约为 0.6 m，巷道围岩塑性区范围减少了 76%～80%。

当取浆液扩散半径 R=4.0 m、弹性模量 $E'=1.0E$、黏聚力 $c'=1.0c$ 时，巷道开挖后，巷道围岩塑性区范围为 2.5～3.0 m；锚注支护后，取黏聚力 $c'=1.7c$ 时，巷道围岩塑性区范围为 1.6～1.8 m，巷道围岩塑性区范围减少了 36%～40%；锚注支护后，取黏聚力 $c'=3.25c$ 时，巷道围岩塑性区范围约为 0.5 m，巷道围岩塑性区范围减少了 80%～83.33%。

总的来说，当浆液扩散半径 R、弹性模量 E'（$E'=1.0E$）相同时，随着黏聚力 c'（$c'=1.0c$～$3.25c$）取值的增加，巷道围岩塑性区范围逐渐减小，且围岩塑性区分布趋于均匀；当取浆液扩散半径 R=1.0 m、弹性模量 $E'=1.0E$、黏聚力 $c'=1.0c$～$3.25c$时，巷道围岩塑性区范围减少了 13.33%～46.15%；当取浆液扩散半径 R=2.5 m、弹性模量 $E'=1.0E$、黏聚力 $c'=1.0c$～$3.25c$ 时，巷道围岩塑性区范围减少了 28%～80%；当取浆液扩散半径 R=4.0 m、弹性模量 $E'=1.0E$、黏聚力 c'=

1.0c～3.25c 时，巷道围岩塑性区范围减少了 36%～83.33%。并且随着浆液扩散半径 R(R=1.0～4.0 m)的增大，巷道围岩塑性区范围逐渐减少；取黏聚力 c'=1.7c、弹性模量 E'=1.0E、浆液扩散半径 R=1.0～4.0 m 时，巷道围岩塑性区范围减少了 13.33%～40%；取黏聚力 c'=3.25c、弹性模量 E'=1.0E、浆液扩散半径 R=1.0～4.0 m 时，巷道围岩塑性区范围减少了 31.82%～83.33%。

4. 不同内摩擦角 φ 的模拟结果

取内摩擦角 φ 的数值为 30°、36°、37°、38°、39°、40°，取弹性模量 E'=1.0E，巷道围岩收敛变形及塑性区分布模拟结果如图 4-19～图 4-22 所示。

(1)巷道围岩变形模拟结果。

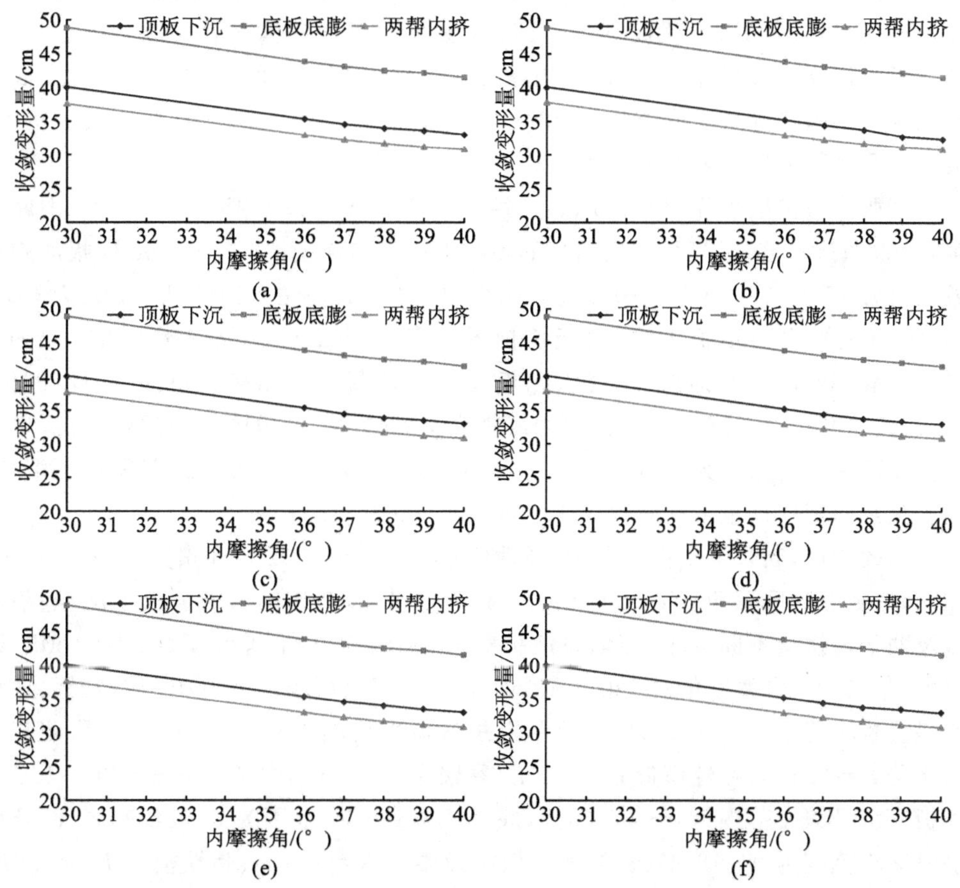

图 4-19　相同黏聚力 c'、不同内摩擦角 φ 的巷道围岩变形曲线

(a)浆液扩散半径 R=1.0 m；(b)浆液扩散半径 R=1.5 m；(c)浆液扩散半径 R=2.0 m；(d)浆液扩散半径 R=2.5 m；(e)浆液扩散半径 R=3.0 m；(f)浆液扩散半径 R=4.0 m

由图 4-19 可知，当取浆液扩散半径 R=1.0 m、弹性模量 E'=1.0E、黏聚力 c'=1.0c、内摩擦角 φ=30°时，巷道开挖后，巷道围岩的顶板下沉量最大值为 40.06 cm，底板底臌量最大值为 48.76 cm，两帮内挤量最大值为 37.61 cm；锚注支护后，取内

摩擦角 $\varphi=36°$ 时，巷道围岩的顶板下沉、底板底臌及两帮内挤量最大值依次为 35.21 cm、43.78 cm、32.91 cm，即顶板下沉、底板底臌及两帮内挤量依次减少了 12.11％、10.21％、12.50％；锚注支护后，取内摩擦角 $\varphi=40°$ 时，巷道围岩的顶板下沉、底板底臌及两帮内挤量最大值依次为 32.96 cm、41.44 cm、30.78 cm，即顶板下沉、底板底臌及两帮内挤量依次减少了 17.72％、15.01％、18.16％。

当取浆液扩散半径 $R=2.5$ m、弹性模量 $E'=1.0E$、黏聚力 $c'=1.0c$、内摩擦角 $\varphi=30°$ 时，巷道开挖后，巷道围岩的顶板下沉量最大值为 40.07 cm，底板底臌量最大值为 48.82 cm，两帮内挤量最大值为 37.73 cm；锚注支护后，取内摩擦角 $\varphi=36°$ 时，巷道围岩的顶板下沉、底板底臌及两帮内挤量最大值依次为 35.17 cm、43.81 cm、32.90 cm，即顶板下沉、底板底臌及两帮内挤量依次减少了 12.23％、10.28％、12.80％；锚注支护后，取内摩擦角 $\varphi=40°$ 时，巷道围岩的顶板下沉、底板底臌及两帮内挤量最大值依次为 32.98 cm、41.55 cm、30.76 cm，即顶板下沉、底板底臌及两帮内挤量依次减少了 17.69％、14.89％、18.47％。

当取浆液扩散半径 $R=4.0$ m、弹性模量 $E'=1.0E$、黏聚力 $c'=1.0c$、内摩擦角 $\varphi=30°$ 时，巷道开挖后，巷道围岩的顶板下沉量最大值为 40.04 cm，底板底臌量最大值为 48.68 cm，两帮内挤量最大值为 37.66 cm；锚注支护后，取内摩擦角 $\varphi=36°$ 时，巷道围岩的顶板下沉、底板底臌及两帮内挤量最大值依次为 35.02 cm、43.61 cm、32.64 cm，即顶板下沉、底板底臌及两帮内挤量依次减少了 12.54％、10.42％、13.33％；锚注支护后，取内摩擦角 $\varphi=40°$ 时，巷道围岩的顶板下沉、底板底臌及两帮内挤量最大值依次为 32.69 cm、41.25 cm、30.45 cm，即顶板下沉、底板底臌及两帮内挤量依次减少了 18.36％、15.26％、19.15％。

总的来说，当浆液扩散半径 R、弹性模量 $E'(E'=1.0E)$、黏聚力 $c'(c'=1.0c)$ 相同时，随着内摩擦角 $\varphi(\varphi=30°\sim40°)$ 取值的增加，巷道围岩的顶板下沉、底板底臌及两帮内挤量不断减小；当取浆液扩散半径 $R=1.0$ m、弹性模量 $E'=1.0E$、黏聚力 $c'=1.0c$、内摩擦角 $\varphi=30°\sim40°$ 时，顶板下沉量减小范围为 0～17.72％，底板底臌量减小范围为 0～15.01％，两帮内挤量减小范围为 0～18.16％；当取浆液扩散半径 $R=2.5$ m、弹性模量 $E'=1.0E$、黏聚力 $c'=1.0c$、内摩擦角 $\varphi=30°\sim40°$ 时，顶板下沉量减小范围为 0～17.69％，底板底臌量减小范围为 0～14.89％，两帮内挤量减小范围为 0～18.47％；当取浆液扩散半径 $R=4.0$ m、弹性模量 $E'=1.0E$、黏聚力 $c'=1.0c$、内摩擦角 $\varphi=30°\sim40°$ 时，顶板下沉量减小范围为 0～18.36％，底板底臌量减小范围为 0～15.06％，两帮内挤量减小范围为 0～19.15％。并且随着浆液扩散半径 $R(R=1.0\sim4.0$ m) 的增大，巷道围岩的顶板下沉、底板底臌及两帮内挤量不断减小；取内摩擦角 $\varphi=36°$、黏聚力 $c'=1.0c$、弹性模量 $E'=1.0E$、浆液扩散半径 $R=1.0\sim4.0$ m 时，顶板下沉量减小范围为 12.11％～12.54％，底板底臌量减小范围为 10.21％～10.42％，两帮内挤量减小范围为 12.50％～13.33％；

取内摩擦角 $\varphi=40°$、黏聚力 $c'=1.0c$、弹性模量 $E'=1.0E$、浆液扩散半径 $R=1.0\sim4.0$ m时，顶板下沉量减小范围为17.72%～18.36%，底板底臌量减小范围为15.01%～15.26%，两帮内挤量减小范围为18.16%～19.15%。

(2)巷道围岩塑性区分布模拟结果。

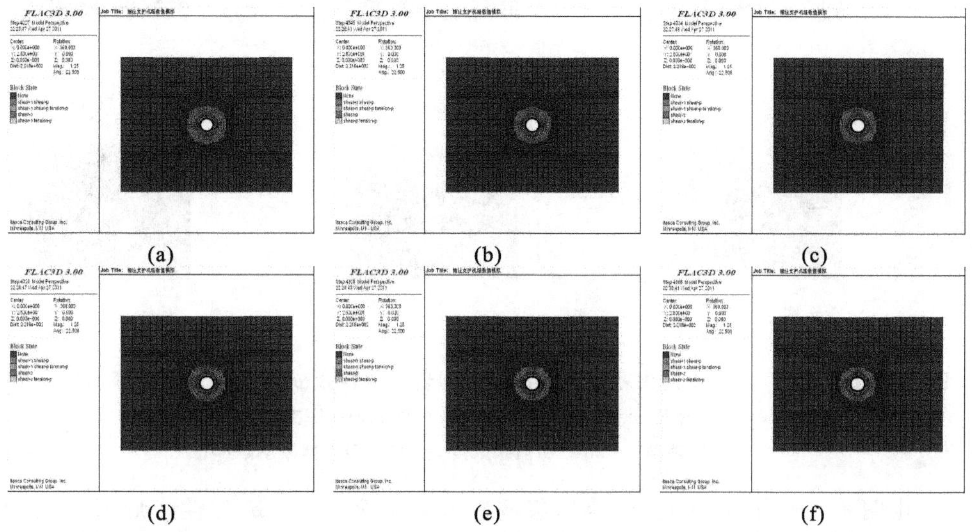

图4-20 相同黏聚力 c'、不同内摩擦角 φ 的巷道围岩塑性区分布图(浆液扩散半径 $R=1.0$ m)

(a)内摩擦角 $\varphi=30°$；(b)内摩擦角 $\varphi=36°$；(c)内摩擦角 $\varphi=37°$；

(d)内摩擦角 $\varphi=38°$；(e)内摩擦角 $\varphi=39°$；(f)内摩擦角 $\varphi=40°$

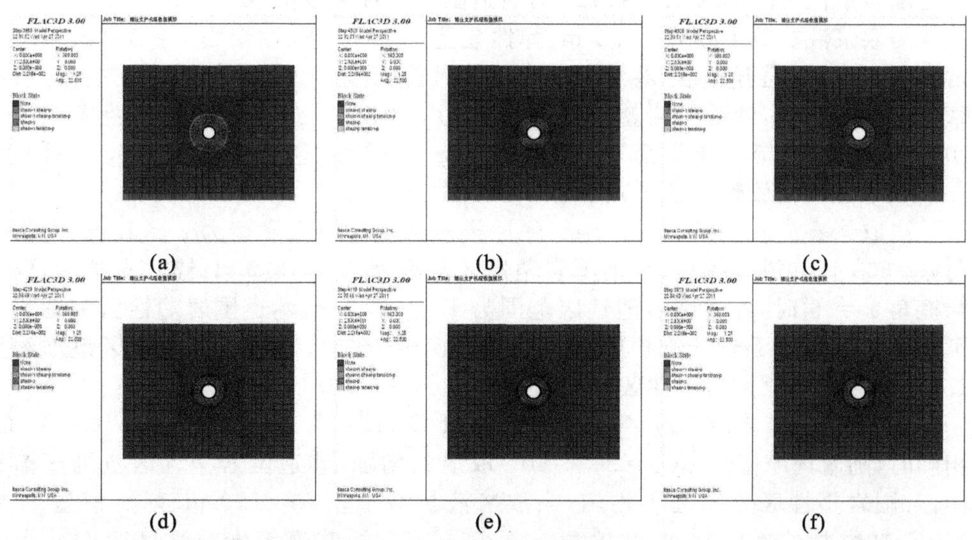

图4-21 相同黏聚力 c'、不同内摩擦角 φ 的巷道围岩塑性区分布图(浆液扩散半径 $R=2.5$ m)

(a)内摩擦角 $\varphi=30°$；(b)内摩擦角 $\varphi=36°$；(c)内摩擦角 $\varphi=37°$；

(d)内摩擦角 $\varphi=38°$；(e)内摩擦角 $\varphi=39°$；(f)内摩擦角 $\varphi=40°$

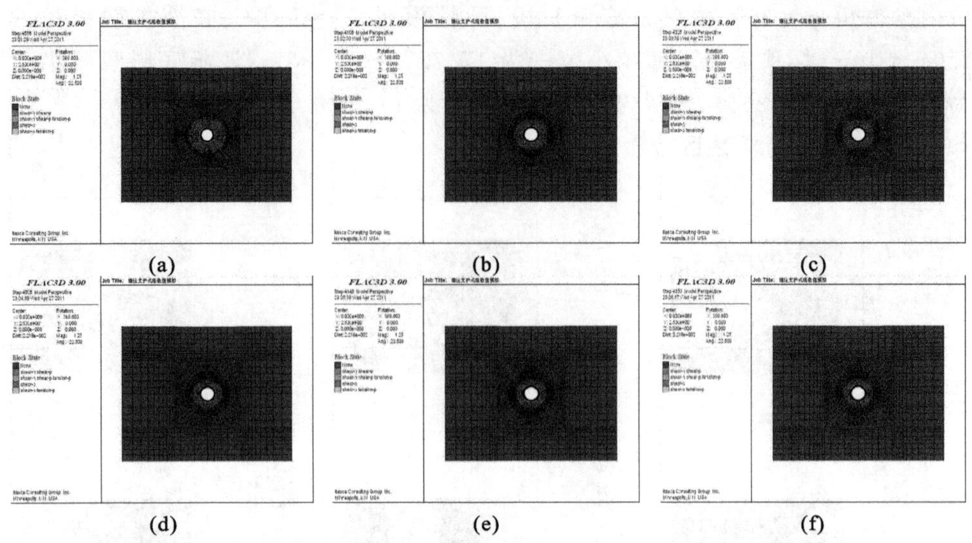

图 4-22 相同黏聚力 c'、不同内摩擦角 φ 的巷道围岩塑性区分布图(浆液扩散半径 $R=4.0$ m)

(a)内摩擦角 $\varphi=30°$;(b)内摩擦角 $\varphi=36°$;(c)内摩擦角 $\varphi=37°$;

(d)内摩擦角 $\varphi=38°$;(e)内摩擦角 $\varphi=39°$;(f)内摩擦角 $\varphi=40°$

由图 4-20～图 4-22 可知,当取浆液扩散半径 $R=1.0$ m、弹性模量 $E'=1.0E$、黏聚力 $c'=1.0c$、内摩擦角 $\varphi=30°$时,巷道开挖后,巷道围岩塑性区范围为 2.5～3.0 m;锚注支护后,取内摩擦角 $\varphi=36°$时,巷道围岩塑性区范围为 2.2～2.5 m,巷道围岩塑性区范围减少了 13.33%～15.39%;锚注支护后,取内摩擦角 $\varphi=40°$时,巷道围岩塑性区范围为 1.8～2.2 m,巷道围岩塑性区范围减少了26.67%～28%。

当取浆液扩散半径 $R=2.5$ m、弹性模量 $E'=1.0E$、黏聚力 $c'=1.0c$、内摩擦角 $\varphi=30°$时,巷道开挖后,巷道围岩塑性区范围为 2.5～3.0 m;锚注支护后,取内摩擦角 $\varphi=36°$时,巷道围岩塑性区范围约为 2.0 m,巷道围岩塑性区范围减少了 20%～33.33%;锚注支护后,取内摩擦角 $\varphi=40°$时,巷道围岩塑性区范围约为 1.6 m,巷道围岩塑性区范围减少了 36%～46.67%。

当取浆液扩散半径 $R=4.0$ m、弹性模量 $E'=1.0E$、黏聚力 $c'=1.0c$、内摩擦角 $\varphi=30°$时,巷道开挖后,巷道围岩塑性区范围为 2.5～3.0 m;锚注支护后,取内摩擦角 $\varphi=36°$时,巷道围岩塑性区范围为 1.8～2.0 m,巷道围岩塑性区范围减少了 28%～33.33%;锚注支护后,取内摩擦角 $\varphi=40°$时,巷道围岩塑性区范围约为 1.4～1.6 m,巷道围岩塑性区范围减少了 44%～46.67%。

总的来说,当浆液扩散半径 R、弹性模量 E'($E'=1.0E$)、黏聚力 c'($c'=1.0c$)相同时,随着内摩擦角 φ($\varphi=30°$～$40°$)取值的增加,巷道围岩塑性区范围逐渐较小,且围岩塑性区分布趋于均匀;当取浆液扩散半径 $R=1.0$ m、弹性模量 $E'=1.0E$、黏聚力 $c'=1.0c$、内摩擦角 $\varphi=30°$～$40°$时,巷道围岩塑性区范围减少了 13.33%～28%;当取浆液扩散半径 $R=2.5$ m、弹性模量 $E'=1.0E$、黏聚力 $c'=1.0c$、内摩擦角 $\varphi=30°$～$40°$时,巷道围岩塑性区范围减少了 20%～46.67%;当取浆液扩散半径 $R=4.0$ m、弹性模量 $E'=1.0E$、黏聚力 $c'=1.0c$、内摩擦角 $\varphi=30°$

～40°时，巷道围岩塑性区范围减少了 28%～46.67%。并且随着浆液扩散半径 R(R=1.0～4.0 m)的增大，巷道围岩塑性区范围逐渐减少；取内摩擦角 φ=36°、弹性模量 E'=1.0E、黏聚力 c'=1.0c、浆液扩散半径 R=1.0～4.0 m 时，巷道围岩塑性区范围减少了 13.33%～33.33%；取内摩擦角 φ=40°、弹性模量 E'=1.0E、黏聚力 c'=1.0c、浆液扩散半径 R=1.0～4.0 m 时，巷道围岩塑性区范围减少了 26.67%～46.67%。

4.5 本章小结

采用 FLAC 3D 模拟揭示了深部高应力软岩巷道围岩的力学特征；基于对深部高应力软岩巷道变形破坏特征与破坏机理研究及深部高应力软岩巷道围岩的力学特征分析，提出了深部高应力软岩巷道控制理论；采用弹塑性力学基本原理分析了巷道围岩应力状态与变形规律，计算了锚注加固结构的极限承载力；提出了“锚注加固体等效层”概念，运用 FLAC 3D 模拟研究了锚注加固机理，可得到以下几点结论。

(1)揭示了深部高应力软岩巷道开挖过程中围岩的力学特征受掘进工作面巷道开挖的影响，处于掘进工作面前方还未开挖的巷道周边岩体也出现应力集中及塑性破坏现象；巷道开挖后，若不及时采取合理支护形式，巷道围岩切向应力将形成较大应力集中，围岩二次应力场达到围岩强度极限后围岩发生破坏；切向应力峰值点向巷道围岩深部转移，且巷道破坏先是从关键部位破坏(如巷道的帮角、底角等)，然后发展到整个巷道失稳破坏；巷道底板围岩的变形及塑性区破坏范围明显大于两帮及顶板。

(2)基于对深部高应力软岩巷道变形破坏特征与破坏机理研究及深部高应力软岩巷道围岩的力学特征分析，提出了深部高应力软岩巷道控制理论：巷道开挖后要充分释放围岩变形能，以适应深部软岩巷道大变形的特点；改善围岩性质，提高围岩强度；维护、保持和提高围岩的残余强度，充分发挥围岩的承载能力；关键部位加强支护；全断面、分步联合加固；长期监测。

(3)通过对巷道围岩中的原岩弹性区、塑性软化区和残余强度区应力状态与变形的分析，表明塑性区半径主要取决于支护结构所提供的支护抗力，支护抗力保证并提高了巷道围岩破碎岩体的残余强度，对深部完整岩体提供了稳定、足够且强有力的径向约束力，为深部破裂岩体的应力强化特性的发挥创造了有利条件。径向约束力的降低或丧失都会导致围岩中塑性区的扩展，加剧了巷道围岩的变形，最终导致了巷道失稳破坏。

(4)分析了锚注加固机理，指出注浆后改善了巷道围岩破碎岩体的物理力学性质及其力学性能，改变了注浆加固范围内的岩体峰后变形特性和承载性能，与锚喷支护、锚索支护等多种支护形式形成多层有效组合拱，具有较好的整体性、较高的承载力、较强的让压和抗变形能力，提高了支护结构的可靠度和承载能力，扩大了支护体系的承载范围，有效地控制了巷道围岩塑性区向深部扩展和过度有害变形，有利于巷道的长期稳定。

(5)运用弹塑性理论分析了锚注加固结构弹塑性区的发展规律，提出锚注加固结构的极限承载能力为 $p_{max}=\sigma_s \ln \dfrac{R_1}{r_0}$，可达到 13.86～32.96 MPa，远高于普通支护(锚喷支护、棚式支架、砌碹支护)提供的 0.1～0.5 MPa 的支护抗力；锚注加固结构可对深部破裂围岩提供较大的径向约束力，提高了破裂岩体的强度和支护结构的整体承载能力，破裂岩体发挥其应力强化特性，成为支护结构的有效承载主体，保证了巷道的稳定，适应了深部高应力软岩巷道变形的要求。

(6)不同弹性模量 E' 的模拟结果表明：当浆液扩散半径 R 相同时，随着弹性模量 E'($E'=1.0E$～$1.6E$)取值的增加，巷道围岩的顶板下沉、底板底臌及两帮内挤量不断减小，并且随着浆液扩散半径 R($R=1.0$～4.0 m)的增大，巷道围岩的顶板下沉、底板底臌及两帮内挤量不断减小；在浆液扩散半径 R 相同时，随着弹性模量 E'($E'=1.0E$～$1.6E$)取值的增加，巷道围岩塑性区分布范围变化不大、减小幅度很小，但是围岩塑性区分布趋于均匀；随着浆液扩散半径 R($R=1.0$～4.0 m)的增大，巷道围岩塑性区分布范围变化也不大。

(7)不同浆液扩散半径 R 的模拟结果表明：当弹性模量 E' 相同时，随着浆液扩散半径 R($R=1.0$～4.0 m)取值的增加，巷道围岩的顶板下沉、底板底臌及两帮内挤量不断减小，并且随着弹性模量 E'($E'=1.0E$～$1.6E$)的增大，巷道围岩的顶板下沉、底板底臌及两帮内挤量不断减小；当弹性模量 E' 相同时，随着浆液扩散半径 R($R=1.0$～4.0 m)取值的增加，巷道围岩塑性区分布范围变化不大、减小幅度很小；随着弹性模量 E'($E'=1.0E$～$1.6E$)的增大，巷道围岩塑性区分布范围变化也不大，但围岩塑性区分布趋于均匀。

(8)不同黏聚力 c' 的模拟结果表明：当浆液扩散半径 R、弹性模量 E'($E'=1.0E$)相同时，随着黏聚力 c'($c'=1.0c$～$3.25c$)取值的增加，巷道围岩的顶板下沉、底板底臌及两帮内挤量不断减小，并且当 $c'\leqslant 2.5c$ 时，巷道变形减少幅度加大、曲线较陡峭；当 $c'>2.5c$ 时，巷道变形减少幅度较小、曲线较平缓，并且随着浆液扩散半径 R($R=1.0$～4.0 m)的增大，巷道围岩的顶板下沉、底板底臌及两帮内挤量也不断减小；当浆液扩散半径 R、弹性模量 E'($E'=1.0E$)相同时，随着黏聚力 c'($c'=1.0c$～$3.25c$)取值的增加，巷道围岩塑性区范围逐渐减少，且围岩塑性区分布趋于均匀。

(9)不同内摩擦角 φ 时的模拟结果表明：当浆液扩散半径 R、弹性模量 E'($E'=1.0E$)、黏聚力 c'($c'=1.0c$)相同时，随着内摩擦角 φ($\varphi=30°$～$40°$)取值的增加，巷道围岩的顶板下沉、底板底臌及两帮内挤量不断减小，并且随着浆液扩散半径 R($R=1.0$～4.0 m)的增大，巷道围岩的顶板下沉、底板底臌及两帮内挤量也不断减小；当浆液扩散半径 R、弹性模量 E'($E'=1.0E$)、黏聚力 c'($c'=1.0c$)相同时，随着内摩擦角 φ($\varphi=30°$～$40°$)取值的增加，巷道围岩塑性区范围逐渐减少，且围岩塑性区分布趋于均匀。

部分灰度图对应的彩图见二维码。

本章彩图

5 深部高应力软岩巷道二次衬砌最佳支护时机分析

所谓二次衬砌(以下也简称“二衬”)最佳支护时机,就是充分调动巷道围岩及初期支护结构的自承稳定性,使围岩的自身承载力得到最大限度地调动,进而使二衬结构承受的荷载达到最小,以保证最合理化地应用支护结构。

合理的支护时机可以避免因过大增加支护刚度和支护强度而产生的额外成本,也可以增大巷道围岩自身的安全与稳定。合理地选择支护时机,初次支护后允许围岩适度的变形释放内部应力,从而减少后续支护结构上的受力。二衬作为深井马头门巷道的安全储备,其合理支护时机尤为重要。若支护过早,围岩内部应力得不到充分的释放,衬砌将承受过大的外力和变形,可能导致衬砌开裂、失稳、剥落等,损坏了支护结构的安全与稳定;若支护太晚,任由位移向巷道内部发展,围岩的强度将随时间的推移逐渐减弱,进而造成二次衬砌所受荷载过大,最终导致巷道冒顶、片帮等破坏。

对于深井软弱围岩巷道支护结构的受力分析可用以下经验公式:

$$P_T = P_{DR} + P_S = P_D + P_R + P_S \tag{5-1}$$

式中,P_T 为巷道开挖后围岩向临空面运动产生的等效合力,它包括地质构造应力、工程应力、重力、残余应力、地下水作用力等在内的力与能量的合集;P_S 为支护抗力,即围岩与支护体之间的相互作用力;P_{DR} 为围岩提供的作用力;P_D 为围岩变形释放而减小的导致巷道围岩向临空面方向移动的合力,主要包括岩体膨胀扩容、弹塑性及黏弹塑性变形等产生的合力;P_R 为围岩自承力,其与围岩自身的稳定性有关。

由上式可以看出,当围岩自稳性较好,即 $P_R > P_T - P_D$ 时,巷道不用支护;当围岩自稳性较差,即 $P_R < P_T - P_D$ 时,巷道就需进行必要的支护才能稳定。选择最佳支护时机就是选取合理的变形能释放时间和支护时间,使得 P_{DR} 趋于最大,P_S 趋于最小。

最佳支护时间是在保证隧(巷)道围岩稳定性的前提下,使得 P_{DR} 趋于最大值的支护时间,如图 5-1 所示。然而在工程实践中,最佳支护时间是很难确定的,为了满足工程实践需要,就需引入最佳支护时间段的概念。

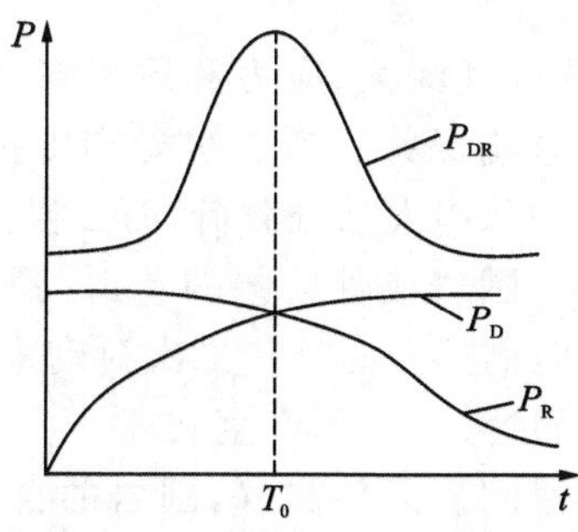

图 5-1 最佳支护时间的含义

最佳支护时间段如图 5-2 所示，把最佳支护时间由一点拓展为一个时间段，在实际工程实践中只需在［T_{01}，T_{02}］这个区间段内进行二衬结构的施作，大致上就可以满足 P_{DR} 趋于最大值，P_S 趋于最小值的需求，支护时间段的引入便于指导现场施工。

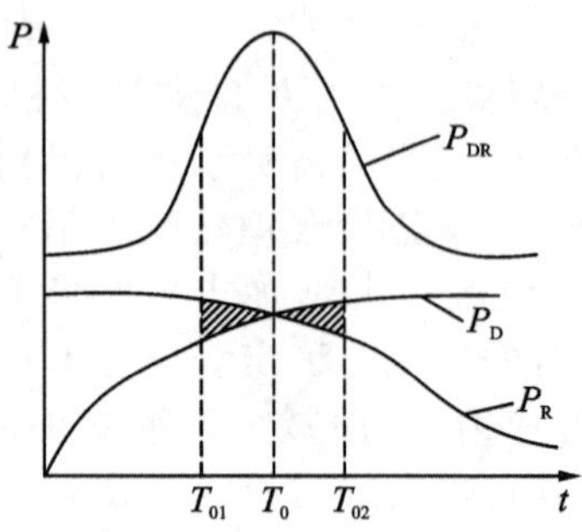

图 5-2　最佳支护时间段的含义

二衬支护时机的影响因素较多，主要包括隧(巷)道埋藏深度、围岩地质状况、开挖工法、开挖断面形式、初期支护形式和参数以及二衬到掌子面距离等。对二衬支护时机合理选择的研究主要集中在公路、铁路等隧道领域，但大都采用经验方法来确定，理论研究还很不完善，仍没有统一的选取准则。目前，主要从支护抗力、极限变形速率、极限位移、黏弹塑性有限元等角度对最佳支护时机进行计算和分析。

5.1　支护时机的影响因素

影响支护时机的因素有很多，概括起来有三个方面：地质因素、工程因素以及人为因素。

5.1.1　地质因素

充分发挥围岩自身承载力是新奥法理论的核心，因而二次衬砌最佳支护时机的关键取决于围岩自身承载力。围岩自身承载力取决于围岩条件、隧道埋深、水文地质条件、构造应力等地质因素。

1. 围岩条件

深井马头门巷道一般具有埋深大、应力和地温高、围岩扰动严重、围岩条件相对较差等特点，围岩条件是影响深井巷道二次衬砌支护时机的最主要因素。对于围岩条件好的巷道，初期支护承担大部分载荷，而二衬只是作为安全储备承担围岩蠕变产生的附加载荷；而对于围岩条件较差的巷道，围岩自身强度较低，开挖卸载后很快屈服形成塑性区，此时需要及时施作二次衬砌来承担较大的荷载，从而保证围岩及初期支护结构不会因过大的变形产生破坏。

大量工程实践证明，巷道围岩条件越好，围岩的自身承载力越高，二衬最佳支护时间就越晚，支护后巷道也越稳定；反之，巷道围岩条件越差，就要越早地施作二衬支护结构，从而保证围岩的稳定以及初期支护的安全有效。

2. 隧道埋深

在支护时机准则及其具体时机的确定上，深埋巷道和浅埋巷道有很大的差别。一般来讲，埋深越大，隧道支护时机越长。大量工程实践和理论研究表明，不同埋深条件下，围岩和支护结构会表现出不同形式的应力、应变状态。因此，隧道埋深也是影响二衬最佳支护时机的重要因素之一。

方建勤等(2011)曾深入分析隧道埋深与二衬最佳支护时机的关系，将埋深考虑在内，对现有确定二衬最佳支护时机的方法进行了修正。通过大量现场收敛监测数据及理论分析得出：当埋深不大时，二衬与掌子面的距离与埋深的关系为线性负相关；当埋深超过某一特定极限值时，二衬与掌子面的距离则基本保持不变。针对不同的围岩级别，二衬及掌子面间距与埋深的关系大致满足以下表达式：

$$L=\begin{cases}154.4-0.36h & (h\leqslant 163)\\ 96 & (h>163)\end{cases}\text{（Ⅲ级）} \tag{5-2}$$

$$L=\begin{cases}97.5-0.12h & (h\leqslant 96)\\ 86 & (h>96)\end{cases}\text{（Ⅳ级）} \tag{5-3}$$

$$L=\begin{cases}99-0.38h & (h\leqslant 95)\\ 62.5 & (h>95)\end{cases}\text{（Ⅴ级）} \tag{5-4}$$

3. 水文地质

地下水对含膨胀性矿物的围岩有着极大的破坏，膨胀性软岩遇水易发生膨胀、崩解等破坏。隧(巷)道围岩中是否含水、含水多少以及相应的水源补给方式等水文地质状况，在一定程度上影响着二衬最佳支护时机的确定，也是必须考虑的重要因素之一。

4. 构造应力

深井巷道围岩往往处于较高的构造应力场中，以水平应力为主，且大大超过了自重应力，具有较为明显的方向性与区域性。水平构造应力对深井巷道两帮的稳定性影响较大，是巷道片帮破坏的主要诱因之一。因此，在确定二衬最佳支护时间时，构造应力的存在及其大小也是需要考虑的重要因素之一。

5.1.2 工程因素

影响支护时机选择的工程因素主要包括巷道断面形状及尺寸、初期支护及二衬支护参数、施工方法与施工工序等。

1. 断面形状及尺寸

一般来讲，巷道断面圆滑度越高，断面净尺寸越小，巷道稳定性越好，二次衬砌的施作时间也可以适当提前。

2. 初期支护及二衬支护参数

初期支护及二衬支护参数越大，强度越高，则巷道稳定性越好，可以越早地施作二次衬砌；但初期支护及二衬支护参数太大，经济上就会不合理，造成不必要的浪费。

3. 施工工法与施工工序

深井马头门等断面巷道开挖工法主要包括全断面开挖法、台阶法开挖、环形开挖预留核心土、单双侧壁导洞法、中隔壁及交叉中隔壁法等，现场工程实践中根据具体围岩性质及现场具体工程环境等条件选择不同的施工工法及施工工序。如采用台阶法进行巷道开挖，台阶长度、分部数及大小、仰拱封闭时间等对二衬最佳支护时机都有一定的影响。相关研究表明：二衬结构与开挖掌子面之间的允许距离受开挖工法的影响较为显著，而仰拱与巷道开挖掌子面之间允许距离受施工工法的影响相对较小；开挖面分部越多，开挖对围岩的扰动越小，对围岩的破坏程度也越小，进而围岩二衬结构施作的时间也可以相应的越晚。

5.1.3 人为因素

工程实践中最佳支护时机往往需要依靠现场监控量测，并对监控量测数据进行分析计算后确定。现场监控量测过程中，监测数据准确性、及时性以及全位移计算模型与方法的选取等都有很大的人为性。因此，人为因素对二衬最佳支护时机的确定也有一定的影响。

5.2 支护时机的确定

5.2.1 支护时机与围岩参数、支护抗力相关性分析

(1)地层特征线方程。

将深井巷道假设为平面二维等压受力状态下的圆形巷道，如图 5-3 所示，由 Mohr-Coulomb 准则可得：

巷道塑性区范围内围岩切向和径向应力分别为：

$$\sigma_r^{\mathrm{p}}=(p_{\mathrm{i}}+c\cdot\cot\varphi)\left(\frac{r}{r_0}\right)^{\frac{2\sin\varphi}{1-\sin\varphi}}-c\cdot\cot\varphi \tag{5-5}$$

$$\sigma_\theta^{\mathrm{p}}=(p_{\mathrm{i}}+c\cdot\cot\varphi)\left(\frac{1+\sin\varphi}{1-\sin\varphi}\right)\left(\frac{r}{r_0}\right)^{\frac{2\sin\varphi}{1-\sin\varphi}}-c\cdot\cot\varphi \tag{5-6}$$

塑性区半径为：

$$r_{\mathrm{p}}=r_0\left[(1-\sin\varphi)\frac{p_0+c\cdot\cot\varphi}{p_{\mathrm{i}}+c\cdot\cot\varphi}\right]^{\frac{1-\sin\varphi}{2\sin\varphi}} \tag{5-7}$$

巷道周边径向位移为：

$$u=\frac{1+\mu}{E}\sin\varphi\cdot(p_0+c\cdot\cot\varphi)r_0\left[(1-\sin\varphi)\frac{p_0+c\cdot\cot\varphi}{p_{\mathrm{i}}+c\cdot\cot\varphi}\right]^{\frac{1-\sin\varphi}{\sin\varphi}} \tag{5-8}$$

式中，c 为围岩黏聚力；E 为围岩弹性模量；φ 为内摩擦角；μ 为泊松比；p_0 为初始地应力；u 为巷道周边变形；p_{i} 为支护抗力；r_0 为巷道等效圆半径；r_{p} 为围岩塑性区半径；r 为塑性区径向、切向应力作用点的半径。

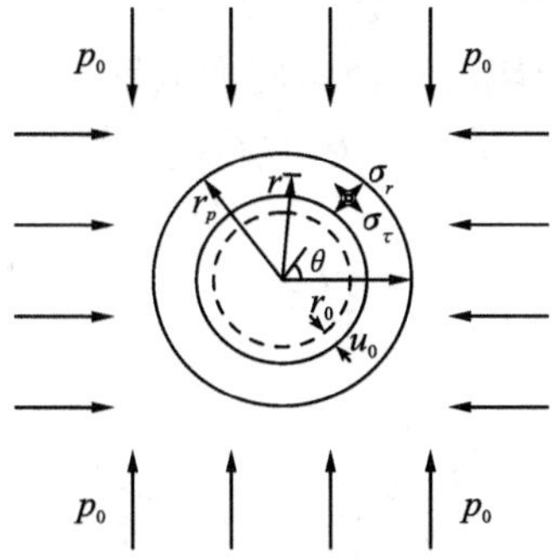

图 5-3　塑性区应力、半径和位移计算示意图

为了得到更明显的规律，用岩石单轴抗压强度 q_u 代替以上各式中均出现的黏聚力 c，由单轴抗压强度 q_u 与黏聚力 c、内摩擦角 φ 的关系示意图（图 5-4），根据三角形相似关系可以推导出：

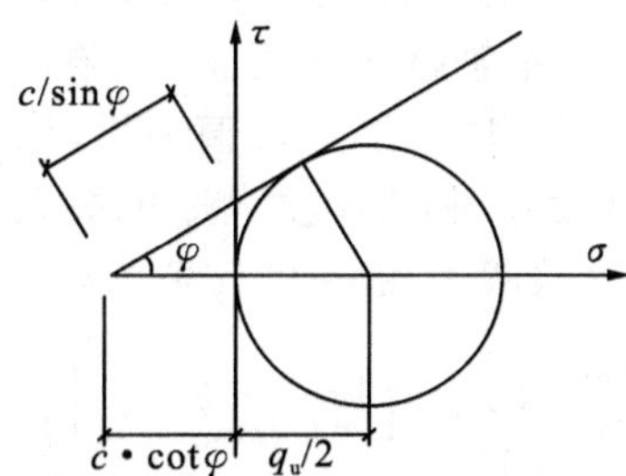

图 5-4　单轴抗压强度 q_u 与黏聚力 c、内摩擦角 φ 的关系示意图

$$\frac{c/\sin\varphi}{c}=\frac{c\cdot\cot\varphi+q_u/2}{q_u/2} \tag{5-9}$$

则：

$$q_u=\frac{2c\cdot\cos\varphi}{1-\sin\varphi} \tag{5-10}$$

$$c=\frac{1-\sin\varphi}{2\cos\varphi}\cdot q_u \tag{5-11}$$

令：

$$\xi=\frac{1+\sin\varphi}{1-\sin\varphi} \tag{5-12}$$

$$\xi-1=\frac{2\sin\varphi}{1-\sin\varphi} \tag{5-13}$$

可得：

$$\frac{1}{\xi-1}=\frac{1-\sin\varphi}{2\sin\varphi} \tag{5-14}$$

将式(5-11)～式(5-14)代入式(5-5)～式(5-8)中可得到塑性区内的切向应力、径向应力、塑形区半径、巷道周边径向位移与围岩单轴抗压强度 q_u 的关系表达式，则式(5-5)～式(5-8)可改写为式(5-15)～式(5-18)。

巷道塑性区范围内围岩切向和径向应力分别为：

$$\sigma_r^{\mathrm{p}}=\left(p_{\mathrm{i}}+\frac{q_{\mathrm{u}}}{\xi-1}\right)\left(\frac{r}{r_0}\right)^{\xi-1}-\frac{q_{\mathrm{u}}}{\xi-1} \tag{5-15}$$

$$\sigma_\theta^{\mathrm{p}}=\xi\left(p_{\mathrm{i}}+\frac{q_{\mathrm{u}}}{\xi-1}\right)\left(\frac{r}{r_0}\right)^{\xi-1}-\frac{q_{\mathrm{u}}}{\xi-1} \tag{5-16}$$

塑性区半径为：

$$r_{\mathrm{p}}=r_0\left[\frac{2}{\xi+1}\cdot\frac{q_{\mathrm{u}}+p_0(\xi-1)}{q_{\mathrm{u}}+p_{\mathrm{i}}(\xi-1)}\right]^{\frac{1}{\xi-1}} \tag{5-17}$$

巷道周边径向变形为：

$$u=\frac{1+\mu}{E}\sin\varphi\cdot\left(p_0+\frac{q_{\mathrm{u}}}{\xi-1}\right)r_0\left[(1-\sin\varphi)\frac{q_{\mathrm{u}}+p_0(\xi-1)}{q_{\mathrm{u}}+p_{\mathrm{i}}(\xi-1)}\right]^{\frac{2}{\xi-1}} \tag{5-18}$$

上式(5-18)即为巷道周边围岩变形与支护抗力 p_i、围岩力学参数及巷道结构形状参数之间的关系表达式，也称为地层收敛线或特征线方程。

(2)塑性区半径 r_{p} 与围岩单轴抗压强度 q_{u}、围岩内摩擦角 φ 之间的关系。

在开挖不支护的情况下，支护抗力 p_{i} 取值为零，代入式(5-17)中经变换可得塑性区半径与围岩单轴抗压强度 q_{u} 和内摩擦角 φ 的关系表达式。

塑性区半径 r_{p} 与巷道等效圆半径 r_0 的比值为：

$$\frac{r_{\mathrm{p}}}{r_0}=\left\{\frac{2}{\xi+1}\left[1+\frac{p_0}{q_{\mathrm{u}}}(\xi-1)\right]\right\}^{\frac{1}{\xi-1}} \tag{5-19}$$

以$\frac{r_{\mathrm{p}}}{r_0}$为因变量，$\frac{p_0}{q_{\mathrm{u}}}$为自变量，取内摩擦角 φ 为 5°、10°、20°、25°、30°、35°时，绘制两者之间的关系曲线如图 5-5 所示。

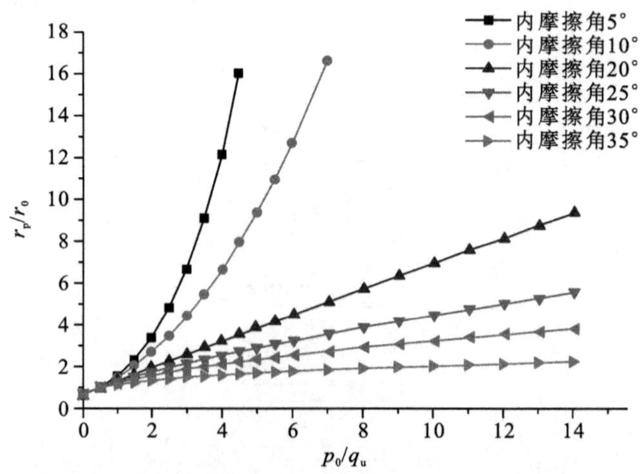

图 5-5 塑性区半径 r_{p} 与围岩单轴抗压强度比 $\frac{p_0}{q_{\mathrm{u}}}$ 及内摩擦角 φ 的关系曲线

(3)塑性区半径 r_{p} 与支护抗力 p_{i}、围岩内摩擦角 φ 之间的关系。

为了更明确地分析塑性区与支护抗力、围岩内摩擦角的关系，减小其他因素的影响，将 p_0/q_u 取为固定值 0.3，代入式(5-7)经变换得塑性区半径与巷道围岩内摩擦角 φ 及支护抗力 p_i 的关系表达式。

塑性区半径 r_P 与巷道等效圆半径 r_0 的比值为：

$$\frac{r_p}{r_0}=\left[\frac{2}{\xi+1}\cdot\frac{q_u/p_0+(\xi-1)}{q_u/p_0+(\xi-1)(p_i/p_0)}\right]^{\frac{1}{\xi-1}}=\left[\frac{2}{\xi+1}\cdot\frac{0.3+(\xi-1)}{0.3+(\xi-1)(p_i/p_0)}\right]^{\frac{1}{\xi-1}} \tag{5-20}$$

以 r_p/r_0 为因变量，p_i/p_0 为自变量，取内摩擦角 φ 为 5°、10°、20°、25°、30°时，绘制三者之间的关系曲线如图 5-6 所示。

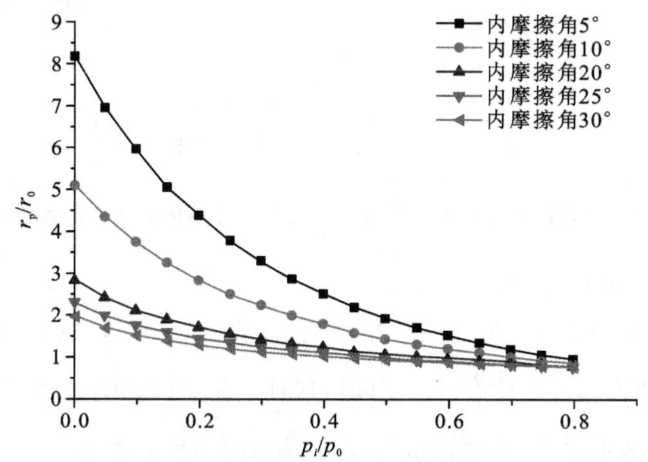

图 5-6　塑性区半径 r_p 与支护抗力 p_i、内摩擦角 φ 之间的关系曲线

由图 5-6 可知，塑性区半径与支护抗力呈负相关，但当 $\varphi>20°$时，这种负相关趋势逐渐减弱，当 $p_i/p_0>0.2$ 时，塑性区半径与支护抗力关系趋向平缓，说明支护抗力对塑性区半径基本无影响，也说明一味靠增大支护抗力来抑制塑性区的发展是不合理的。对于像磁西一号井副井这样的千米深井，初始地应力高达 30 MPa，而支护结构只能提供几兆帕的抗力，所以 p_i/p_0 的值通常很小，这时通过增大支护抗力来减小塑性区半径的方法也是不可取的。综上所述，对深井马头门巷道来说，巷道的稳定控制不能完全依靠外界的支护结构，充分调动围岩自身的承载力是必不可少的。

(4)巷道周边变形 u 和围岩单轴抗压强度 q_u、内摩擦角 φ 之间的关系。

取巷道周边变形 u 与巷道等效圆半径的比值为相对变形，用围岩单轴抗压强度 q_u 与围岩初始应力 p_0 的比值作为强度比来分析，可以推导出相对变形与强度比之间的关系表达式为：

$$\frac{u}{r_0}=0.00675\sin\varphi\cdot\left(\frac{1}{q_u/p_0}+\frac{1}{\xi-1}\right)\left[(1-\sin\varphi)\frac{(\xi-1)+q_u/p_0}{(\xi-1)(p_i/p_0)+q_u/p_0}\right]^{\frac{2}{\xi-1}} \tag{5-21}$$

以相对变形$\frac{u}{r_0}$为因变量，强度比$\frac{q_u}{p_0}$为自变量，取内摩擦角 φ 分别为 5°、10°、20°、25°、30°、40°时，绘制相对变形与强度比、内摩擦角间的关系曲线如图 5-7 所示。

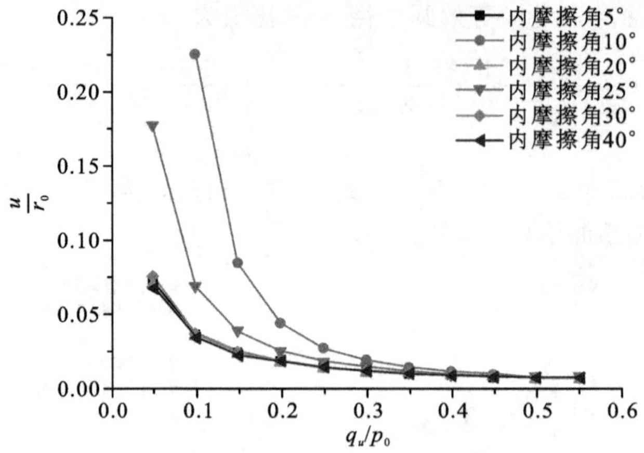

图 5-7 洞壁相对变形$\frac{u}{r_0}$与强度$\frac{q_u}{p_0}$比及内摩擦角 φ 之间的关系曲线

由式(5-21)及图 5-7 可以看出：

①相对变形与围岩强度比成负相关关系，且相对变形对围岩强度比的敏感性很高，特别是当围岩强度比$\frac{q_u}{p_0}<0.20$ 时，这种负相关性更明显；相对变形$\frac{u}{r_0}$随着内摩擦角 φ 的增大而增大，内摩擦角越大，上述敏感性越显著。

②当围岩强度比$\frac{q_u}{p_0}>0.5$ 时，围岩强度比$\frac{q_u}{p_0}$及内摩擦角 φ 对巷道洞壁的相对变形几乎无影响，因此对于围岩强度比$\frac{q_u}{p_0}$较大的深井巷道，围岩的相对变形较小，即巷道洞壁的位移较小。

(5)巷道周边变形 u 与支护抗力 p_i、围岩单轴抗压强度 q_u 之间的关系。

根据单因素分析原理，取围岩强度比$\frac{q_u}{p_0}=0.005$，泊松比 $\mu=0.35$，内摩擦角 $\varphi=30°$，将支护抗力等效为支护抗力比$\frac{p_i}{p_0}$来分析，由式(5-21)经变换推导可得巷道周边相对变形$\frac{u}{r_0}$与支护抗力比$\frac{p_i}{p_0}$、围岩强度比$\frac{q_u}{p_0}$之间的关系表达式为：

$$\frac{u}{r_0}=0.003375\times\left(\frac{1}{q_u/p_0}+0.5\right)\left(0.5\times\frac{2+\frac{q_u}{p_0}}{\frac{p_i}{p_0}+\frac{q_u}{p_0}}\right) \tag{5-22}$$

以相对变形$\frac{u}{r_0}$为因变量，支护抗力比$\frac{p_i}{p_0}$为自变量，取围岩强度比$\frac{q_u}{p_0}$为 0.1、0.2、

0.3、0.4、0.5、0.6，绘制相对变形$\frac{u}{r_0}$与支护抗力比$\frac{p_i}{p_0}$之间的关系曲线如图 5-8 所示。

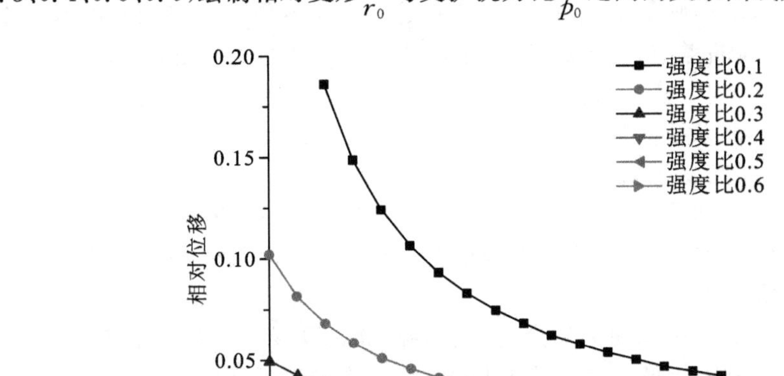

图 5-8 洞壁相对变形 u/r_0 与支护抗力比$\frac{p_i}{p_0}$、围岩强度比$\frac{q_u}{p_0}$之间的关系曲线

由式(5-22)及图 5-8 可以看出：

①围岩相对变形与围岩强度比呈负相关，围岩越软弱，围岩强度比$\frac{q_u}{p_0}$越小，支护抗力比对围岩相对变形的抵抗贡献越大，即巷道围岩条件越软弱，支护抗力对围岩变形的抵抗效果越好。

②当支护抗力比$\frac{p_i}{p_0}>0.5$时，再增大支护抗力对围岩变形的控制已没有作用，再次证明围岩稳定控制不能仅靠一味地增大支护抗力。

5.2.2 支护时机的确定准则

支护时机的确定准则主要包括极限变形速率准则、极限位移准则以及支护抗力准则。

1.极限变形速率准则

巷道开挖进行初支初期，围岩变形随时间的推移逐渐增大，速率随时间的推移逐渐减小，直至趋于零。二次衬砌施作的最佳时机就是初支后巷道围岩变形速率低于某一定值也即基准值，此时可认为围岩已基本趋于稳定，这也是新奥法信息化施工的核心内容。有关二次衬砌支护时机的这一变形速率基准值仅在公路隧道施工技术规范中有所规定：二衬最佳支护时机即隧道洞壁变形速率小于 0.1～0.2 mm/d或拱顶下沉速率小于 0.07～0.15 mm/d。但在深井巷道施工技术领域还没有成熟的二次衬砌支护时机变形速率判定标准，在现场实际施工中可以借鉴公路隧道施工技术规范的判定标准粗略地预测二衬的合理支护时机。

2. 极限位移准则

与极限变形速率准则相似，极限位移准则是在对巷道位移总量预测的基础上，结合安全、经济方面的考虑，确定初支后巷道位移允许值作为判定标准，为了工程实践方便，一般将该判定值扩大到一个合理的允许范围，借以指导现场施工。《锚杆喷射混凝土支护技术规范》(GB 50086—2001)规定，二次衬砌的合理施作时机判定标准为：各项变形已发生量达到预估变形总量的 80%～90%。工程实践表明，当实际已发生位移达到预计总位移的 87%时，施作二次衬砌更为合理。该准则与极限变形速率准则相比，更合乎实际工程情况，因此在具体实践应用中更广泛。

3. 支护抗力最小准则

支护抗力最小准则在原理上较为简单、明确，通过现场实测得到初支支护抗力最小时即为二次衬砌支护的最佳施作时机，但该方法对现场实测要求高，在支护抗力不易获得的情况下，可以用巷道表面有效应力代替。巷道表面有效应力一般经历快速减小—缓慢减小—逐渐增长—趋于平稳的过程，表面有效应力最小时即可认为是二次衬砌的最佳施作时机。

5.3 基于支护抗力和变形时空关系的最佳支护时机研究

5.3.1 最佳支护时机理论

(1)初期支护抗力与支护刚度的关系。

深井围岩初期支护主要包括挂网喷射混凝土、锚杆、钢拱架等。假定初期支护喷射混凝土为等厚圆形结构，承受的径向压力 p_i 为均匀一致的，计算简图如图 5-9 所示。

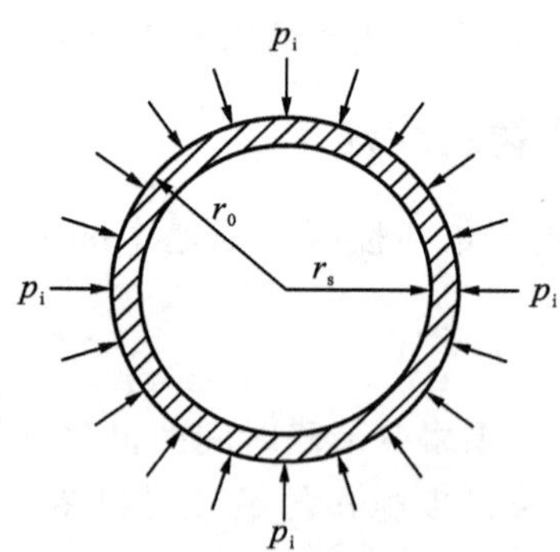

图 5-9 混凝土喷层计算简图

由弹性力学原理可推导出混凝土喷层的应力位移的计算公式如下。

径向位移：

$$\sigma_{rc}=\frac{p_i r_0^2}{r_0^2-r_s^2}\left(1-\frac{r_s^2}{r^2}\right) \tag{5-23}$$

切向位移：

$$\sigma_{\theta c}=\frac{p_i r_0^2}{r_0^2-r_s^2}(1+\frac{r_s^2}{r^2}) \tag{5-24}$$

纵向位移：

$$\sigma_{yc}=\frac{2\mu_0 p_i r_0^2}{r_0^2-r_s^2} \tag{5-25}$$

径向位移：

$$u_c=\frac{p_i r_0^2}{E_c}(\frac{t^2+1}{t^2-1}-\mu_0) \tag{5-26}$$

式中，σ_{rc}为混凝土喷层径向应力；$\sigma_{\theta c}$为混凝土喷层切向应力；σ_{yc}为混凝土喷层纵向应力；r_s、r_0 为混凝土喷层内、外半径；r 为混凝土喷层内部作用点的半径；u_c 为混凝土喷层外侧各点的径向位移；E_c 为混凝土喷层弹性模量；μ 为混凝土喷层泊松比。

令 $t=\frac{r_0}{r_s}, E_0=\frac{E_c}{1-\mu_c^2}, \mu_0=\frac{\mu_c}{1-\mu_c}$，

则：

$$p_i=\frac{E_0}{r_0[(t^2+1)/(t^2-1)-\mu_0]}u_c \tag{5-27}$$

由 $p_i=K_c u$ 可知：

$$K_c=\frac{E_0}{r_0[(t^2+1)/(t^2-1)-\mu_0]} \tag{5-28}$$

式中，K_c 定义为混凝土喷层的刚度，其大小与混凝土的标号、喷层厚度、龄期强度等有关。

同理，钢拱架和锚杆的支护刚度的计算公式如下。

钢拱架支护刚度：

$$K_s=\frac{E_s \cdot A_s}{d_s(r_0-h_s/2)^2} \tag{5-29}$$

式中，K_s 为钢拱架支护刚度；E_s、h_s、A_s、d_s 分别为钢拱架的弹性模量、高度、截面积、纵向间距；r_0 为钢拱架外半径。

锚杆支护刚度：

$$K_b=\frac{1}{S_t S_l[(4l_b)/(\pi d_b E_b)+Q]} \tag{5-30}$$

式中，K_b 为锚杆支护刚度；E_b、d_b、l_b、S_l、S_t、Q 分别为锚杆的弹性模量、直径、长度、纵向间距、环向间距、锚头的变形量。

对于三种支护材料联合支护的情形，可将三者刚度之和作为联合支护的整体刚度：

$$K=K_c+K_s+K_b \tag{5-31}$$

联合支护体的支护方程（径向）为：

$$p_i=K(u-u_{in}) \tag{5-32}$$

式中，K 为联合支护体刚度；u_{in}、u 分别为支护前洞壁变形、洞壁中变形。

(2)支护时机与支护抗力、洞壁周边变形的关系。

根据支护体围岩相互作用原理,支护体与围岩应满足力的平衡以及变形协调两个条件,现根据磁西一号井副井马头门具体工程实践,对支护时机与支护抗力、洞壁周边变形之间的关系进行研究。

副井马头门巷道断面形式为直墙半圆拱形,巷道断面高度最大为 8.2 m,宽度最大为 6.6 m,按照图 5-10 所示进行等效圆处理,则等效半径为:

$$r_0=\frac{[H^2+(B/2)^2]}{2H}=\frac{[8.2^2+(6.6/2)^2]}{(2\times 8.2)}\approx 4.76\ \text{m} \tag{5-33}$$

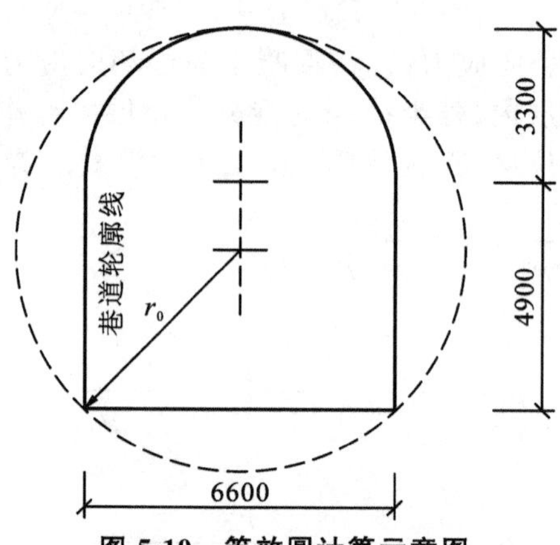

图 5-10 等效圆计算示意图

磁西一号井副井马头门巷道围岩力学参数如表 5-1 所示。

表 5-1 **围岩计算参数取值**

埋深/m	容重 γ/(kN·m^{-3})	弹性模量 E/MPa	泊松比 μ	内摩擦角 φ/(°)	黏聚力 c/MPa
1340	26.10	1047.5	0.30	39	12.40

将上述巷道围岩力学参数取值代入式(5-10)、式(5-12)、式(5-14)、式(5-18)中,围岩初始应力 p_0 按自重进行简化处理,不考虑构造应力。巷道周边位移 u 与支护抗力 p_i 的关系表达式为:

$$\begin{aligned}u&=\frac{1+\mu}{E}\cdot\sin\varphi\cdot\left(p_0+\frac{q_u}{\xi-1}\right)r_0\left[(1-\sin\varphi)\frac{q_u+p_0(\xi-1)}{q_u+p_i(\xi-1)}\right]^{\frac{2}{\xi-1}}\\&=\frac{1+0.3}{1047.5}\times\sin 39^\circ\times\left(34.97+\frac{51.99}{4.396-1}\right)\times 4.76\times\\&\quad\left[(1-\sin 39^\circ)\times\frac{51.99+34.97\times(4.396-1)}{51.99+p_i(4.396-1)}\right]^{\frac{2}{4.396-1}}\\&=0.0375\times\left(\frac{64.35}{51.99+3.396p_i}\right)^{0.589}\end{aligned} \tag{5-34}$$

即:

$$u=0.0375\times\left(\frac{63.35}{51.99+3.396p_i}\right)^{0.589}$$

以巷道洞壁周边位移 u 为纵坐标，以支护抗力 p_i 为横坐标，绘制两者的关系曲线，如图 5-11 所示。

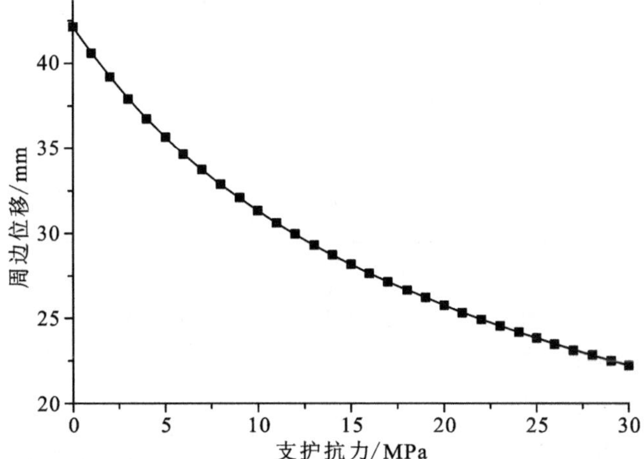

图 5-11　巷道洞壁周边位移 u 与支护抗力 p_i 的关系曲线

在巷道开挖支护过程中，支护一般滞后开挖面一段时间。在这段时间内，巷道围岩发生瞬时弹性变形，释放了一定的地层压力，这就显著减小了作用在支护结构上的荷载。巷道支护存在一个最小支护抗力 p_{imin}，当支护结构提供的支护抗力小于 p_{imin} 时，围岩变形不收敛，最终导致巷道因过大变形而失稳破坏；当支护结构提供的支护抗力大于 p_{imin} 时，支护结构就能很好地控制巷道围岩的变形，使巷道得以稳固。

5.3.2　变形回归分析与全位移计算

在南马试验段设置 5 个监测断面，监测巷道两帮的变形，得到初期支护后二次衬砌前巷道两帮变形的历时曲线如图 5-12～图 5-16 所示。

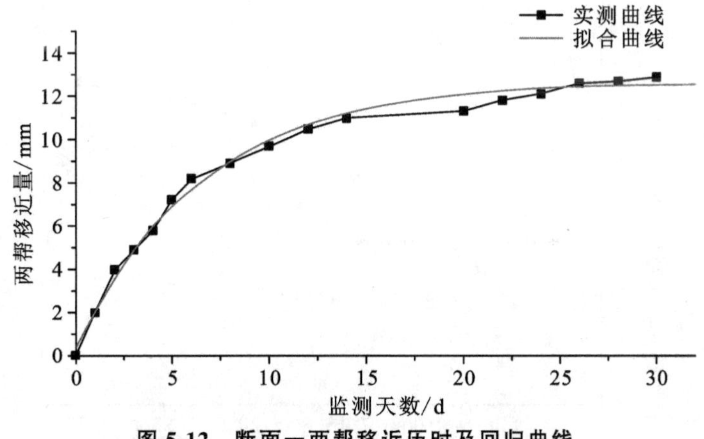

图 5-12　断面一两帮移近历时及回归曲线

[拟合方程为：$y=-12.32\times\exp(-x/6.61)+12.67, R^2=0.99154$]

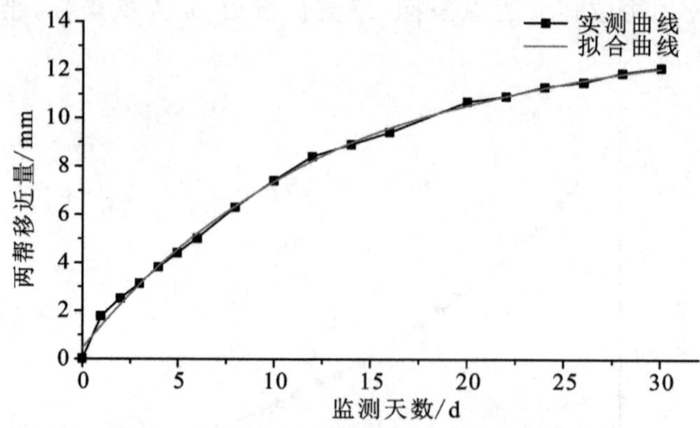

图 5-13　断面二两帮移近历时及拟合曲线

[拟合方程为：$y=-12.67\times \exp(-x/13.07)+13.37, R^2=0.98496$]

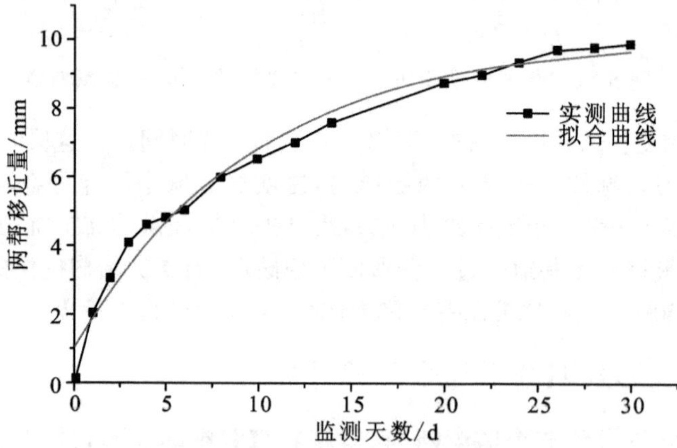

图 5-14　断面三两帮移近历时及拟合曲线

[拟合方程为：$y=-9.18\times \exp(-x/10.31)+10.23, R^2=0.97741$]

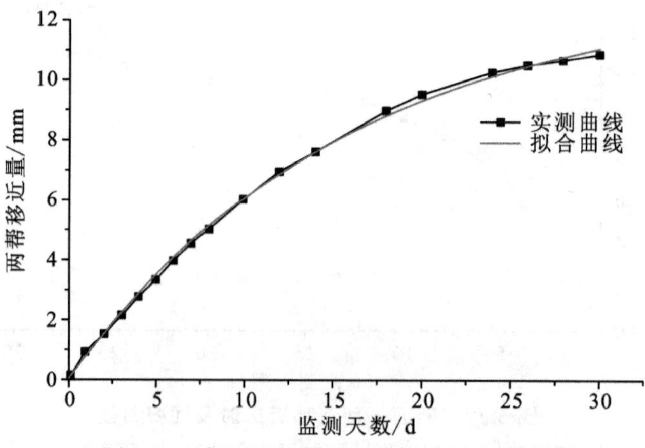

图 5-15　断面四两帮移近历时及拟合曲线

[拟合方程为：$y=-13.17\times \exp(-x/15.9)+13.09, R^2=0.99883$]

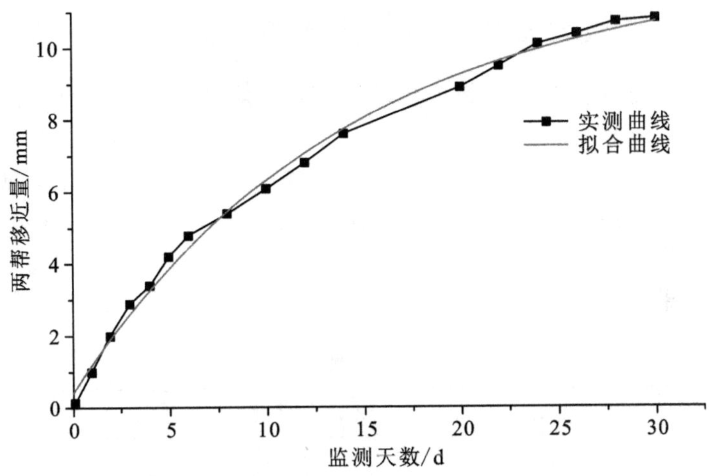

图 5-16 断面五两帮移近历时及拟合曲线

[拟合方程为：$y=-11.80\times\exp(-x/14.33)+12.19, R^2=0.99478$]

前人研究认为，由于测点安置不可避免地要滞后开挖，另外开挖前巷道已产生部分变形，现场实测的巷道围岩变形读数并非围岩实际的变形全量，先期的两部分变形是无法测读出来的，而支护最佳时机的判定必须依赖巷道围岩的“全位移”，全位移可以根据回归方程及工程经验进行估值。

全位移：

$$u=u_m+u_1+u_2 \tag{5-35}$$

显位移：

$$u=u_m+u_1 \tag{5-36}$$

u、u_m、u_1、u_2、t_1 依次代表巷道围岩全位移、实测的部分位移、不可测的部分位移、开挖前的先期位移、零读数测取滞后时间，具体如图 5-17 所示。

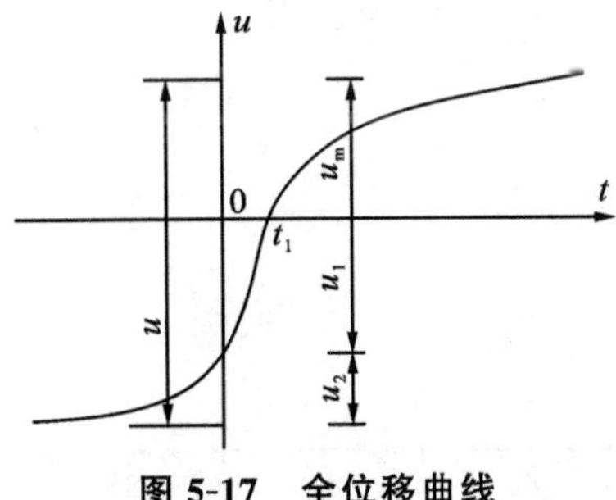

图 5-17 全位移曲线

前人研究得出全位移的经验公式 $u=\dfrac{|A|}{1-\lambda}e^{Bt_1}$，式中 λ 为与围岩等级和巷道开挖跨度有关的经验系数，依据磁西一号井副井的围岩等级及开挖跨度，这里 λ 取 0.3，则推算出 5 个断面的全位移分别为 14.0 mm、16.5 mm、11.3 mm、17.1 mm、13.2 mm。

5.3.3 基于支护抗力的最佳支护时机分析

该方法是通过现场实测二衬应力结果，确定支护抗力最小的二次衬砌最合理的施作时机。该方法的具体实施步骤为：选择5个不同监测断面，同时监测位移和二衬应力，测试在不同位移释放率下巷道二衬内部应力的大小；对实测位移数据进行统计、回归，通过拟合方程求断面的全位移；分析比较围岩释放不同比例位移时，也即不同的施作时机下，二衬结构内部的应力状况，从而确定支护抗力最小的施作时机。测试结果如表5-2所示。

表5-2 二衬应力测试结果

断面	已发生位移/mm	占总位移比/%	二衬应力/MPa
断面一	12.6	90.5	1.10
断面二	13.3	81.0	0.56
断面三	10.2	85.9	1.05
断面四	13.1	76.5	0.72
断面五	12.2	92.3	0.64

由表5-2和图5-18可知，随着巷道围岩变形不断释放，二衬内应力逐渐减小；然而减小到一定值后，二衬内应力随着变形释放呈增大趋势，分析原因为随着围岩变形的不断释放，其自身承载力在不断地衰减，这时传递到二衬结构上的压力不断增大。从磁西一号井的围岩地质状况可以大致判断：当巷道围岩位移释放率在84%～88%时，作用在二衬上的压力最小，也即二衬的支护抗力最小，此时机可作为二衬合理施作时机来指导现场施工。

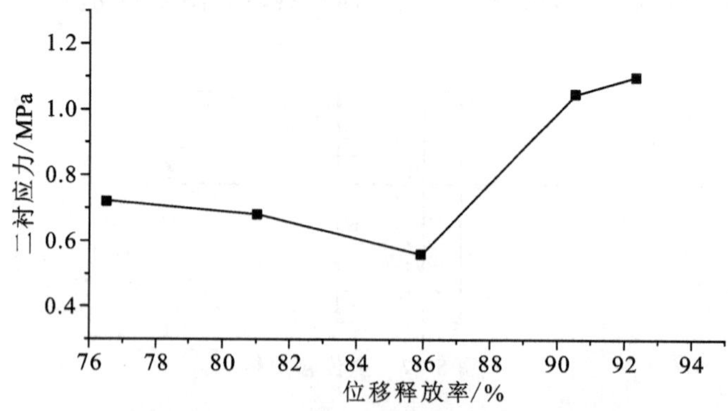

图5-18 二衬应力与位移释放率关系曲线图

当位移释放率在84%～88%之间时，代入断面二位移历时回归方程中可反推得变形速率为0.0924～0.0997 mm/d，二衬合理支护时间为开挖后的30～31天。

5.3.4　基于变形速率的最佳支护时机分析

对位移历时曲线回归方程求导即可得巷道围岩变形速率，对 5 个断面位移回归方程求导可得围岩变形速率方程，如表 5-3 所示。

借鉴公路隧道施工技术规范中的相关规定：二衬最佳支护时机即隧道洞壁变形速率小于 0.1～0.2 mm/d。深井巷道受高地应力、高地温等影响较大，且马头门属于深井开采的咽喉部位，对巷道的变形速率控制可采用更为严格的标准，取二衬最佳支护时机为巷道洞壁变形速率小于 0.08～0.15 mm/d，计算结果详见表 5-3。

表 5-3　**最佳支护时机计算结果**

断面	变形速率方程	最佳支护时机/d
断面一	$y'=1.86\times\exp(-x/6.61)$	17.6～21.7
断面二	$y'=0.99\times\exp(-x/13.07)$	24.7～34.7
断面三	$y'=0.89\times\exp(-x/10.31)$	18.4～26.2
断面四	$y'=0.83\times\exp(-x/15.9)$	27.2～37.1
断面五	$y'=1.03\times\exp(-x/12.1)$	23.3～32.5

对于全位移小的断面，说明该处围岩较为完整，整体稳定性较高。在二衬合理支护时机的选取上要依靠巷道薄弱部位即全位移较大的部位，取其支护时机的平均值作为二衬最佳支护时机。结合前述研究，基于变形速率的二衬最佳支护时机可定为开挖后的 27.2～34.7 天。

5.3.5　基于极限位移的最佳支护时机

基于前文论述的有关《锚杆喷射混凝土支护技术规范》(GB 50086—2001)的规定，结合大量工程实践经验，当初衬发生的位移达到预计总位移的 87％时，开始进行二衬、二衬结构所承受的外力最小，也即为最佳支护时机。基于极限位移的最佳支护时机详见表 5-4。

表 5-4　**基于极限位移的最佳支护时机**

断面	全位移/mm	二衬施作时位移/mm	最佳支护时机/d
断面一	14.0mm	11.20～12.60	22.1～26.3
断面二	16.5mm	13.20～14.85	25.4～33.1
断面三	11.9mm	9.52～10.71	19.5～27.4
断面四	17.1mm	13.68～15.39	28.2～35.6
断面五	13.2mm	10.56～11.88	26.3～33.3

根据前述研究成果，取各断面支护时机的平均值，则可得磁西一号井副井马头门基于极限位移的二衬最佳支护时机为 24.3～31.1 天。

5.4 基于解析法的最佳支护时机研究

5.4.1 支护时机的确定

巷道开挖掘进后，巷道围岩允许产生的变形量，或者说当围岩岩体内的塑性区和松动区达到多大时才进行支护结构的施作，需要考虑施工和使用期间的长期安全。初次支护结构的施作时机可以通过修正的芬纳公式计算不施作支护结构情况下松动区即将出现还未出现时的塑性区最大允许深度及围岩最大收敛变形限值。

初次支护时机的确定可从两个方面着手：一是由塑性区深度求应力释放率，然后根据应力释放率与掌子面推进位置之间的对应关系求得需要进行初次支护时掌子面的推进位置；二是结合现场矿压监测，将实测围岩收敛变形值与最大允许变形值进行比较，初次支护的最佳时机对应于实测值接近最大允许值时。工程实践中，对两者对应的初次支护的最佳时机需综合考虑，取两者对应支护时机的最早时间值作为初次支护的施作时机。

二次支护时机的确定类似于一次支护时机的确定方法，所不同的是在计算时需考虑支护抗力的作用，以初次支护中锚喷加固半径作为二次支护时机的确定基准点。当围岩松动区的发展深度接近于初次支护中锚喷加固半径时，初次支护即将失效，此时应立即施作二次支护，也即二次衬砌，与初次支护及围岩共同承载。在工程实践中，也可以通过预埋设的锚杆、锚索应力计监测锚杆、锚索的轴力值，并结合巷道周边收敛变形监测，共同作为二衬结构施作时机的有力判据。

5.4.2 支护时机的解析解

为简化求解过程，在适当的简化假设下，按轴对称条件进行分析研究。所做简化假设如下：

①假设巷道为无限长深埋圆形平洞；

②巷道所处围岩原岩应力为各向同性；

③巷道围岩为近似理想弹塑性体。

1. 塑性区半径及巷道周边变形

由 5.2.1 小节中推导出式(5-37)、式(5-38)。

塑性区半径为：

$$r_p = r_0\left[(1-\sin\varphi)\frac{p_0 + c\cdot\cot\varphi}{p_i + c\cdot\cot\varphi}\right]^{\frac{1-\sin\varphi}{2\sin\varphi}} \tag{5-37}$$

巷道周边径向变形为：

$$u=\frac{1+\mu}{E}\sin\varphi\cdot(p_0+c\cdot\cot\varphi)r_0\left[(1-\sin\varphi)\frac{P_0+c\cdot\cot\varphi}{P_i+c\cdot\cot\varphi}\right]^{\frac{1-\sin\varphi}{\sin\varphi}} \tag{5-38}$$

式中，c 为围岩黏聚力；E 为围岩弹性模量；φ 为内摩擦角；μ 为泊松比；p_0 为初始地应力；u 为巷道周边变形；p_i 为支护抗力；r_0 为巷道等效圆半径；r_p 为围岩塑性区半径；r 为塑性区径向、切向应力作用点的半径。

2. 松动区半径

根据《地下结构设计原理与方法》中对松动区的定义可知：在松动区边界（也即松动区半径 r_f 上）的岩体切向应力等于原岩初始应力，即 $\sigma_\theta^p=p_0$。将其代入塑性区径向应力公式(5-6)整理可得松动区半径为：

$$r_f=r_0\left[(1-\sin\varphi)\frac{c\cdot\cot\varphi+p_0}{c\cdot\cot\varphi+p_i}\right]\left(\frac{1}{1+\sin\varphi}\right)^{\frac{1-\sin\varphi}{2\sin\varphi}}=r_p\left(\frac{1}{1+\sin\varphi}\right)^{\frac{1-\sin\varphi}{2\sin\varphi}} \tag{5-39}$$

3. 二次支护时机

考虑支护抗力的塑性区半径如式(5-37)所示，在一次支护即锚喷支护的作用下，巷道围岩内部形成具有一定强度的自承载拱，假定其加固半径为 r_D。在对深井巷道围岩进行一次支护后，随着深部围岩的流变变形，塑性区向深部继续发展，达到一定程度就会出现松动区。当松动区半径接近一次支护中锚喷加固半径时，一次支护即将失效，若不及时进行二次加强支护，围岩即将失稳破坏，因此可将此时作为二次支护的合理施作时机。

令 $r_f=r_p\left(\frac{1}{1+\sin\varphi}\right)^{\frac{1-\sin\varphi}{2\sin\varphi}}=r_D$，

则塑性区半径：

$$r_p=r_D(1+\sin\varphi)^{\frac{1-\sin\varphi}{2\sin\varphi}} \tag{5-40}$$

联合式(5-37)、式(5-38)和式(5-40)可得在二衬合理施作时机时，巷道周边变形与初次支护锚喷加固半径的关系：

$$u=\frac{1+\mu}{E}\sin\varphi\cdot(p_0+c\cdot\cot\varphi)r_D\left[\cos^2\varphi\frac{p_0+c\cdot\cot\varphi}{p_i+c\cdot\cot\varphi}\right]^{\frac{1-\sin\varphi}{2\sin\varphi}} \tag{5-41}$$

代入围岩参数可得：

$$\begin{aligned}u&=\frac{1+0.3}{1047.5}\times\sin39°\times(34.97+12.4\times\cot39°)r_D=\left[\cos^2 39°\times\frac{34.97+12.4\times\cot39°}{p_i+12.4\times\cot39°}\right]^{\frac{1-\sin39°}{2\sin39°}}\\&=0.03927\times r_D\left(\frac{9.43}{p_i+15.31}\right)^{0.2945}\end{aligned} \tag{5-42}$$

初次支护后，当塑性区和松动区的发展危及初次支护结构的安全性时，也即现场实测巷道洞壁周边变形达到上述公式计算值时，便是二次支护的最佳时机。

5.5 二衬支护时机数值模拟

5.5.1 数值模型建立

1. 数值计算基本假设

模拟采用大型有限差分软件 FLAC 3D 进行建模分析，针对深井马头门巷道二衬厚度及施作时机进行模拟，做了以下假设，以简化计算。

(1)将围岩视为均质、各向同性体。

(2)该巷道属于深埋状态，围岩的初始应力不仅包括自重应力，还包括构造应力，模拟时采用侧压系数等效深部高构造应力，上覆岩层的重力通过施加等效面力来考虑。

(3)本模拟不考虑地下水对围岩的崩解软化作用。

(4)注浆加固效果可通过等效原则加以考虑，也即提高锚注加固区域的岩层力学参数，提高的幅度需通过室内试验确定。

(5)钢拱架及钢筋网支护效果按照等效原则进行考虑，即将钢拱架及钢筋网的弹性模量折算到混凝土喷层中，通过提高混凝土喷层的弹性模量 E 来等效考虑，折算方法为：

$$E=E_0+\frac{A_g E_g}{A_c} \tag{5-43}$$

式中，E 为混凝土喷层等效弹性模量(GPa)；E_0 为等效前混凝土的初始弹性模量(GPa)；A_g 为钢拱架的截面积(m^2)；E_g 为钢拱架的弹性模量(GPa)；A_c 为混凝土喷层的截面积(m^2)。

(6)钢筋混凝土二衬结构的支护参数也可通过式(4-1)把钢筋的弹性模量折算到二衬结构的弹性模量中。

2. 分析模型

计算模型选用非线性弹塑性模型，屈服准则采用摩尔库伦准则。为消除尺寸效应，根据数值模拟计算经验及相关文献研究成果：当所取计算模型范围为实际对象尺寸的 3 倍时，模拟计算的误差约为 5%；当模型尺寸 5 倍于实际对象时，模拟分析误差将低于 1%。模型水平及竖直方向均取约 5 倍的开挖硐室尺寸，建立的数值分析模型如图 5-19 所示。本模型的尺寸宽×高×进尺为 50 m×50 m×30 m，共有 249 600 个单元，259 067 个节点；模型左右边施加水平位移约束，即水平位移限制为零，模型底边界施加约束限制 X、Y、Z 三个方向的位移，沿着巷道走向的前后两个边界施加 Y 方向的位移约束，上边界施加 34.8 MPa 的面力来模拟上覆岩层的自重，侧压系数取 1.3，用以模拟深部水平构造应力。

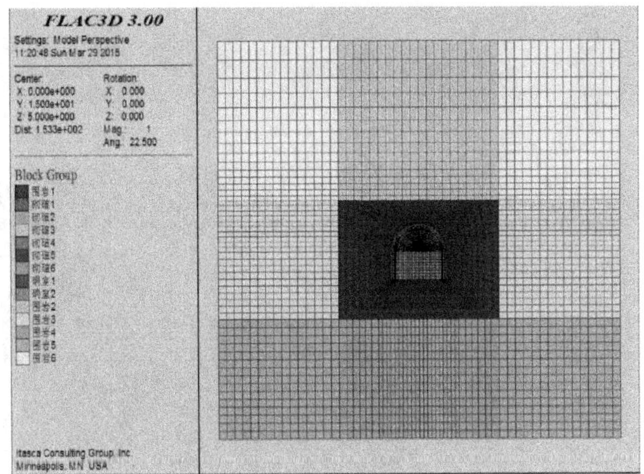

图 5-19　FLAC 3D 三维数值模拟模型

模型的物理、力学以及边界条件均对称，故取一半进行分析，模型中开挖用 null 单元来模拟，锚杆(索)采用 cable 单元，钢拱架喷射混凝土采用 shell 单元，二衬采用 elastic 弹性实体单元模型，围岩采用 Mohr-Culomb 实体单元，注浆效果通过注浆等效层模拟，支护结构计算模型详见图 5-20，开挖模型如图 5-21 所示。

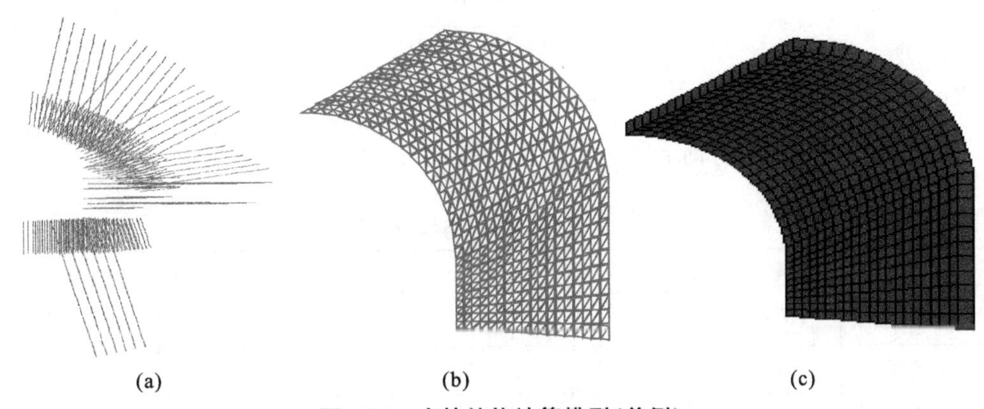

(a)　　(b)　　(c)

图 5-20　支护结构计算模型(单侧)

(a)锚杆(索)布置(cable)；(b)钢拱架喷射混凝土(shell)；(c)二次衬砌(zone)

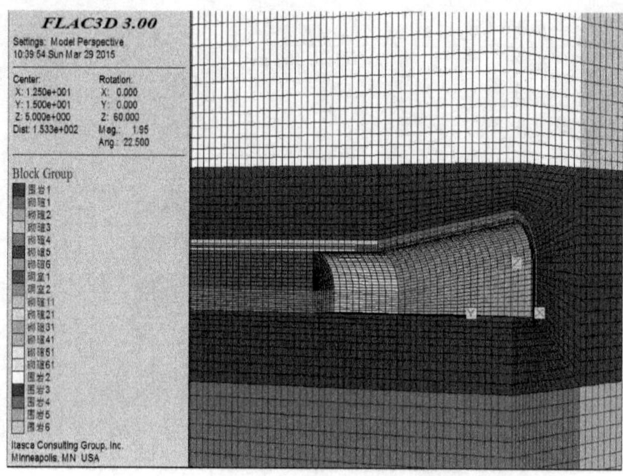

图 5-21 FLAC 3D 开挖三维数值模拟模型

3. 模型参数

模型各层力学参数依照实际岩层情况进行赋值，具体围岩分层情况及支护结构物理力学参数如表 5-5 所示。数值模拟中采用的材料体积模量 K 及剪切模量 G 可按下式予以计算调用：

$$K=\frac{E}{3(1-2\mu)} \tag{5-44}$$

$$G=\frac{E}{2(1+\mu)} \tag{5-45}$$

式中，E 为巷道围岩弹性模量；μ 为围岩泊松比。

表 5-5 **围岩及支护结构的物理力学参数**

	弹性模量 E/MPa	泊松比 μ	容重 γ/(kN·m^{-3})	黏结力 c/MPa	内摩擦角 φ/(°)	抗拉强度 σ_t/MPa
粉砂岩	12.1×10^3	0.23	26.7	9.6	37	6.8
砂质泥岩	4.10×10^3	0.30	25.8	1.7	28	3.5
泥质粉砂岩	6.20×10^3	0.25	26.1	4.5	31	5.2
粗砂岩	2.80×10^4	0.23	25.5	11.2	40	4.8
二衬	3.00×10^4	0.20	23.0	2300	55	2.0
喷射混凝土	2.55×10^4	0.20	厚度 150 mm，C20			
锚杆	2.00×10^5	—	ϕ 22×2400 mm，ϕ20×2200 mm，预应力 5t			
锚索	1.95×10^5	—	ϕ 22×10 000 mm，间排距 1400 mm，预应力 15t			
锚索束	5.85×10^5	—	3ϕ 22×10 000 mm，间排距 2800 mm，预应力 45t			

5.5.2 二衬厚度优化模拟分析

1. 二衬模型建立

本书优化模拟对比分析了二衬厚度为 300 mm、400 mm、500 mm、600 mm、700 mm、800 mm 时，巷道围岩位移场变化及塑性区分布状态，以确定该工程地质状况下深井二衬结构合理支护厚度，以期在保证矿井安全开采的前提下，尽可能地节省支护成本。不同厚度二衬模型如图 5-22 所示。

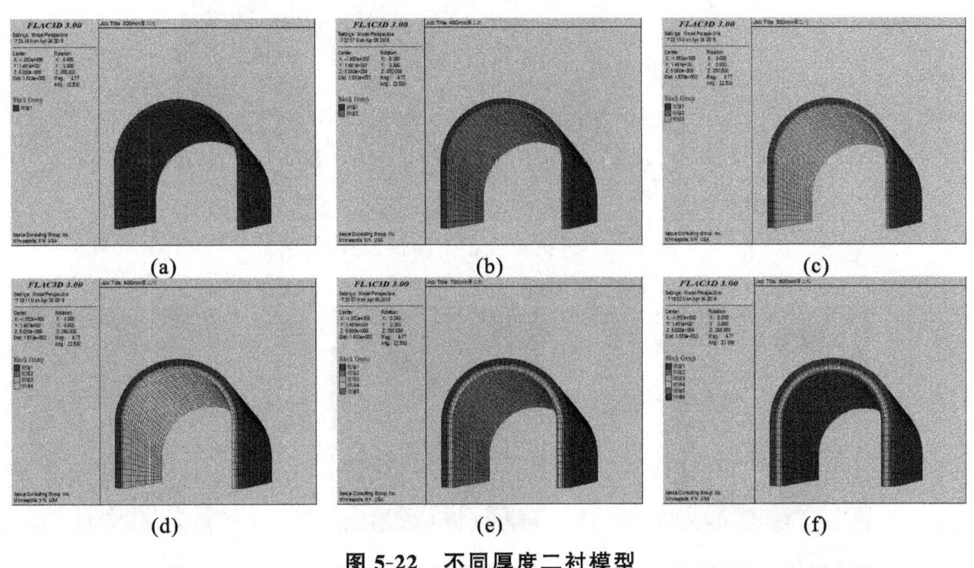

图 5-22 不同厚度二衬模型

(a)300mm 厚；(b)400mm 厚；(c)500mm 厚；(d)600mm 厚；(e)700mm 厚；(f)800mm 厚

二衬采用弹性实体单元进行模拟，模拟时不考虑钢筋的屈曲变形，把钢筋骨架根据式(5-46)进行等效替换，将其支护作用等效到二衬结构的混凝土弹性模量中，得到钢筋混凝土二衬的弹性模量约为 30.0 GPa。

$$E_{cq}=E_0+\frac{A_S E_S}{A_{cq}} \tag{5-46}$$

式中，E_{cq}为二衬结构等效弹性模量(GPa)；E_0 为等效前混凝土的初始弹性模量(GPa)；A_S 为钢筋骨架的截面积(m^2)；E_S 为钢筋骨架的弹性模量(GPa)；A_{cq}为二衬结构的截面积(m^2)。

2. 模拟结果分析

开挖不支护情况下巷道围岩塑性区分布如图 5-23 所示。

不同支护参数下，巷道围岩塑性区面积会有一定的差异，通过数值模拟计算，不同二衬厚度下巷道围岩塑性区分布如图 5-24 所示。

数值模拟计算中，在马头门巷道两帮、顶板及底板各设置 5 个监测点，监测在应力平衡过程中不同二衬厚度支护工况下巷道围岩关键部位的变形量。取各监测点变形的平均值，绘制不同二衬厚度支护下巷道周边位移曲线如图 5-25 所示。

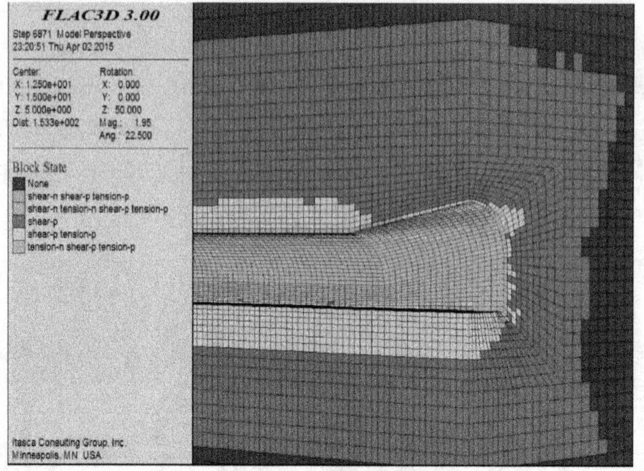

图 5-23　开挖不支护下塑性区分布图

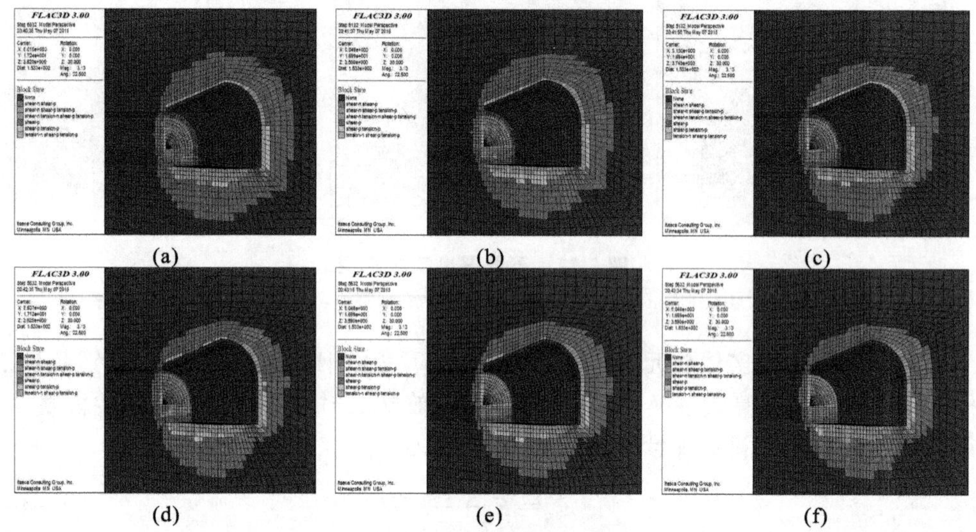

图 5-24　不同二衬厚度下围岩塑性区分布图

(a)300 mm 厚；(b)400 mm 厚；(c)500 mm 厚；(d)600 mm 厚；(e)700 mm 厚；(f)800 mm 厚

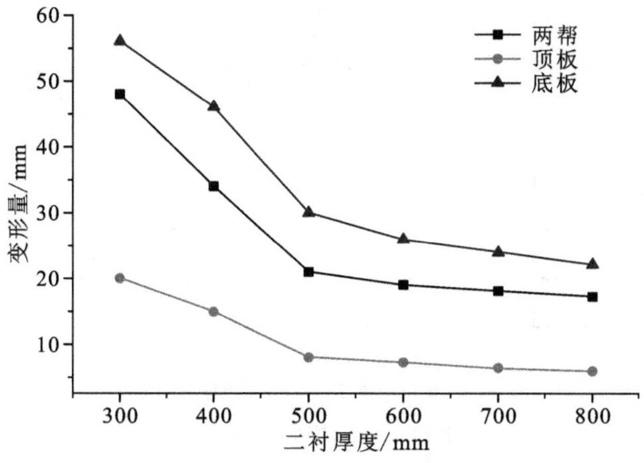

图 5-25　不同二衬厚度下巷道周边位移

分析图 5-23、图 5-24 及图 5-25 可知，当二衬厚度分别为 300 mm、400 mm、500 mm、600 mm、700 mm、800 mm 时，巷道两帮收敛变形量分别为 48.1 mm、34.0 mm、21.2 mm、18.9 mm、18.0 mm、17.2 mm，降幅为 29.3%、37.7%、10.9%、5.0%、4.4%；巷道顶板下沉量分别为 20.0 mm、15.3 mm、8.1 mm、7.3 mm、6.5 mm、5.9 mm，降幅为 23.5%、46.4%、9.8%、11.0%、9.2%；底板底臌量分别为 56.4 mm、46.1 mm、29.8 mm、26.0 mm、24.1 mm、22.0 mm，降幅为 18.3%、35.4%、12.8%、7.3%、8.3%。可以看出，当二衬厚度由 300 mm 增大到500 mm 时，各项变形量降幅较明显，当继续增大二衬厚度时，巷道各项变形指标降幅不太明显。结合图 5-24 可以看出，当二衬厚度由 300 mm 增大到 500 mm 时，塑性区面积显著减小，当继续增大二衬厚度时，巷道围岩塑性区分部面积减小幅度不明显。

二衬厚度的增加将不可避免地增大矿井开采的成本，在保证巷道整体稳定安全的前提下，结合上述分析可知，500 mm 是该地质条件下较为经济合理的二衬厚度。分析比较数值计算结果也可证明，支护刚度和围岩变形不是简单的反比关系，一味地增大支护结构的刚度并不一定能显著控制巷道围岩变形，抑制塑性区向深部发展，支护结构存在一个经济合理的支护参数。优化后的支护参数将大大减小深井巷道的支护成本，为煤矿企业减少不必要的开支。

5.5.3　二衬最佳施作时机模拟分析

1. 二衬施作时机模拟原理

巷道开挖前、开挖后、施加反力后的围岩应力状态如图 5-26 所示。

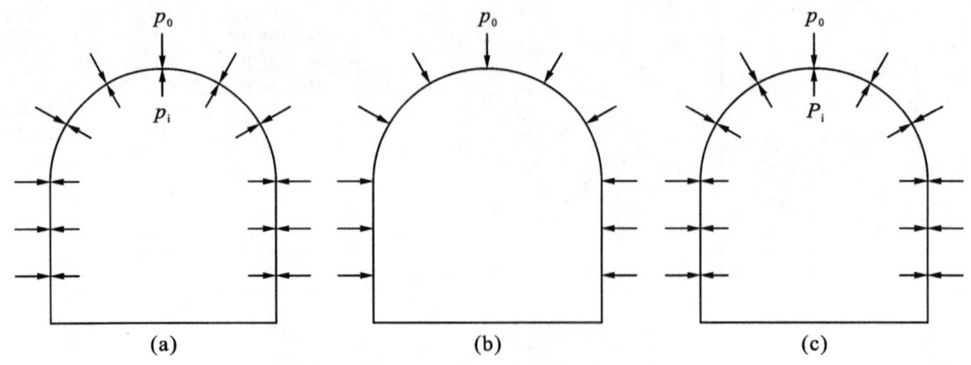

图 5-26 不同工况下围岩应力状态

(a)开挖前;(b)开挖后;(c)施加反力后

巷道开挖前,围岩处于三向应力平衡状态(图中按平面应力状态进行简化分析),巷道轮廓线处岩体处于两向应力平衡状态,如图 5-26(a)所示;随着开挖内部反向应力的消失,轮廓线处岩体平衡状态被打破,如图 5-26(b)所示;在 FLAC 3D 中,可以自动求解出轮廓线处岩体的最大不平衡力,此时,通过 apply 命令率对轮廓线处岩体施加一个反方向的应力组,如图 5-26(c)所示,此处施加的反方向应力为围岩初始应力的一个百分比(小于等于 100%),借此模拟围岩的不同应力释放率,如要模拟围岩应力释放 80%的支护时机,只需施加一个大小为(1%～80%)倍的最大不平衡力反向应力组,即 $p_i=(1\sim S)\cdot p_{unbal,max}$,$S$ 为应力释放率;在二衬施作时删除施加在轮廓线上岩体的反向应力组。

采用大型有限差分软件 FLAC 3D 对不同应力释放率情况下深井巷道二衬支护体的内部应力进行模拟,分析数值模拟计算结果显示释放不同百分比应力情况下所对应的二衬支护体内部应力云图,对提取的二衬内部应力进行曲线拟合,探究不同支护时机下二衬内部应力的变化趋势,从而得到深井二衬的最佳支护时机。

本次模拟分别模拟在不同应力释放率(20%、30%、40%、50%、60%、65%、70%、75%、80%)下巷道围岩及支护结构受力与变形响应,借以分析合适的应力释放率,以控制二衬结构的合理施作时机,用以指导现场二衬结构的施工。

2.模拟结果分析

模拟结果从喷射混凝土受力、二衬结构受力、巷道围岩位移场及围岩塑性区分布等方面开展分析。

(1)初次支护结构受力。

①混凝土喷层受力。分析不同应力释放率下初次支护结构中喷射混凝土的弯曲应力云图及第一主应力云图,提取混凝土喷层弯曲应力及第一主应力的最大值进行曲线拟合,探究不同应力释放率下初次支护结构内部应力变化趋势,为确定二衬结构的施作时机提供参考。

不同应力释放率下混凝土喷层的弯曲应力云图及其变化关系曲线如图 5-27、

图 5-28 所示；不同应力释放率下混凝土喷层的第一主应力云图及其变化关系曲线如图 5-29、图 5-30 所示。

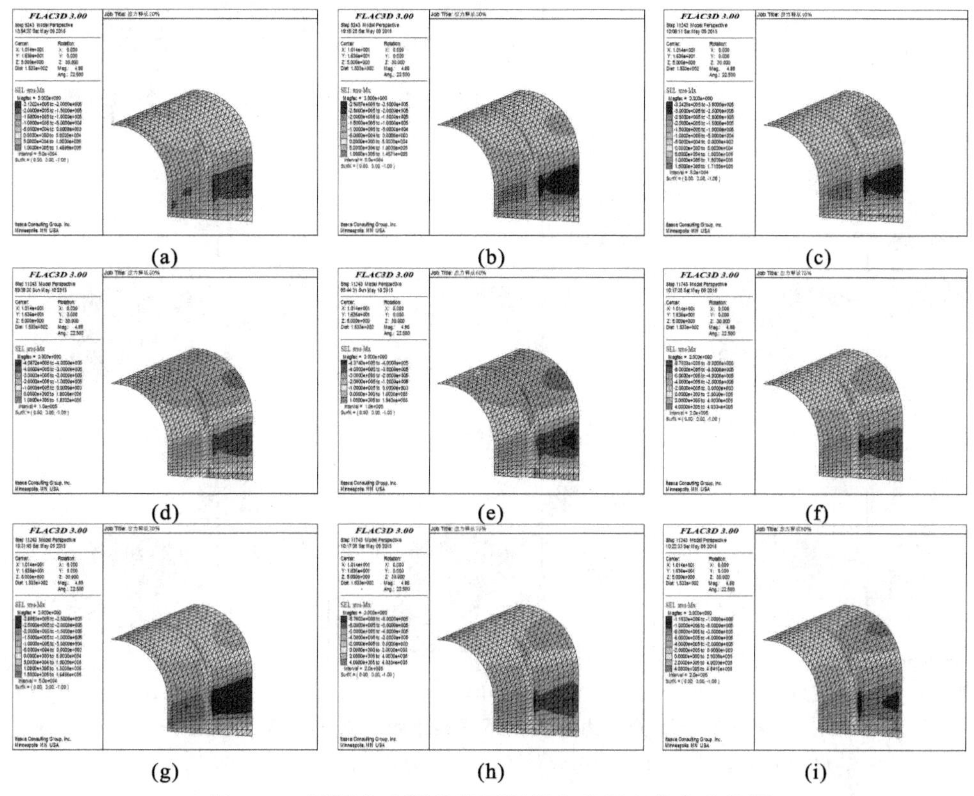

图 5-27 不同应力释放率下混凝土喷层弯曲应力云图

(a)20%；(b)30%；(c)40%；(d)50%；(e)60%；(f)65%；(g)70%；(h)75%；(i)80%

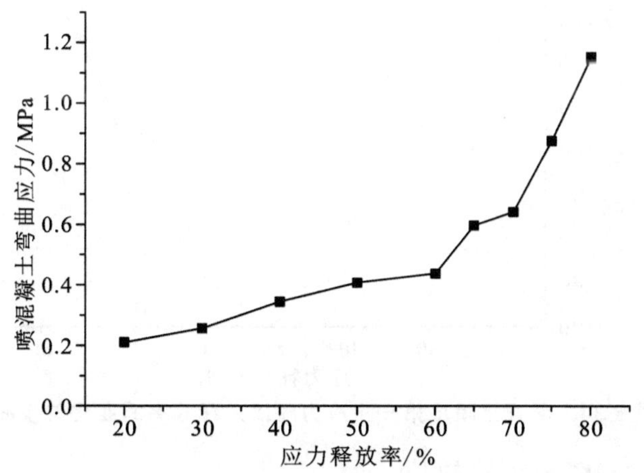

图 5-28 混凝土喷层弯曲应力随应力释放率的变化关系曲线

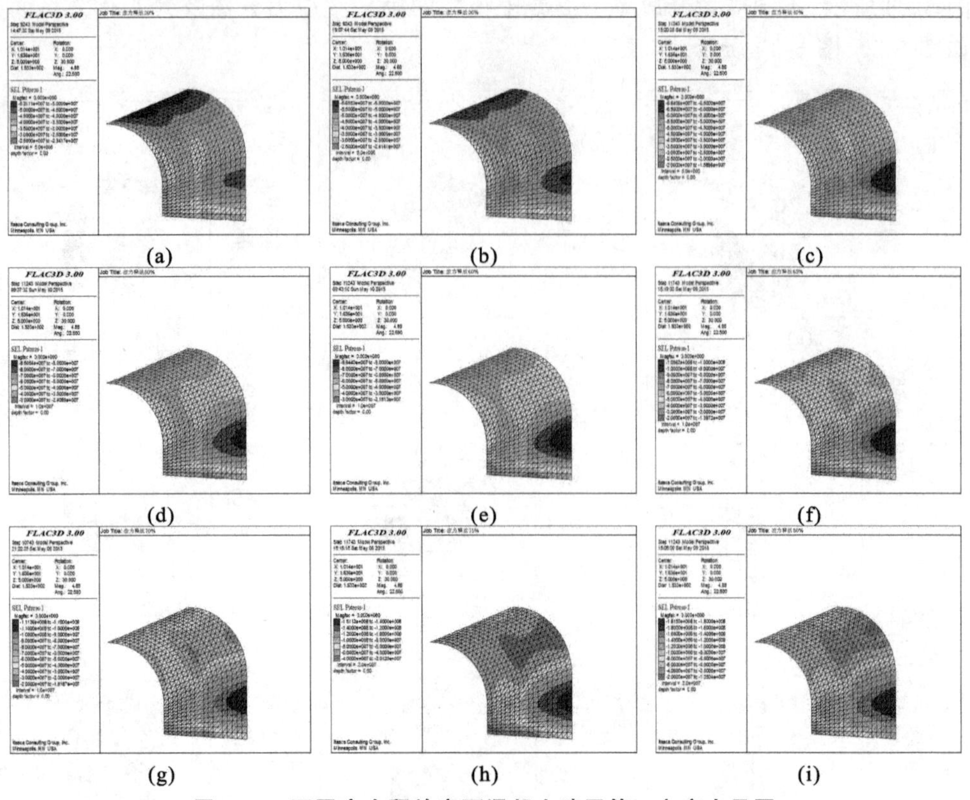

图 5-29　不同应力释放率下混凝土喷层第一主应力云图

(a)20%;(b)30%;(c)40%;(d)50%;(e)60%;(f)65%;(g)70%;(h)75%;(i)80%

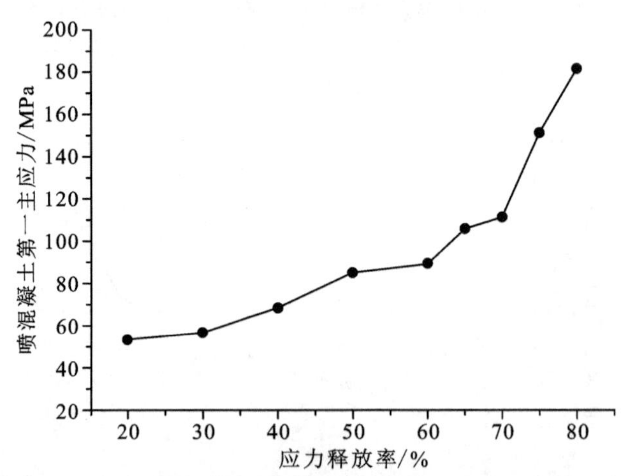

图 5-30　混凝土喷层第一主应力随应力释放率的变化关系曲线

分析图 5-27～图 5-30 可知：

a. 随着围岩应力的不断释放，应力释放率从 20%增大到 80%时，混凝土喷层的弯曲应力及第一主应力呈现逐渐增大的变化趋势，分析原因认为是围岩应力不断释放，二次支护结构尚未施作前，围岩压力全部作用在初次支护结构上；应力释放越多，对应二衬结构施作的时间越晚，初次支护结构就需承担越多的外荷载，导致其内力不断增大。

b. 当应力释放率超过70%时，由于围岩应力释放太多，而二次加强支护又未及时施作，导致围岩自身强度不断被削弱，混凝土喷层内力值急速增大。

c. 混凝土喷层弯曲应力及第一主应力在拱顶及帮部中间位置出现集中现象，这些位置应作为巷道支护的薄弱环节，在日常的监控量测工作中，应对这些位置加强观测，出现裂纹等破坏时，应根据具体破坏程度采取局部加强处理。

②锚杆、锚索(束)受力。锚杆、锚索(束)轴力随应力释放率的变化关系曲线如图5-31所示，由于篇幅问题仅提取应力释放60%时的锚杆、锚索(束)轴力进行分析，如图5-32所示。

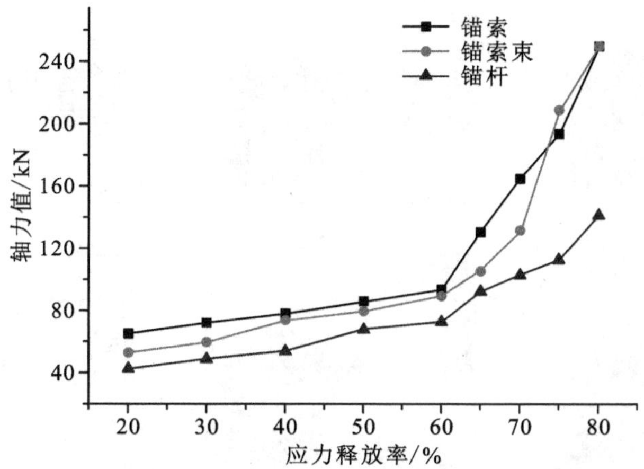

图5-31　支锚材料轴力随应力释放率的变化关系曲线

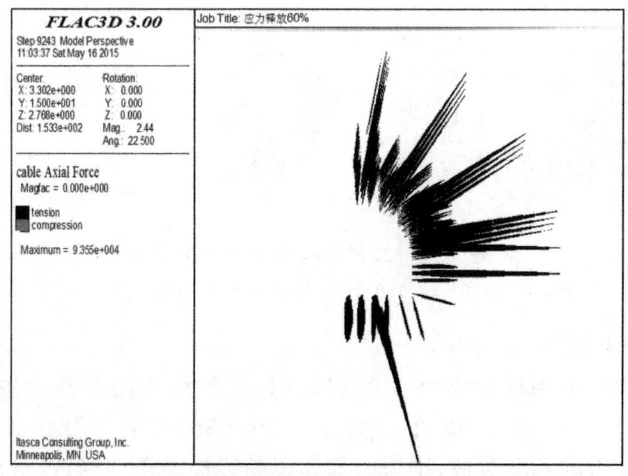

图5-32　应力释放60%时的锚杆、锚索(束)轴力图

分析图 5-31 和图 5-32 可知：

a. 在施作二衬支护结构前，随着围岩应力的不断释放，作用在初次支护锚杆、锚索及底板锚索束上的力呈不断增大趋势，增长速率呈现先平缓后急速增长变化；当应力释放率超过 60%，特别是达到 80%时，锚杆、锚索及锚索束的轴力急速增大，分析原因认为是应力不断释放引起岩体沿软弱结构面发生剪切破坏，导致围岩自身强度被不断削弱，无法充分发挥自身承载力，进而使锚杆等支护结构承担较大的围岩压力。

b. 应力释放 60%时，锚杆最大轴力为 72.6 kN，锚索最大轴力为 93.55 kN，底板锚索束最大轴力为 89.5 kN，支护结构的轴力值均在材料抗力允许的范围内。

(2)二衬结构内部受力。

数据模拟计算结果如图 5-33、图 5-34 所示。

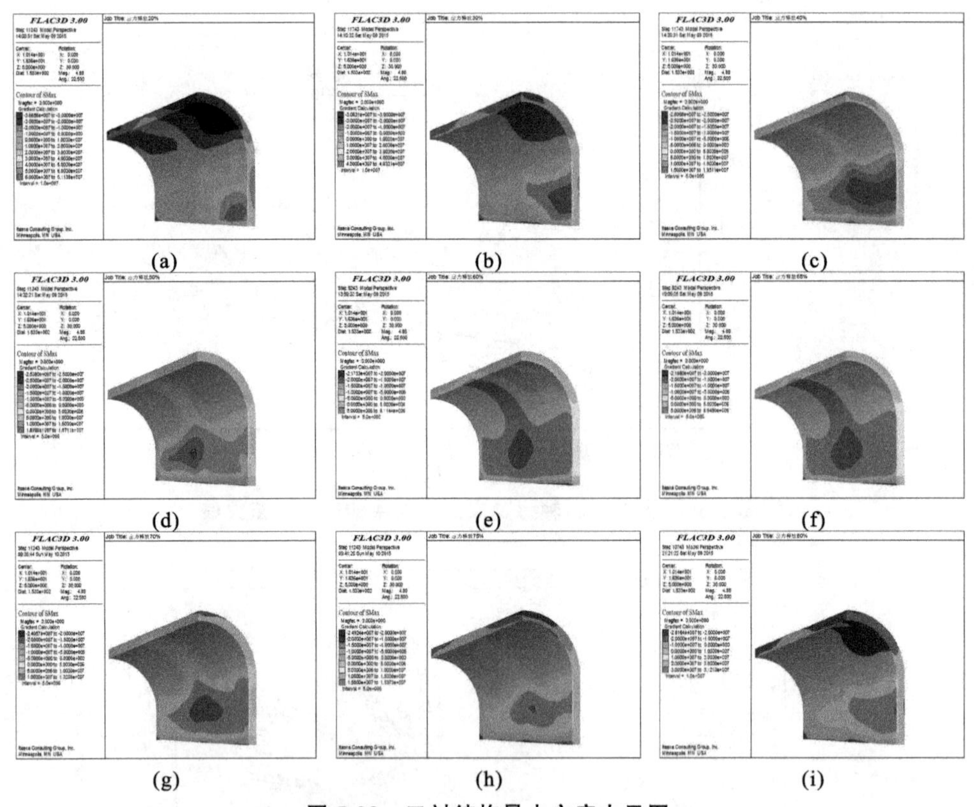

图 5-33　二衬结构最大主应力云图

(a)20%；(b)30%；(c)40%；(d)50%；(e)60%；(f)65%；(g)70%；(h)75%；(i)80%

分析图 5-33、图 5-34 可知：

当围岩应力释放率从 20%增大到 60%时，二衬结构内部最大主应力逐渐减小，最大主应力依次为 36.658 MPa、30.831 MPa、26.038 MPa、25.390 MPa、21.730 MPa，说明随着围岩应力的不断释放，围岩内部集聚的弹性能得到释放，进而作用在二衬结构上的荷载逐渐减小；当应力释放率从65%增大到80%时，二衬结构内部最大主应力呈现增大趋势，最大主应力依次为21.980 MPa、24.057 MPa、24.924 MPa、28.164 MPa，说明随着应力的不断释放，巷道围岩变形不断加大，裂缝不断扩展，导致围岩自身承载力不断下降，进而本该由围岩自身承担的荷载转移到了二衬结构上，导致二衬结构承受过多的荷载，当超过其自身的承载力时将出现支护结构失稳破坏的现象。二衬结构最大主应力出现在拱顶及肩部位置，此处出现应力集中现象，故在设计和施工过程中应对这些巷道支护的关键部位给予特殊考虑。

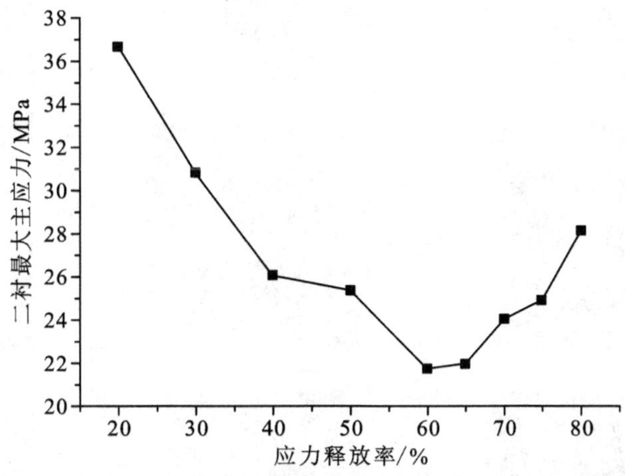

图 5-34　二衬最大主应力随应力释放率的变化关系曲线

(3)巷道围岩位移场。

此位移场为二衬结构施作后的巷道围岩最终位移场，由于巷道模型网格节点较多，不可能对每个节点位移进行监测，故只选取拱顶、拱肩及两帮关键部位节点进行监测分析；对比分析不同部位监测点的位移，分析最大位移出现的位置，绘制不同应力释放率巷道围岩位移场的变化曲线，更为直观地分析应力释放对深井巷道位移场变化的影响。

图5-35～图5-38分别为不同应力释放率下巷道围岩垂直位移云图、最大垂直位移变化曲线、水平位移云图以及最大水平位移变化曲线。

分析图5-35～图5-38可知：

当围岩应力释放率从20%增大到60%时，巷道洞壁周边变形呈下降趋势，巷道底板下沉量依次为55.517 mm、38.813 mm、22.618 mm、14.954 mm、9.902 mm，底板底臌量依次为46.713 mm、29.483 mm、26.787 mm、27.039 mm、21.627 mm，两帮收敛依次为161.360 mm、116.910 mm、62.436 mm、39.876 mm、22.215 mm；当围岩应力释放率从65%增大到80%时，巷道洞壁周边变形呈现增大趋势，顶板下沉量依次为10.418 mm、14.982 mm、17.076 mm、25.958 mm，底板底臌量依次为25.132 mm、27.177 mm、27.162 mm、28.124 mm，两帮收敛依次为26.036 mm、32.141 mm、44.231 mm、74.538 mm。对比不同应力释放率下巷道洞壁周边变形

情况可以看出，应力释放对两帮变形的影响明显大于对顶、底板变形的影响；应力释放 60%时，对应的巷道洞壁周边变形指标均为最小值，说明应力释放 60%时可以作为二衬的合理施作时机，能较好地控制围岩及二衬结构的变形。

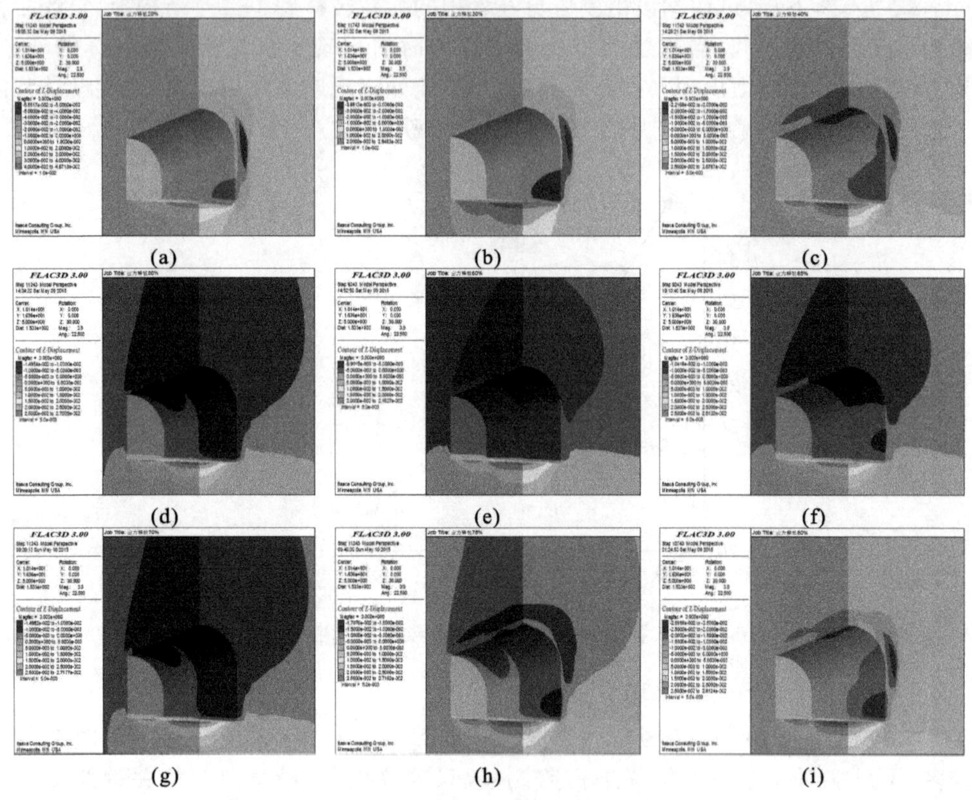

图 5-35　不同应力释放率下巷道围岩垂直位移云图

(a)20%；(b)30%；(c)40%；(d)50%；(e)60%；(f)65%；(g)70%；(h)75%；(i)80%

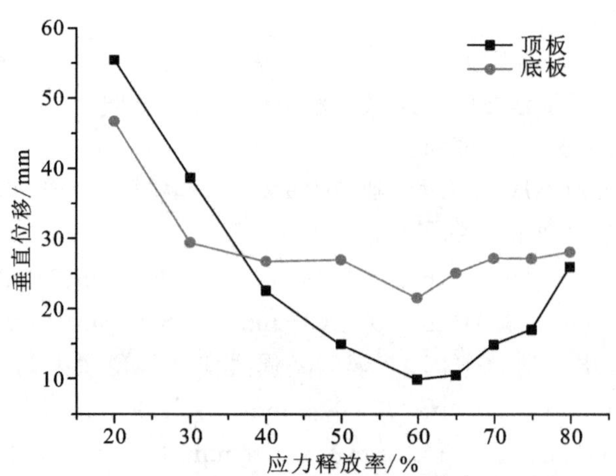

图 5-36　不同应力释放率下巷道围岩垂直位移

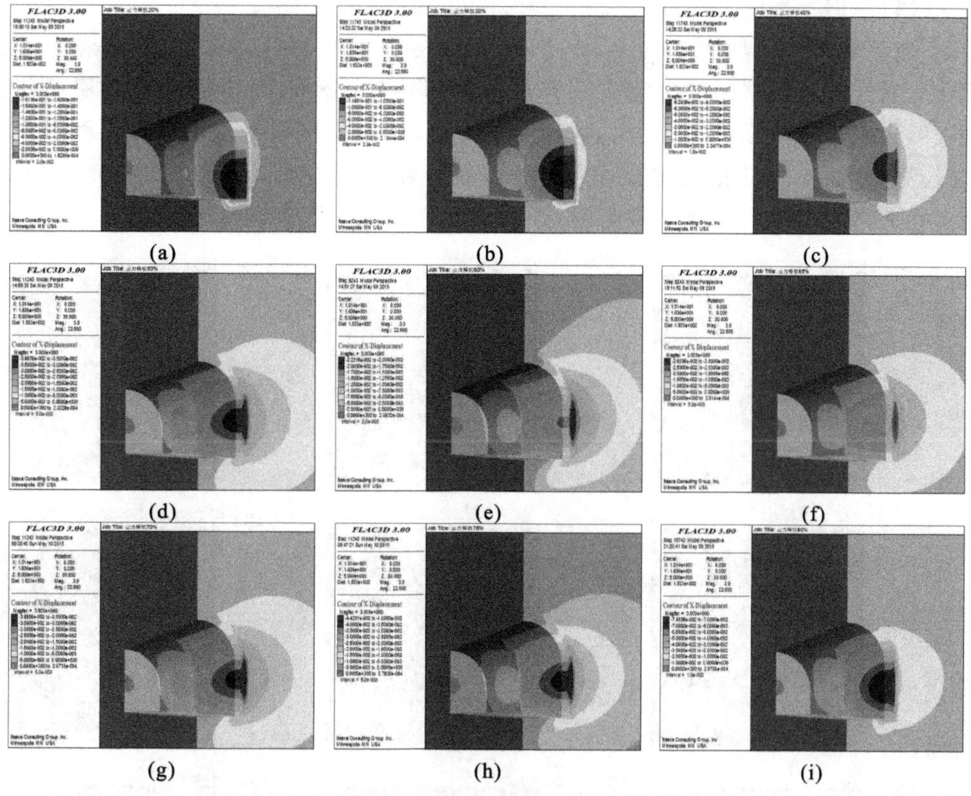

图 5-37　不同应力释放率下巷道围岩水平位移云图

(a)20%;(b)30%;(c)40%;(d)50%;(e)60%;(f)65%;(g)70%;(h)75%;(i)80%

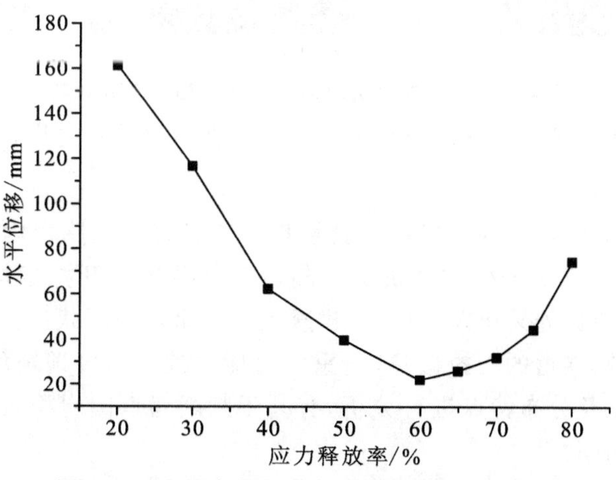

图 5-38　不同应力释放率下巷道围岩水平位移

(4)巷道塑性区分布。

数值模拟结果如图5-39所示:当应力释放率为20%~60%时,随着应力不断释放,围岩内部集聚的弹性能得到释放,内力得到重分布,围岩塑性区面积不断减小;但当围岩释放率超过60%,由65%增大到80%时,围岩塑性区面积反而出现增大趋势,分析原因可能是随着应力的无限制释放,节理、裂隙等软弱结构面得到扩展,巷道围岩岩体自身强度被削弱,导致塑性区不断向围岩深部转移。

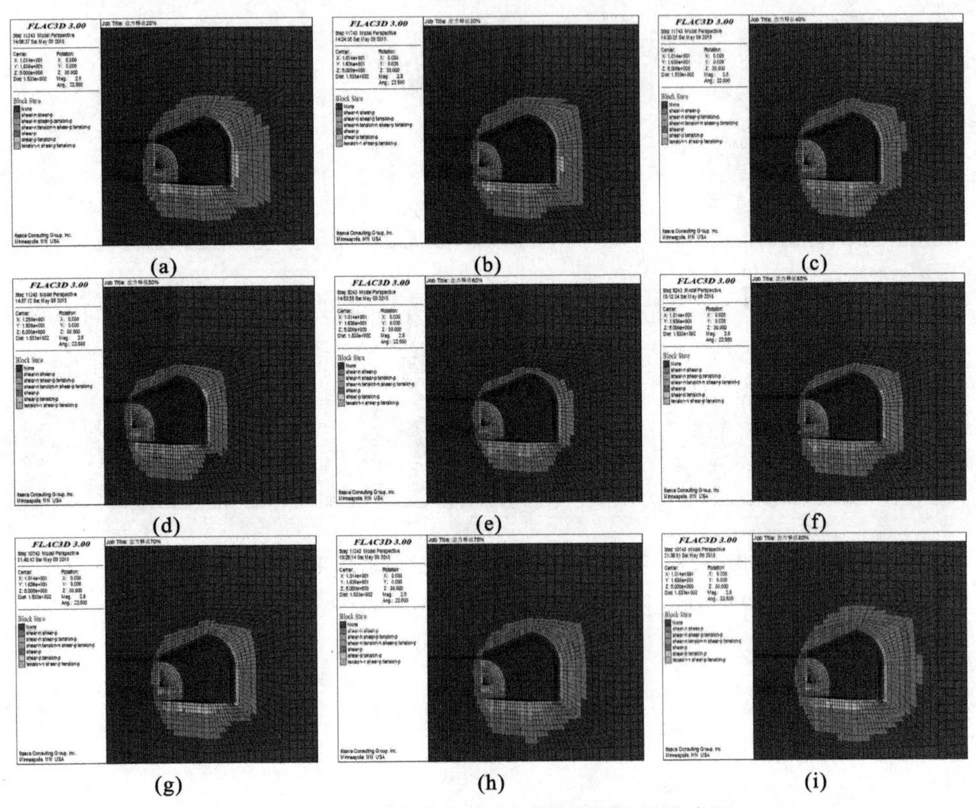

图5-39 不同应力释放率下围岩塑性区分布图

(a)20%;(b)30%;(c)40%;(d)50%;(e)60%;(f)65%;(g)70%;(h)75%;(i)80%

(5)围岩应力场。

一般地,围岩的抗拉强度远小于其抗压强度,因此,当围岩内部出现较小的拉应力时,岩石也有可能产生拉伸破坏。随着深井巷道的开挖掘进,围岩应力重分布,巷道拱顶及两帮处易出现拉应力,拱腰处一般呈现受压状态。而拉应力区域场的出现,极易引起巷道的受拉破坏,严重时可能导致巷道冒顶坍塌,因此对巷道围岩应力场的变化及分布特点进行分析,有利于判断巷道围岩稳定性并采取合理的支护形式进行加固。

图5-40、图5-41分别为不同应力释放率下巷道围岩最大、最小主应力也即第一、第三主应力的等值线云图,图中正号代表拉应力,负号代表压应力。

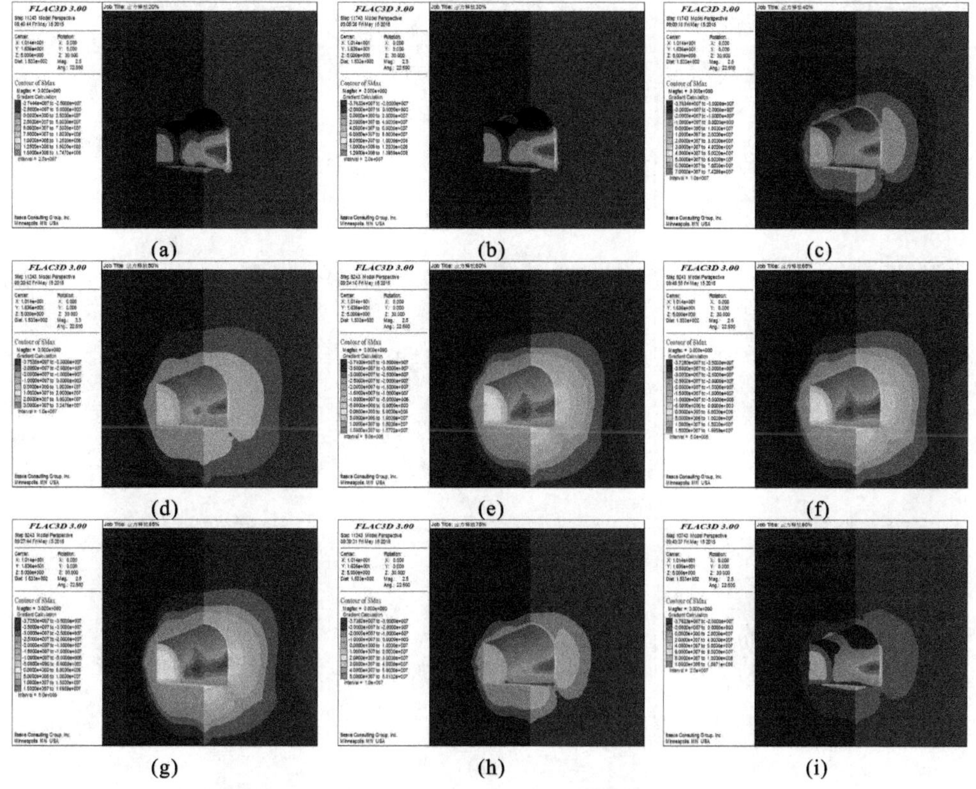

图 5-40　不同应力释放率下围岩最大主应力云图

(a)20%;(b)30%;(c)40%;(d)50%;(e)60%;(f)65%;(g)70%;(h)75%;(i)80%

分析图 5-40、图 5-41 可知：

①随着巷道的开挖，巷道围岩受力状态由三维变为二维，为达到平衡状态，围岩应力重分布，在巷道开挖面附近范围出现应力降低区，巷道周边一定范围内最大主应力逐渐降低；除在巷道拱顶及帮部衬砌结构中间位置出现拉应力外，围岩最大、最小主应力小于零，表现为压应力。

②随着应力的不断释放，围岩最大主应力值变化不大，最小主应力绝对值呈现先增大后减小的变化趋势，当应力释放 60%时，对应的围岩最小主应力绝对值最小，此时巷道围岩最大、最小主应力值分别为－37.3 MPa(压应力)、－97.917 MPa(压应力)，拉应力区最大值为 15.722 MPa；最小主应力最大值出现在巷道肩部位置，此处出现应力集中现象，在支护实践中，应采取适当的构造措施；巷道底角部位最大主应力值较大，在支护实践中，考虑采用锁脚锚杆进行局部加强支护。

③因混凝土结构的抗拉强度远小于其抗拉强度，所以在巷道帮部二衬结构局部出现拉应力的位置应进行加强配筋处理；对巷道帮部出现拉应力的位置采取局部加强注浆措施，提高围岩的自身强度。

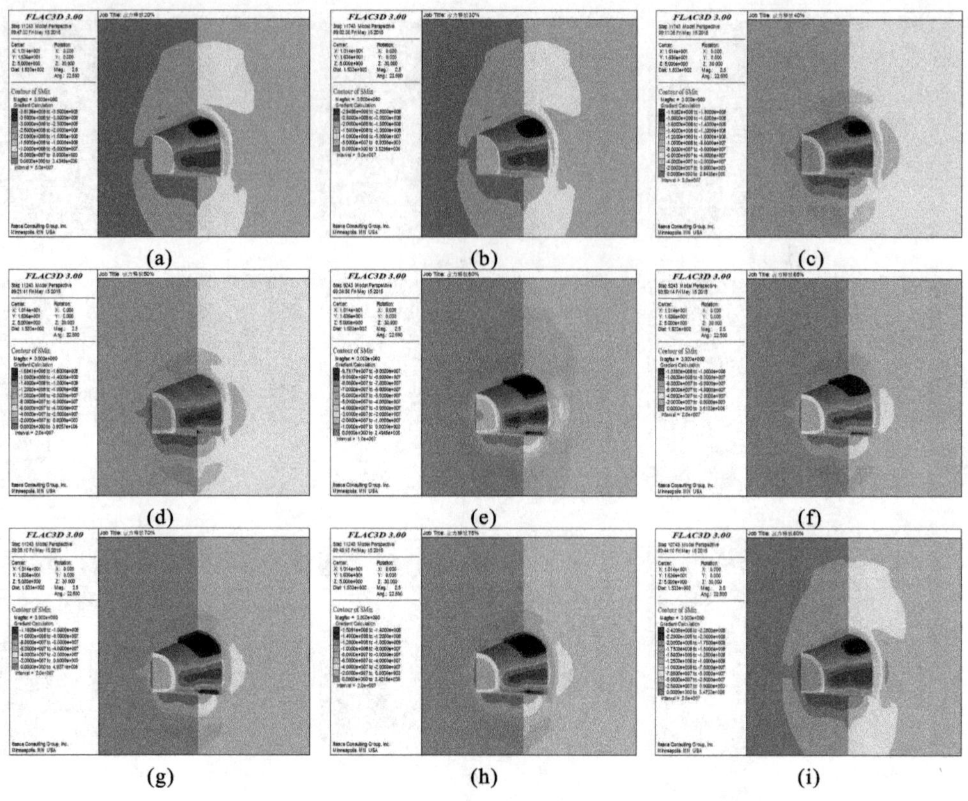

图 5-41　不同应力释放率下围岩最小主应力云图

(a)20%；(b)30%；(c)40%；(d)50%；(e)60%；(f)65%；(g)70%；(h)75%；(i)80%

5.6　本章小结

本章对支护时机进行了理论上的机理研究，分析了二衬施作时机的影响因素，主要包括地质因素、工程因素及人为因素。在影响因素分析的基础上，分别从支护抗力、变形速率以及极限位移等角度提出了马头门巷道二衬最佳支护时机，得出以下结论。

(1)基于 Mohr-Coulomb 准则，分别分析了塑性区半径 r_p 与围岩单轴抗压强度 q_u、围岩内摩擦角 φ 之间的关系，塑性区半径 r_p 与支护抗力 p_i、围岩内摩擦角 φ 之间的关系，巷道周边变形 u 和围岩单轴抗压强度 q_u、内摩擦角 φ 之间的关系，巷道周边变形 u 与支护抗力 p_i、围岩单轴抗压强度 q_u 之间的关系以及初期支护抗力与支护刚度、支护时机与支护抗力、洞壁周边变形关系。

(2)对最佳支护时机进行了理论上的研究，综合阐述了基于支护抗力、变形速率、极限位移以及解析解的四种支护时机的确定准则和方法。

(3)通过井下现场观测，并结合施工进度安排，确定在开挖后的 30 天进行二衬的施作，并实时设置监测断面(点)，监测二衬结构施作后的受力和变形情况。

(4)借用应力释放率来模拟二衬的不同支护时机,数值计算结果显示应力释放率为60%时对应的二衬结构受力、巷道围岩变形及围岩塑性区等指标均出现最小值,此时即可认为是二衬结构的最佳施作时机,在工程实践中,可以结合矿压监测的实时结果及应力释放率与掌子面距离的经验关系指导现场施工。

(5)当应力释放率太小和太大时,巷道二衬结构内部受力及围岩塑性区均较大,二衬结构承担较大的荷载,不利于巷道支护结构的整体稳定,巷道周边洞壁出现较大的变形,将影响深井的正常使用和安全开采。

(6)对比不同应力释放率下二衬结构受力、巷道围岩应力场、洞壁周边变形及围岩塑性区分布可以明显看出,应力释放有利于巷道最终的整体稳定性,但释放应有度,当超过某一限值时,围岩自身的强度被削弱,自身承载力得不到充分的发挥调用,从而把荷载转移到二衬结构上,导致二衬结构的超载,进而导致巷道失稳、变形、破坏。

(7)由于深井巷道工程的复杂性,受埋深、地质条件、巷道断面形式、侧压系数、开挖工序的进尺及辅助施工措施等因素的影响,围岩应力释放率将难以确定;在指导实际施工时,应力释放率需根据实际情况综合考虑确定;在现场监测数据不够完善的情况下,可借鉴其他深井巷道支护实践,按照工程类别原则进行围岩应力释放率的确定,当然也可以综合考虑前述各种影响因素对数值计算结果进行合理的修正,使其更方便地指导现场工程实践。

部分灰度图对应的彩图见二维码。

本章彩图

6 唐口煤矿深部高应力软岩巷道支护工程实例

6.1 试验巷道工程地质条件

本章针对山东能源淄博矿业集团有限责任公式济北矿区唐口煤矿深部高应力软岩巷道支护问题，进行了深部高应力软岩巷道的支护试验。试验巷道选择在该矿辅助运输石门，该巷道上层为粉砂岩，深灰色，夹带紫红色，节理发育；其分层厚度为 1.8 m，累计厚度为 8.1 m。中层为泥岩，灰黑色，夹紫红色，节理发育，块状，易破碎，滑面较多，上部含少许粉砂质；其分层厚度为 3.8 m，累计厚度为 6.3 m。下层粉砂岩，灰黑色、灰色，节理发育，破碎，裂隙较发育，泥岩胶结；其分层厚度为 2.5 m，累计厚度为 22 m。巷道顶、底板柱状图如图 6-1 所示。

岩性柱	岩石名称	厚度/m	累深/m	岩性描述
	泥质粉砂岩	5.2	957.0	灰绿色，夹少量紫红色，致密，较坚硬，局部内生少许滑面，裂隙不太发育，可见少量垂直裂隙
	泥岩	6.0	973.0	紫红色，含少量灰绿色，细腻，松软，内生滑面，极易破碎，中部含粉砂质较多，致密，较坚硬，裂隙不太发育
	粉砂岩	5.3	978.3	灰绿色、灰色，致密，较坚硬，下部垂直裂隙发育，裂面平整，充填方解石
	泥岩	28.4	1006.7	上部为紫红色、灰绿色等，呈杂色，较松软，内生滑面，易破碎，中部含粉砂质，较坚硬，垂直裂隙发育，裂面平整，局部夹薄层黑色页岩，含植物化石，下部为灰绿色、土黄色等混杂，含少量粉砂，裂隙不发育
	B层铝土	3.0	1009.7	灰绿色夹少量紫红色，含铝土泥岩，较致密，坚硬
	泥岩	7.4	1027.1	紫红色夹少量灰色，以黏土矿物为主，裂隙不大发育
	细砂岩	2.5	1029.6	上部为锈黄色、灰绿色相间，粒度较细，含泥质，致密，垂直裂隙发育，裂面平整，下部为灰绿色，粒度不均一，无裂隙
	粉砂质泥岩	15.6	1035.2	以灰绿色、灰黑色为主，夹有少量紫红色，内生滑面，以破碎、垂直裂隙，局部含有少量细砂岩
	细砂岩	6.2	1041.4	灰绿色，以石英为主，含有少量黑云母，钙质胶结，粒度不均一，致密块状，坚硬，裂隙较发育，裂面内充填方解石
	泥岩	3.8	1045.2	灰绿色、灰黑色，致密块状，局部内生滑面
	细砂岩	4.4	1049.6	灰绿色，石英砂岩，致密坚硬，裂隙不发育
	粉砂质泥岩	6.2	1055.8	灰黑色，致密，较松软，垂直裂隙发育，裂面平整，充填白色粉末状矿物
	泥质粉砂岩	5.4	1061.2	灰绿色、灰黑色，硬度坚硬，裂隙不发育

图 6-1 巷道顶底板柱状图

6.2　巷道围岩变形破坏情况及分析

6.2.1　唐口煤矿巷道围岩变形破坏情况

唐口煤矿－990 m 水平井底车场的巷道和硐室围岩主要为泥岩、细砂岩、粉砂质泥岩，围岩表现出松散、膨胀和软硬不均的特性，整体性很差，承载能力较低，碎胀特点明显，且这些软弱岩层遇水或吸湿后，具有明显的软化和泥化现象，同时宏观表现出水平构造应力较大。这些因素严重影响了巷道的稳定性，使得原来的多种支护形式均不能满足支护要求，发生严重的变形破坏，造成巷道两帮严重内敛、碹体开裂、片帮等破坏现象。虽经过反复的修复和加固，但多数巷道和硐室仍未能实现基本稳定，严重影响矿井的正常生产和安全。特别是较高的水平应力使巷道两帮明显内挤，造成两帮向内错动、片帮，顶板上移，浇灌混凝土碹体严重开裂、破碎。－990m 水平井底车场的巷道和硐室破坏情况如图 6-2 所示。

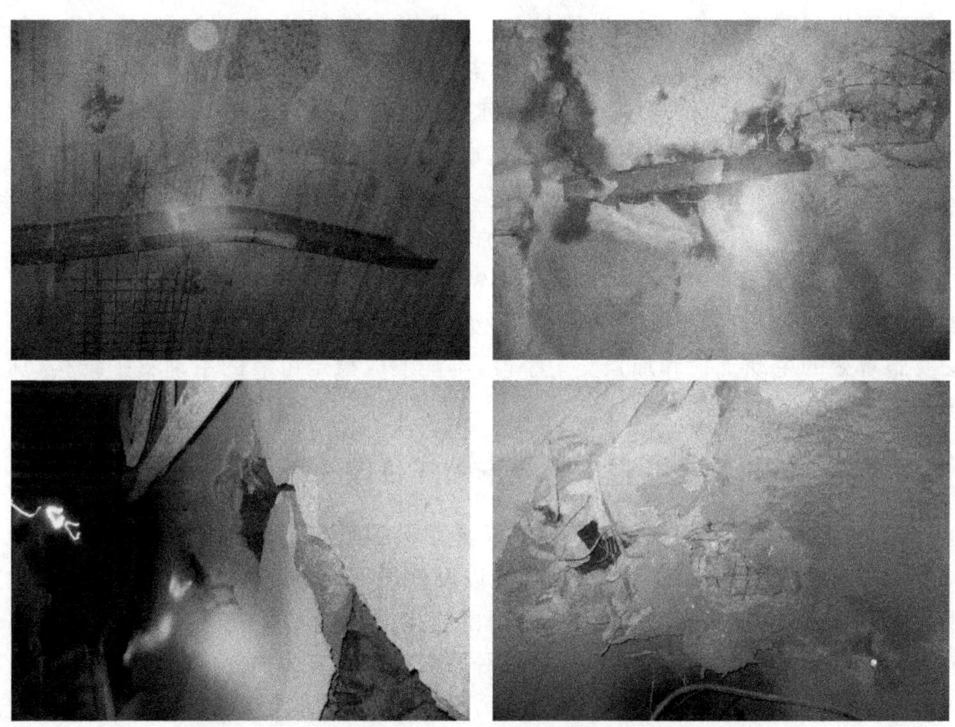

图 6-2　唐口煤矿泵房、变电所通道及回风石门破坏情况

6.2.2　唐口煤矿巷道围岩变形破坏特点分析

通过对已施工巷道、硐室的实际现场考察及相关地质力学测试，总结归纳出巷

道围岩变形破坏特点为以下几个方面。

(1)在巷道的一次支护中,针对不同的岩层,采用了混凝土砌碹、型钢拱架、锚网喷等不同支护形式,然而每一种支护形式均未能很好地满足巷道的支护要求,都出现了不同程度的变形和破坏。对于锚网喷支护来说,主要是以巷道的全断面收缩变形为主,并在拱肩发生明显的剪切变形,喷网层出现剥离现象,而在巷道的两帮和底角处出现明显内挤收敛,使得巷道的断面收缩率较大,无法满足巷道的正常使用要求;对型钢支架支护来说,主要以支架的扭曲变形、内挤、局部失稳为主,且在支架与巷道表面相离较远,支架壁后处于无充填状态,无法实现支架与围岩的密贴,巷道的变形仍以两帮内挤为主。

(2)巷道出现变形破坏后,修复和加固时仍以架设钢拱支架为主进行支护,支架后无充填,造成支架后存在较严重的空顶和空帮现象,支架受力性能较差,相对地降低了巷道支护结构的承载能力,影响了巷道的整体稳定性,从而造成支架出现严重的偏转、弯折、扭曲、内挤及下插底板等变形破坏方式,巷道表现出较严重的断面收缩,主要是两帮和底角的内挤等变形破坏方式。同时,采用"U"形钢支架,被动承受围岩的变形荷载,受力性能较差,承载能力偏低,且各支架间缺乏可靠的连接,整体性较差。因此,修复和加固后的支护结构仍不能保持巷道的稳定。

(3)部分地段巷道围岩中淋水和渗水较大,造成围岩出现较严重的碎裂、软化和泥化现象,使得局部变形应力增大,造成局部巷道的变形破坏现象更加严重,特别是两帮和拱肩处的岩体破坏更加明显,从而松软破碎的围岩出现严重的内挤收敛,影响了巷道和硐室的正常使用和支护结构的整体稳定。

(4)变形破坏后的巷道围岩,其主要特征是软弱、松散和破碎,且软化和节理化现象显著,使得围岩的力学特性显著降低和弱化,并伴随碎胀和膨胀变形,从而无法实施有效的主动支护和加强支护手段,不能形成稳定可靠的主动支护结构,加剧了巷道和硐室后期的变形破坏。

6.2.3 唐口煤矿巷道围岩变形破坏机理分析

(1)巷道围岩物理力学性质的劣化决定了巷道处于不稳定状态。

巷道、硐室围岩表现出松散、高膨胀以及软硬不均等特性,同时,掘进过程中对围岩封闭不及时,暴露时间较长,加剧了围岩体的风化和泥化过程,从而造成围岩节理化特征更加明显,并在较高应力作用下表现出明显的内挤和底臌,加剧了破碎围岩的碎胀和膨胀。另外,由于围岩应力调整与岩体的碎胀和膨胀存在一定的滞后性,造成已施工巷道永久支护的现浇混凝土开裂破坏,混凝土裂缝产生后风化更加严重,从而加速了围岩碎胀和膨胀,这些因素相互作用,直至围岩和支护体完全破坏,失去结构完整性和承载能力。对于以发挥围岩自身承载能力为主要特征的锚喷(网)等主动支护来说,围岩的软硬分布不均特性以及高碎胀性,加之其原有管缝式锚杆的较低承载力等综合因素作用,使锚喷(网)一次支护巷道部分锚杆被挤出失效，未形成完整的支护结构，从而造成巷道围岩发生失稳冒落，影响施工安全。

(2)断层引起较大的水平构造应力加剧了巷道的不稳定性状态。

有些巷道变形破坏的主要形式为两帮内挤、拱顶上抬、拱肩拉伸破坏，由此可以推断，巷道整体失稳破坏是由该地段较大的水平构造应力造成的。由于巷道所处岩层的围岩强度较低，平均约为 30 MPa，因环境因素的作用造成的岩石软化和破坏，其实际抗压强度会更低。取围岩的单轴抗压强度为30.0 MPa，而对－990 m水平来说，其垂直方向的地应力约为 25 MPa，所以围岩稳定性系数 $S=\gamma H/R_c\approx 0.83$。

由此可见，即使在静压环境下，围岩稳定性系数已超过极限值 0.4～0.5，采取一些常规加强支护措施难以保证巷道的基本稳定。水平构造应力往往可达到垂直应力的 1.25～2.5 倍，因此，水平方向围岩稳定性系数可达到 1.038～2.075，远超过极限值 0.4～0.5，围岩处于不稳定状态之中。且巷道在后期受工作面开采影响期间，其动压影响系数可达 1.5～3.0，此时围岩稳定性系数可达到 1.245～2.49，将显著大于 0.4～0.5，围岩将会处于极不稳定状态中，必然会发生极其严重的变形破坏。

(3)地下水的作用降低了支护结构的承载能力和长期稳定性。

在－990 m 水平车场巷道和硐室的掘进过程中，伴随有较大的涌水。地下水的存在，一方面使已松散破碎的岩体泥化，围岩流变现象显著；另一方面使得较大块度的岩石发生软化、崩解，大大降低了岩块的强度和承载力，从而使得破裂后的岩块更易于破坏，加剧了围岩裂隙的发育程度，形成恶性循环，岩体特性显著劣化，无法满足巷道支护的要求。因此，巷道围岩裂隙的发育和地下水的作用显著降低了围岩的自承能力和支护结构的承载能力，这是造成巷道发生严重变形破坏的重要因素。

(4)不合理的支护结构与参数影响了巷道围岩的稳定。

对于锚喷(网)支护来说，围岩松动后，易造成端锚锚杆的整体失效，且其允许的极限变形量很小，当围岩变形量达 100～150 mm 时，支护结构就会发生失稳破坏；管缝式锚杆的锚固力偏低，特别是初锚力极低，无法实现主动和积极支护，且因锚杆材质较差，锚杆后期逐渐失效，无法形成整体可靠、有效的支护结构。对于钢拱支架支护，由于其爆破断面成形较差加上变形、冒落等，巷道形状不十分规则，钢拱支架与围岩之间存在较大架后空隙，使支架受力不均匀，不能及时发挥支护作用，支架的承载能力大幅度下降。另外，支架为焊接结构联结，无可缩性，完全是一种刚性支护，缺少一定的适应性，不能适当让压，影响了巷道的稳定。对于钢拱支护来说，它属于被动支护，不能充分利用围岩自身的承载能力进行主动支护，也不能有效地限制围岩裂隙的发展，加剧了围岩的风化、泥化、碎胀和膨胀等作用。因此，支护形式不合理或没能充分发挥支护所特有的性能，不能有效地控制巷道围岩变形，也会造成巷道失稳破坏。

(5)顶板岩层稳定性差也是造成巷道破坏的一个重要因素。

在各段巷道中,巷道的顶板岩层基本为岩性较差的泥岩、细砂岩、粉砂质泥岩,而在巷道掘进过程中采用超前锚杆进行超前支护,当巷道的两帮压力较大时,巷道顶板围岩中部出现应力集中现象,从而使得巷道的顶板发生碎胀、弯曲等变形,表现出显著的底臌现象,进而直接影响巷道整体的稳定性,出现顶板上移破坏,进而冒落、两帮内挤等现象,造成巷道支护结构的全面失稳破坏。

(6)施工过程对围岩稳定性的影响。

另外,施工中的爆破方式与爆破震动的作用,冲击地压、支护时间、温度对围岩的损伤,施工工艺及施工管理等因素都会对巷道围岩稳定产生一定的不利影响,加速了巷道围岩的变形破坏,不利于巷道围岩的长期稳定。

6.3 支护方案设计

6.3.1 巷道围岩稳定控制对策研究

针对上述巷道、硐室围岩变形破坏特点,在考虑支护和返修加固技术方案时,必须解决以下几个问题。

(1)解决水平方向高构造应力的释放问题,即卸压问题。

巷道围岩中所赋存的高应力是无法通过支护来抗衡的,支护所提供的支护抗力仅为0.2～0.3 MPa,而高应力可达十几至几十兆帕,不可能通过支护恢复到原有高应力的三向应力状态,因此,必须设法让围岩中的高构造应力得到释放,即初次支护必须采用柔性支护结构,允许围岩产生一定的变形,然后采取有效的二次支护和加强支护措施,保证低应力状态下巷道围岩与支护结构的后期稳定。

(2)解决顶板岩层离层和变形所产生的应力集中问题,即控顶问题。

控制住巷道的顶板离层和变形,形成有效的组合拱结构,实现巷道整体加固,将巷道顶板的集中应力或工作面超前支承压力转移到围岩深部,可大大减轻巷道两帮的应力集中,从而减少两帮的位移和底臌,有助于巷道的整体稳定。

(3)解决两帮岩体支护抗力不足和整体内挤问题,即强帮问题。

两帮岩体整体内挤,一方面是侧向压力过大所致,另一方面由于支护抗力不足导致支护结构局部失稳,也会加剧巷道的两帮内挤。因此,应提高两帮岩体的支护强度和支护刚度,与拱顶及底角支护形成一个整体,从而可以有效地控制两帮围岩的变形和巷道底臌。

(4)解决巷道和硐室底角围岩的变形破坏问题,即固底问题。

巷道底板是整个支护结构中的薄弱环节,因未采取有效的支护和加固措施,这样在高侧向压力、两帮集中应力及垂直应力的作用下,极易产生弯曲、剪切和碎胀等破坏,形成极大的松动圈,从而产生显著的底角内移变形和底臌等现象,可进一步造成帮部直至拱顶支护结构的失稳。

(5)解决破碎围岩中巷道和硐室返修、支护与加固的施工技术问题，即优化问题。

在巷道和硐室修复与支护施工过程中，既要保证不发生严重的片帮和冒顶事故，又需要采取合理的初次支护和后加固措施，实现主动支护，保证巷道在服务期内的稳定。通过研究和分析巷道的变形破坏特点及机理，提出解决此类巷道支护问题的初步方案，同时通过采用地质雷达测试围岩的松动圈大小，结合巷道围岩松动圈的数值模拟实验，在现有的支护理论指导下，确定一套合理的支护方案及施工参数，通过现场工业性试验进一步验证并推广，最后总结出完善的解决复杂地层条件下软岩巷道及硐室支护问题的成套技术。

6.3.2 巷道围岩稳定控制技术

针对复杂地质条件下的巷道不同围岩条件，提出了高性能支护技术、整体让抗压支护技术、软弱围岩整体转化技术、“三锚”(锚杆、锚索、锚注)动态叠加支护技术等巷道围岩稳定控制技术。

(1)高性能支护技术：根据悬吊理论、组合拱理论、组合梁理论等，采用高强度、高刚度和高预应力锚杆(索)配合金属网、钢带(钢筋梯)组成锚网喷支护结构，属于一次强支护结构形式，实现对巷道顶板和两帮围岩的强力有效控制。一般要求巷道开挖后及时实施锚(喷)网成套支护技术，以形成对巷道顶、帮围岩体的有效控制，避免了巷道围岩的弱化，实现积极、主动支护。

(2)整体让抗压支护技术：对于高应力软岩中服务年限较长的运输巷道、井底车场的主要巷道、硐室与交岔点等工程，一次高性能支护结构无法满足围岩中高应力和大变形要求时，初次支护采用锚喷柔性支护结构，巷道断面预留围岩变形量，围岩松动圈向深部逐步发展过程中产生较大的碎胀，使得支护结构和围岩整体产生一定的变形甚至破坏，从而使巷道围岩表面集中应力逐步向围岩深部转移，实现了结构性让压。但巷道表层围岩体在变形让压的过程中力学性能进一步弱化，对更深部围岩的支护抗力也显著下降，可导致支护结构的整体失稳。因此，适时实施二次支护以形成承载能力高、让压与抗变形能力好的复合支护结构，从而使巷道围岩得到有效控制，保证巷道支护结构和深部围岩实现共同作用，发挥破裂岩体的应力强化特性和注浆加锚岩体弹塑性特性，组成复合关键承载圈，保证围岩和支护结构整体稳定，达到围岩稳定控制的目的。二次支护主要采用可靠的锚固技术、有效围岩注浆技术及高性能预应力锚索技术来实现。

(3)软弱围岩整体转化技术：巷道围岩塑性区范围较大，特别是处于破碎区内的围岩大部分处于碎裂状态，自身整体性较差和自稳性较弱，即使与锚杆等组合也无法形成有效的支护抗力。针对复杂地质条件下巷道围岩存在的松散软弱的特性，采用了锚固和注浆相结合的锚注支护方法，共同对松散软弱的巷道围岩进行加固和支护，形成复合锚固承载拱结构，作用范围达 3～5 m，远超过常规锚喷支护形成 0.5～1.0 m 的组合拱结构，从而将巷道围岩从破坏后的峰后软化和残余变形状态转化为再生承载结构中的峰前弹性状态，进而对更深部的较完整岩体或破裂岩体形成有效的约束作用，提供较强的支护抗力，从而控制了围岩塑性区的发展，使深部围岩处于较高的三向应力状态，表现出较高承载能力和应力强化特性，形成有效控制围岩变形的关键承载圈，围岩和支护结构整体表现弹塑性特征和应力强化特征，满足复杂条件下巷道围岩大变形稳定控制的要求。

(4)“三锚”动态叠加支护技术：上述不同技术在解决不同地层和不同类型巷道或硐室稳定控制问题中均取得了一定的效果，但对于极复杂地质条件下巷道或硐室围岩大变形的控制效果很有限，甚至出现了失效的情况。据此研究表明，上述不同技术适用条件存在一定的局限性，通过将不同的技术在围岩不同演化状态下进行综合运用，可以获得极好的控制效果，从而形成了满足巷道围岩大变形要求的“三锚”(锚杆、锚索、锚注)动态叠加支护技术。

6.3.3 辅助运输石门加固方案

针对唐口煤矿深部高应力软岩巷道支护存在的问题，提出了以内注浆锚杆为核心的锚注联合支护体系，采用了具体的稳定控制技术方案和参数，并根据围岩稳定特点，适时实施不同的支护措施。辅助运输大巷锚注联合支护，如图 6-3 所示。

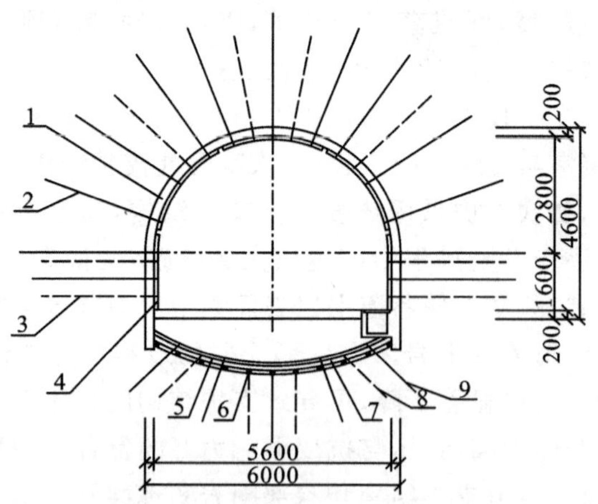

图 6-3 辅助运输大巷锚注联合支护

1—混凝土喷网层；2—高强锚杆；3—注浆锚杆；4—锚杆槽钢组合构件；5—反底拱梁；6—钢筋网与螺纹钢筋；7—反底拱混凝土；8—反底拱注浆锚杆；9—反底拱高强锚杆

(1)喷浆封闭围岩。

巷道开挖后，初喷混凝土厚度为 30～50 mm，及时封闭围岩，防止围岩遇水软化、崩解而降低自身强度；在安装锚杆和金属网后，再喷混凝土厚度为 50～100 mm，封闭外露的锚杆和钢筋网；在完成全断面壁后注浆后，复喷混凝土，将外露的注浆锚杆孔口封闭。三次喷射混凝土总厚度控制在 200 mm 左右，以使加固后的巷道净断面满足安全生产的要求。

喷射混凝土参数：强度等级为 C20，初喷厚度为 30～50 mm，锚喷厚度为 50～100 mm，复喷总厚度为 200 mm，水泥与砂子的配合比为 1∶2，掺加 3%～5%速凝剂。

(2)全断面锚网支护。

初喷后，在巷道围岩上打眼安装高强螺纹钢锚杆和金属网，进行全断面高强锚杆与金属网支护。

①高强螺纹钢锚杆：规格为 ϕ 22 mm×500 mm，间距排为 800 mm×2000 mm；采用树脂锚固，锚固长度不少于 500 mm，初期锚固力应大于 70 kN，预紧力不低于 20 kN，与内注浆锚杆间隔布置；托盘采用钢板制作，规格为 100 mm×100 mm ×10 mm。

②金属网：采用 ϕ 6.5 mm 钢筋焊接，网片规格为 1650 mm×1200 mm，网格为 150 mm×150 mm，钢筋网间搭接长度不少于 50 mm。

③在锚网喷完成后，安装锚杆槽钢组合件进行二次强支护。锚杆组合件型槽钢采用 14# 槽钢制作，其弧度与巷道拱形直径一致，全断面分为 5 段，采用焊接方法连接起来，槽钢上钻有 ϕ 25 mm 的圆孔，孔间距与安装的锚杆一致。

(3)壁后注浆。

通过内注浆锚杆对壁后围岩进行裂隙渗透注浆，浆液充填围岩裂隙，可提高岩体的完整性和承载能力；可将端头锚固的树脂锚杆由端头锚固改为全长锚固，可以显著改善其锚固支护性能。

①内注浆锚杆：采用 ϕ 22 mm 无缝钢管制作，规格为 ϕ 22 mm×2000 mm，间排距为 1600 mm×2000 mm；采用 2 卷快速 K3530 型树脂药卷端锚，内注浆锚杆的最终锚固力不低于 60 kN，预紧力不低于 10 kN，与高强螺纹钢锚杆隔排布置。

将内注浆锚杆外端加工成 M22 细牙螺纹，螺纹长 50 mm，杆尾制作成麻花状，并在管体上顺序钻 ϕ 5 mm 的孔，孔间距约为 400 mm，形成花管结构，内注浆锚杆结构示意图如图 6-4 所示。

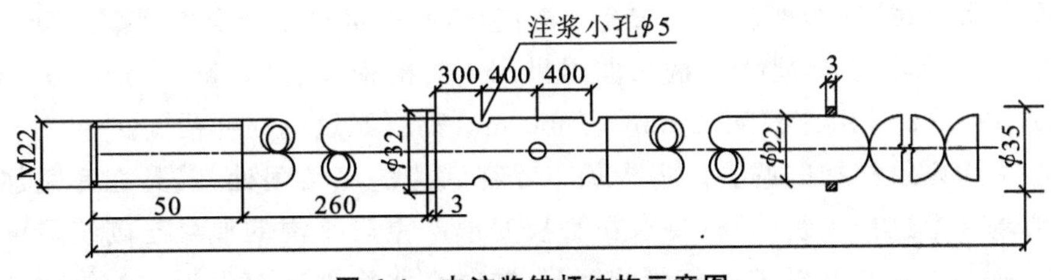

图 6-4 内注浆锚杆结构示意图

②注浆材料与参数：一般采用单液水泥浆液，水泥采用 32.5R 或 42.5R 的普

通硅酸盐水泥，水灰比为0.8～1.0，并掺加水泥量的0.7%的高效减水剂，注浆压力为1.5～3.0 MPa；若在注浆过程中出现严重跑浆现象，则考虑部分采用水泥-水玻璃双液浆进行堵漏注浆，水灰比为1.0的水泥浆与40的水玻璃按比例混合，注浆压力应控制在2.0 MPa以内；注浆施工顺序，采用自下而上、左右依次作业的方式，每断面内注浆锚杆采用自下而上，先两帮，再拱部，最后是顶角；注浆时间，每孔注浆时间为3～5 min，对个别出现漏浆的注浆孔，可在停注15～20 min后，再进行一次复注。

(4)底角和底板加固技术方案与参数。

针对施工过程中辅助运输大巷出现的底臌和水沟破裂内挤等问题，确定对辅助运输大巷底角和底板进行全断面整体加固，保证辅助运输大巷底板结构的长期稳定。

①加强巷道底角锚固支护与注浆加固。在辅助运输大巷底板至设计深度，补打底角高强螺纹钢锚杆和内注浆锚杆，铺设金属网时，需将金属网深入巷道底板以下100 mm以上，利用内注浆锚杆对巷道底角进行注浆加固。

底角注浆可在完成底板反底拱施工后与底板注浆同时实施，可防止浆液渗漏到巷道底板表面而影响注浆加固效果。

金属网采用ϕ8 mm铁丝编制的经纬网；底角螺纹钢锚杆和内注浆锚杆间隔布置，螺纹钢锚杆规格为ϕ22 mm×1600 mm，排距为2000 mm，倾角为15°～30°，均匀布置5根；内注浆锚杆规格为ϕ22 mm×1400 mm，排距为2000 mm，共4根；注浆材料采用单液水泥浆，水灰比为0.8～1.0，注浆压力为2.0～3.0 MPa。

②底板反底拱与底板注浆。浇灌底板混凝土时，可将底板卧成弧形结构形式，并预埋底板曲梁、注浆管或注浆锚杆，浇灌混凝土后可形成反底拱结构，反底拱中铺设金属网，并与帮角喷网层连接起来，再利用注浆管或注浆锚杆进行复注加固，实现全断面支护。

反底拱要求：采用圆弧形结构，圆弧的两端与辅助运输大巷的墙角相接，圆弧中间最深部位和墙角水平垂距不小于800 mm；注浆管长度为1600 mm，其中埋入混凝土以下部分不少于500 mm，间距为1000～1200 mm，排距为2000 mm，拱中间对称布置2根，底板两侧对称布置2根；巷道底板可按设计要求浇灌混凝土厚度为300 mm，强度等级为C40；底板曲梁采用16#槽钢梁制作，长度为6500 mm，排距为2000 mm，采用5根ϕ22 mm×1600 mm高强螺纹钢锚杆锚固。

③水沟砌筑结构的调整。水沟仍布置在巷道的底帮角处，其是在底角加固的锚网喷基础上进行砌筑，同时要求在底板变形严重段水沟的混凝土砌筑厚度不少于150 mm，并按构造配置一定量的钢筋，同时在水沟上部表面沿水沟纵向架设横向支撑。

配筋可直接采用ϕ6 mm钢筋焊接，网格为100 mm×100 mm，保证钢筋网的外侧混凝土厚度不少于 30mm；横向支撑可采用 16# 槽钢制作，槽钢长度与水沟宽度一致，每侧采用 2 根预埋的 ϕ 22 mm 螺纹钢筋固定，排距为 2000 mm。水沟砌筑可分两次进行，第一次先完成水沟轮廓的施工，混凝土厚度约为 20 mm，然后铺设金属网，固定支撑钢筋，立模，最后浇灌水沟混凝土。

④底板面层混凝土封闭。在完成底角和底板注浆加固后，然后在巷道底板反底拱基础上铺设一层厚度为 50～100 mm 的防渗混凝土，使底板混凝土层总厚度不低于 300 mm。这样，一方面改善了底板面层混凝土防水效果，另一方面可对注浆管形成覆盖作用。

6.4　支护方案数值模拟研究

6.4.1　数值模拟模型的建立

对辅助运输大巷采取不同支护形式，采用 FLAC 3D 模拟研究其在不同支护形式下的支护效果，以验证锚注联合支护方案的合理性。本书建立模拟区域的长×宽×高为 50 m×50 m×40 m，共划分 99 600 个单元和 103 530 个节点，本模拟建立的 FLAC 3D 模型如图 6-5 所示，开挖后的 FLAC 3D 模型如图 6-6 所示。

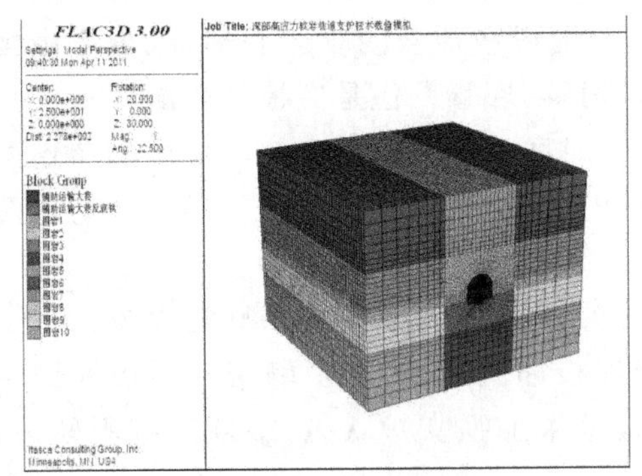

图 6-5　FLAC 3D 三维数值模拟模型　　**图 6-6　FLAC 3D 开挖三维数值模拟模型**

本模型限制其侧向和底部处的位移。在上表面施加 25 MPa 的荷载，模拟上覆岩体的自重条件；工程岩体的物理力学计算参数按照实验室岩石的三轴抗压试验及单轴抗压试验取值，详见表 2-3。并采用 Mohr-Coulomb 破坏准则，揭示深部高应力软岩巷道在开挖过程中围岩动态变形及屈服破坏情况。

6.4.2　数值模拟结果分析

(1)辅助运输大巷开挖不支护。

在辅助运输大巷开挖后，引起巷道围岩一定范围内的应力重新分布，并且围岩的应力分布不均匀，在巷道围岩关键部位(如巷道的肩部、底角等)产生应力集中，导致这些关键部位产生的位移及塑性区相对较大。数值模拟结果如图 6-7 所示。

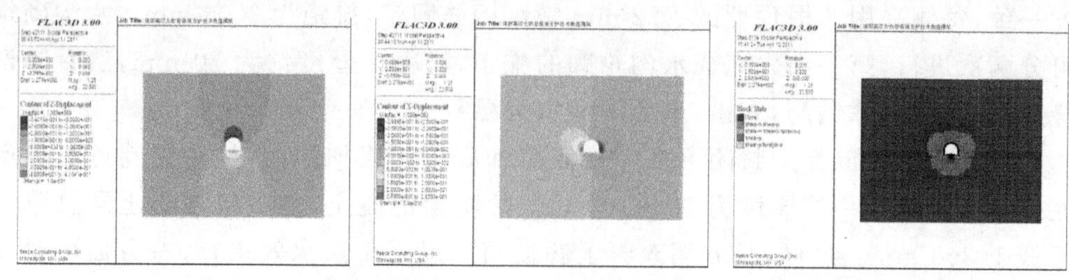

图 6-7　巷道开挖后不支护的围岩位移及塑性区分布图

由图 6-7 可知，顶板最大垂直位移约为 34.2 cm，底板最大底臌量约为 40.0 cm，两帮最大水平位移约为 29.0 cm，巷道开挖后围岩的收敛变形规律为底臌量大于顶板下沉量、大于两帮内挤量。塑性区分布规律：总的来说，辅助运输大巷处在泥岩、细砂岩、粉砂质泥岩等软岩中，开挖后，在高应力作用下围岩周边塑性区范围较大，塑性区范围为 2.0～2.5 m，尤其是肩部、底角应力集中处塑性区范围更大，塑性区范围为 3.0～3.5 m。

(2)支护方案一：锚网喷支护。

巷道开挖后加固两帮和顶板，可减弱巷道帮角部位应力集中程度，在两帮和顶板围岩中形成具有一定承载能力的承载拱，控制了两帮和底角处围岩塑性区的扩展；同时提高了巷道围岩的承载能力，减少了两帮和顶板的收敛变形，减少了由帮部内挤和顶板下沉所引起的底板破碎、剪切滑移、底臌。但是底板处于敞开未支护状态，造成底板底臌量和塑性区范围较大，同时底板的不稳定也使已加固的巷道两帮和顶板围岩受到扰动，加大了两帮和顶板的围岩和塑性区的扩展，不利于巷道两帮和顶板的稳定。

由图 6-8 可知，顶板最大垂直位移约为 29.1 cm，底板最大底臌量约为 30.0 cm，两帮最大水平位移约为 24.5 cm。两帮和顶板加固后，减少了两帮和顶板处塑性区的扩展，塑性区范围为 1.5～2.0 m；底板处未加强支护状态，塑性区范围较大，塑性区范围为 2.0～2.5 m。

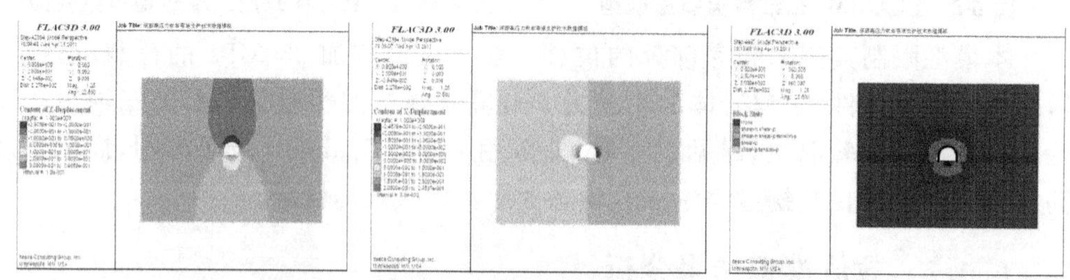

图 6-8　锚网喷支护后的围岩位移及塑性区分布图

(3)支护方案二：锚网喷+反底拱联合支护。

锚网喷支护后加固了巷道两帮和顶板处的围岩，提高了巷道围岩的整体性和承载能力，限制了巷道顶板的破碎、离层以及顶板下沉、两帮内挤，有效地控制了两帮和顶板处塑性区的扩展，从而减少了巷道底臌；采用反底拱加固巷道底板，既提高了巷道底板的自承能力，又削弱了由两帮应力集中而传递到底板上的作用力，减弱了巷道底板处的应力集中程度，从而减小了底臌量和底板塑性区范围。锚网喷＋反底拱联合支护后的围岩位移及塑性区分布如图 6-9 所示。

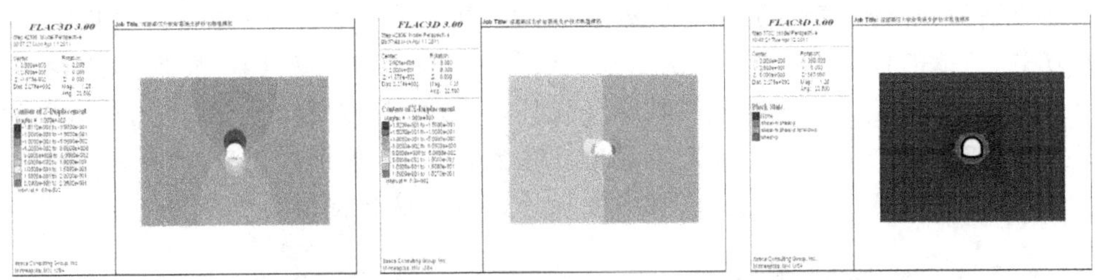

图 6-9　锚网喷＋反底拱联合支护后的围岩位移及塑性区分布图

由图 6-9 可知，顶板最大垂直位移约为 18.1 cm，底板最大底臌量约为 20.0 cm，两帮最大水平位移约为 15.2 cm。塑性区范围约为 0.5 m，在肩部、底角应力集中处塑性区范围相对较大，塑性区范围为 0.5～1.0 m。

(4)支护方案三：锚网喷＋反底拱＋锚注联合支护。

注浆后浆液充填围岩裂隙，改善了巷道围岩的应力状态，减缓了巷道开挖后围岩应力集中程度，提高了围岩的自身承载能力；锚注支护配合锚喷支护，可以形成一个多层有效组合拱，提高了支护结构的整体性和承载能力，扩大了支护结构的承载范围，提高了支护结构的支护效果；使巷道围岩受力较为均匀，有效地控制了巷道围岩变形破坏和塑性区的扩展；注浆后可以提高底角围岩的剪切强度，增加底板围岩抵抗塑性剪切滑移破坏的能力，有效地控制了底板围岩的损伤演化。锚网喷＋反底拱＋锚注联合支护后的围岩位移及塑性区分布如图 6-10 所示。

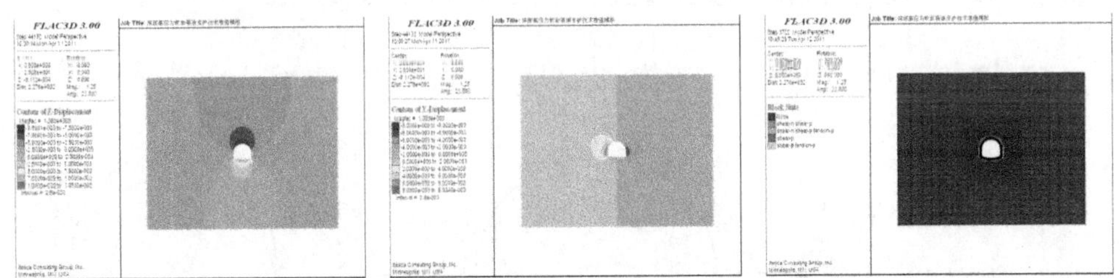

图 6-10　锚网喷＋反底拱＋锚注联合支护后的围岩位移及塑性区分布图

由图 6-10 可知，顶板最大垂直位移约为 9.6 mm，底板最大底臌量约为 10.0 mm，两帮最大水平位移约为 8.0 mm。塑性区范围较小，远小于 0.5 m，并且分布较为均匀。

6.5 矿压监测

唐口煤矿埋深大,受部分断层、褶曲等构造影响,巷道压力变化极为剧烈。辅助运输大巷处在大规模软岩中,且区域地质条件复杂,围岩内赋存高地应力。为研究施工期间和正常使用期间试验段巷道围岩的变形特性、锚杆(索)受力状况及支护方案、参数的合理性,对巷道围岩表面位移、深部位移、锚杆(索)轴向力的变化和分布规律进行监测,并总结监测数据变化规律,以便及时反馈监测信息,修改、优化支护方案和调整支护参数,确定合理的二次支护时间,保证施工安全和巷道的长期稳定,为软岩巷道的信息化施工和方案设计、调整、优化提供科学依据。

6.5.1 矿压监测方案

为了研究巷道围岩稳定性特征,优化设计支护方案,有效地指导现场施工,针对复杂围岩地质条件,在－990 m 辅助运输大巷选择 200 m 长的试验段,进行了巷道围岩表面位移、深部位移、锚杆(索)轴向力的现场实时监测,并对多种监测数据进行分析、对比和互相验证,确保监测数据的全面性及可靠性,用来对支护设计进行调整、优化,判断施工工艺和支护方案的合理性,以便指导后续施工。

试验段巷道矿压监测内容共有以下 3 项。

(1)巷道围岩表面位移随时间的变化。

为反映巷道开挖后围岩的变形特征,对巷道围岩变形情况进行了实时监测。围岩表面位移量测采用测杆和测枪,该试验段内选定了 BC-1、BC-2、BC-3 共 3 个监测断面(BC-1 监测断面紧靠掘进工作面迎头,BC-2、BC-3 监测断面与 BC-1 监测断面依次相距 50 m、100 m),每个监测断面采用中腰十字布点法共布置 4 个测点,即在巷道断面的顶底板和两帮各设置 1 个测点(图 6-11)。

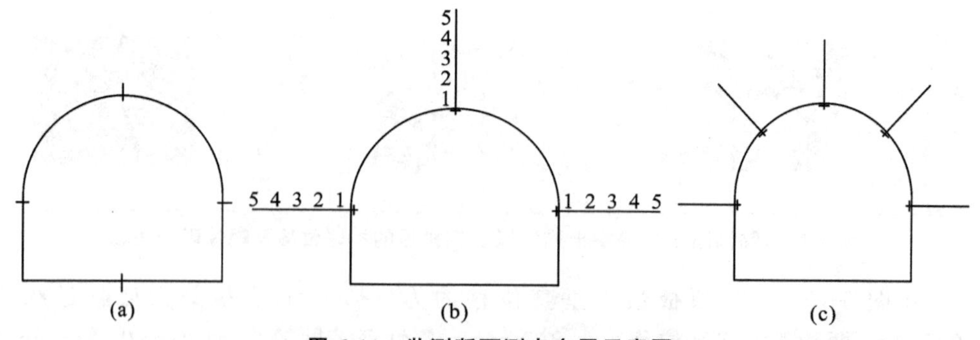

图 6-11　监测断面测点布置示意图

(a)表面位移测点;(b)多点位移计测点;(c)锚杆轴向力测点

(2)巷道深部围岩位移随时间的变化。

为反映巷道开挖后深部围岩的位移变化情况,对巷道深部围岩位移进行了实时监测。巷道深部围岩位移监测采用多点位移计，该试验段内布置 SC-1、SC-2、SC-3 共 3 个监测断面（SC-1 监测断面紧靠掘进工作面迎头且紧邻 BC-1 断面，SC-2、SC-3 监测断面与 SC-1 断面依次相距 50 m、100 m），每个监测断面在拱顶和两帮共设置 3 个测孔（图 6-11），在每个测孔布置 5 个测点，各测点与围岩表面距离依次为 1 m、3 m、5 m、7 m 和 10 m，孔底处的测点位于深部稳定岩层中。

(3)预应力锚杆轴向力随时间的变化。

为监测巷道开挖过程中锚杆轴向力变化情况，对锚杆轴向力变化情况进行了实时监测。锚杆轴向力监测设备采用锚杆测力计（30t 型），该试验段内布置 MC-1、MC-2、MC-3 共 3 个监测断面（MC-1 监测断面紧靠掘进工作面迎头且紧邻 SC-1 断面，MC-2、MC-3 监测断面与 MC-1 断面依次相距 50 m、100 m），每个断面内布置 5 个测点，分别位于拱顶、两拱肩和两帮（图 6-11）。

6.5.2 矿压监测结果分析

1. 巷道围岩表面位移监测数据及分析

(1)表面位移的时间效应。

巷道围岩表面收敛位移随时间的增长呈衰减变化趋势，如图 6-12 所示，具体变化过程可分为 3 个阶段。

①第一阶段为剧烈变形阶段：发生在巷道开挖后的 2～10 天，巷道围岩表面收敛位移与时间关系曲线呈快速上升状态，前 10 天内的平均变形速率约为 8.6 mm/d，最大变形速率约为 10.3 mm/d。这是由于巷道开挖引起围岩表面法向应力被卸除，卸荷后围岩应力场重新调整导致切向应力增大而超过岩体的剪切强度，使得围岩破裂由围岩表面向深部迅速扩展，岩体的碎胀扩容导致了围岩位移速率急剧增大和围岩变形量的快速增长。

②第二阶段为波动变形阶段：紧邻剧烈变形阶段，发生在巷道开挖后的 10～60 天，巷道围岩表面收敛位移与时间关系曲线呈上下波动状态。这是由于监测断面距掘进工作面迎头较近，曲线出现明显震荡，表明受工作面开挖扰动影响的巷道围岩表面变形不稳定。尤其是在巷道开挖 50 天左右围岩表面位移产生突变，变形速率明显增大，达到 17.2 mm/d，并且 3 个监测断面出现相同的变化趋势。这是因为邻近巷道开挖掘进滞后于辅助运输大巷约 200 m，在 50 天左右时，该大巷掘进至与辅助运输大巷监测断面大约平齐的位置，邻近巷道的开挖导致了已开挖的辅助运输大巷围岩应力场的再次扰动，围岩应力重新调整分布后引起局部应力高度集中，使得围岩中已产生的裂纹再次扩展、贯通并产生新的裂纹，造成位移突变增大。

③第三阶段为稳定变形阶段：发生在巷道开挖 60 天以后，在经过围岩变形波动调整阶段之后巷道变形达到稳定状态，应变速率在 1 mm/d 以下，变形趋于稳定。

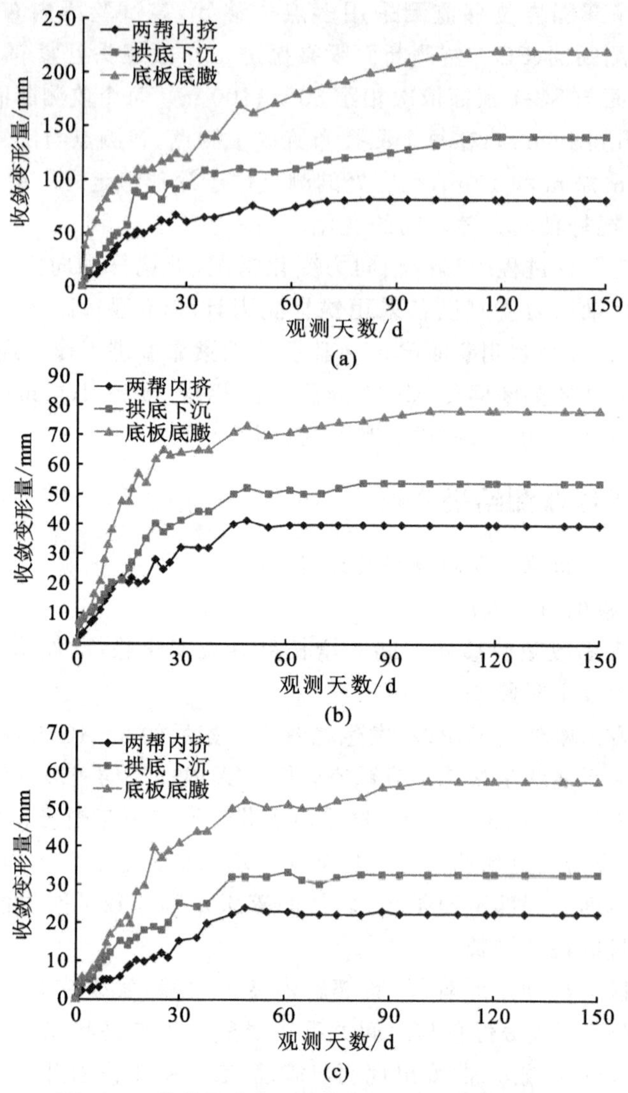

图 6-12　巷道围岩表面收敛位移与时间关系曲线

(a)BC-1 监测断面；(b)BC-2 监测断面；(c)BC-3 监测断面

(2)位移分布规律分析。

由图 6-12 可知，BC-1 监测断面紧邻工作面迎头，受工作面开挖扰动影响较大，其底臌量最大达到 221.5 mm，顶板下沉量最大达 140.1 mm，两帮收敛位移最大达 82.2 mm；BC-2 监测断面监测结果表明，底臌量最大达到 78.3 mm，顶板下沉量最大达 53.7 mm，两帮收敛位移最大达 39.6 mm；BC-3 监测断面监测结果表明，底臌量最大达到 57.2 mm，顶板下沉量最大达 32.4 mm，两帮收敛位移最大达 22.3 mm。

图 6-12 表明 3 个监测断面的围岩表面收敛位移均呈现“巷道底臌量＞拱顶下沉量＞两帮收敛变形量”的分布规律。底臌是导致巷道整体失稳破坏的重要因素

之一，由于底板在巷道所处的部位特殊，巷道底板支护往往滞后于巷道顶板和两帮加固，底板暴露时间较长，且支护强度相对较低，故底板围岩因应力集中而产生显著的剪切滑移，宏观上表现出剧烈的底臌变形。对于深部高地应力软岩巷道，底臌量大且持续时间长，很难自行稳定，并影响到巷道顶板和两帮的稳定，最终将导致巷道整体变形量较大或失稳破坏。因此，本方案在分析第 1 个监测断面 BC-1 巷道变形规律的基础上，提出了采用底板反底拱＋底角高强锚杆＋底角注浆锚杆联合控制底臌技术方案，增强了底板围岩的强度，提高了底板围岩体的抗剪强度，抵抗了底角处应力集中区的剪切滑移变形，有效地控制了底臌，取得了良好效果。第 2 个监测断面 BC-2 和第 3 个监测断面 BC-3 的监测结果均表明，巷道底臌得到了有效控制，底臌量较小。

2. 巷道围岩深部位移监测数据及分析

巷道围岩表面收敛变形反映的是巷道表面上两点的相对位移，而多点位移计可量测深部围岩位移的变化，直观地反映出矿压活动规律，是评价围岩稳定性和支护方案设计可行性的重要指标之一。巷道拱顶、两帮 3 个测孔的围岩深部绝对位移随时间的变化曲线，如图 6-13～图 6-15 所示。

(1)深部位移的时间效应。

巷道开挖后，随着时间的延续，深部围岩各点位移都有不同程度的增加。总体上，巷道深部围岩位移随时间的增长速率呈衰减变化趋势，如图 6-13～图 6-15 所示，位移发展变化过程可分为 3 个阶段。

①第一阶段为剧烈变形阶段：发生在巷道开挖后的 2～20 天，巷道深部围岩各点位移与时间关系曲线呈快速上升趋势，拱顶前 20 天内的最大变形速率约为 6.4 mm/d，左帮前 20 天内的最大变形速率约为 4.1 mm/d，右帮前 20 天内的最大变形速率约为 3.2 mm/d。

②第二阶段为波动变形阶段：紧邻剧烈变形阶段，发生在巷道开挖后的 20～60 天，随着掘进工作面向前推进，锚网喷＋反底拱＋锚注联合支护作用不断发挥，巷道围岩变形受开挖影响程度逐渐减小。图 6-14、图 6-15 表明，当掘进工作面的开挖时间距监测断面时超过 60 天，巷道围岩位移受掘进工作面开挖的影响较小，围岩位移变化速率明显降低。在巷道开挖 50 天左右，深部围岩各测点位移产生不同程度的突变，变形速率明显增大，此时受相邻巷道开挖的影响明显，与巷道围岩表面位移随时间的变化规律在监测时间上相一致。

③第三阶段为稳定变形阶段：发生在巷道开挖 60 天以后，在经过围岩变形波动调整阶段之后巷道变形达到稳定状态，应变速率在 1 mm/d 以下，变形趋于稳定，这说明锚注联合支护方案基本上维持了巷道围岩的稳定。

(2)位移分布规律分析。

由图 6-13 可知，SC-1 监测断面紧邻工作面迎头，受工作面开挖扰动影响较大，距测点孔口 1 m 处拱顶累积位移量为 54.3 mm，左帮累积位移量为48.0 mm，右帮累积位移量为 44.1 mm；SC-2 监测断面监测结果表明，距测点孔口 1 m 处拱顶累积位移量为 41.4 mm，左帮累积位移量为 37.3 mm，右帮累积位移量为 28.2 mm；SC-3 监测断面监测结果表明，距测点孔口 1 m 处拱顶累积位移量为 29.7 mm，左帮累积位移量为 25.5 mm，右帮累积位移量为 13.3 mm。总体上说，距测点孔口 1 m处围岩位移较大，而距测点孔口 10 m 处围岩位移量很小，可忽略不计，因此，距测点孔口 10 m 处的围岩可看作表征其他位置围岩表面位移的基准点。

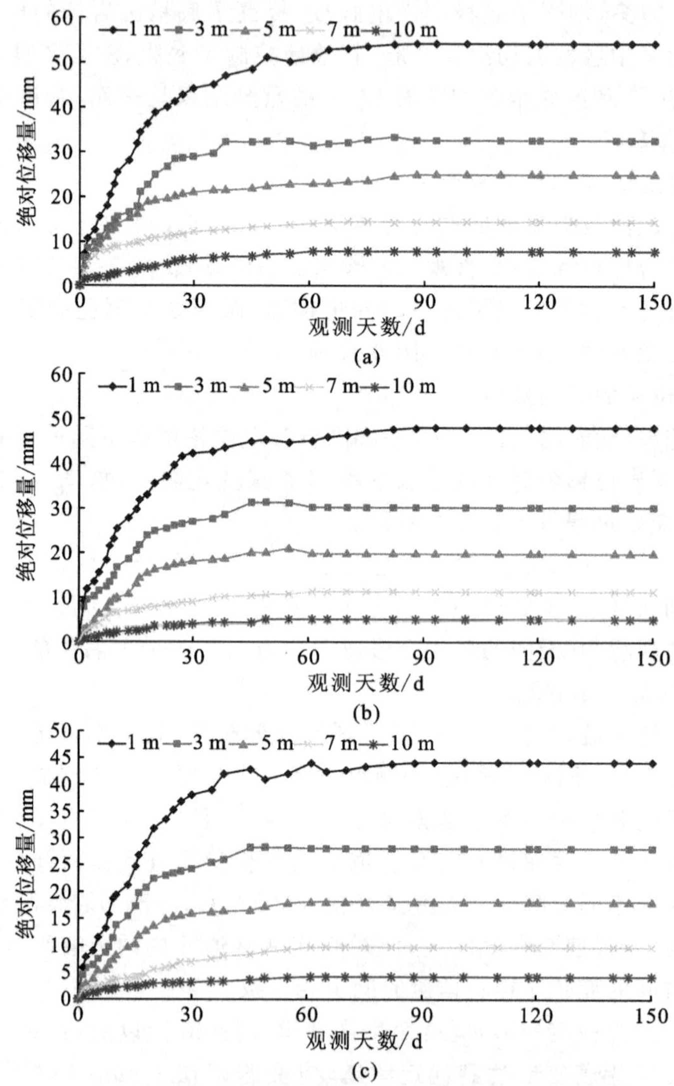

图 6-13　SC-1 监测断面围岩深部绝对位移与时间关系曲线

(a)拱顶测孔的围岩深部绝对位移随时间的变化曲线；

(b)左帮测孔的围岩深部绝对位移随时间的变化曲线；

(c)右帮测孔的围岩深部绝对位移随时间的变化曲线

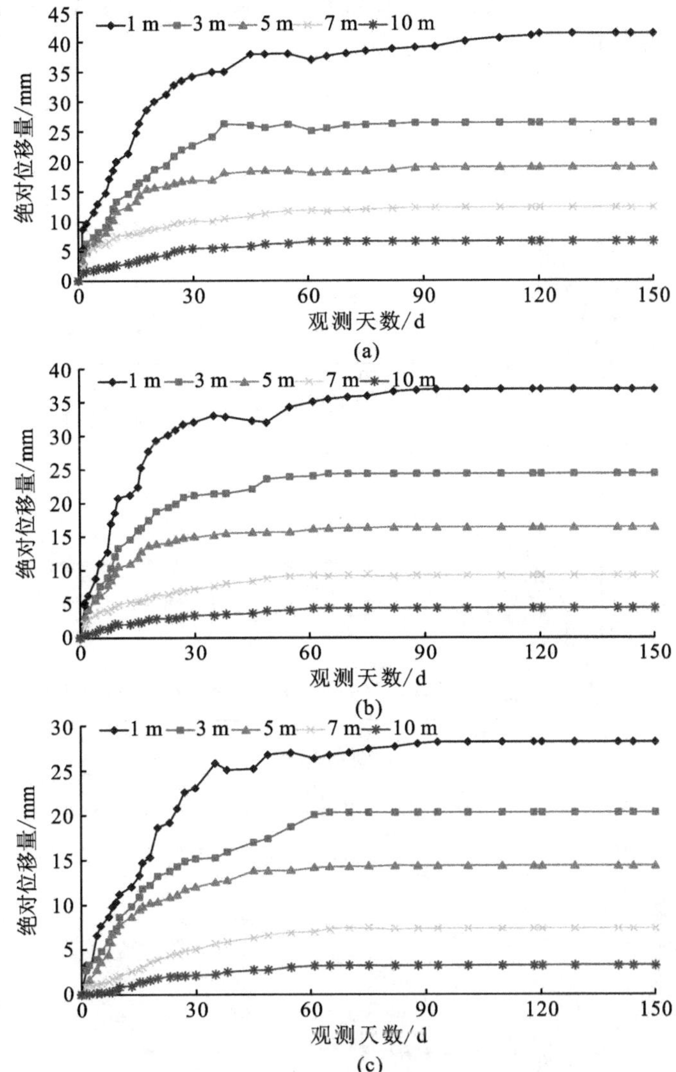

图 6-14 SC-2 监测断面围岩深部绝对位移与时间关系曲线

(a)拱顶测孔的围岩深部绝对位移随时间的变化曲线；
(b)左帮测孔的围岩深部绝对位移随时间的变化曲线；
(c)右帮测孔的围岩深部绝对位移随时间的变化曲线

SC-1 监测断面监测结果表明，距拱顶、左帮和右帮测点孔口 10 m 处围岩位移量依次为 7.6 mm、5.1 mm、4.3 mm；SC-2 监测断面监测结果表明，距拱顶、左帮和右帮测点孔口 10 m 处围岩位移量依次为 6.5 mm、4.2 mm、3.1 mm；SC-3 监测断面监测结果表明，距拱顶、左帮和右帮测点孔口 10 m 处围岩位移量依次为 4.4 mm、3.0 mm、2.2 mm，这表明巷道围岩深部岩体受到工作面开挖扰动的影响。这是由于深部高应力软岩巷道开挖后围岩要承受较高的集中应力，特别是断层、褶曲等构造影响区域内的巷道围岩受节理切割的影响，岩体完整性较差且强度较低，这就导致应力扰动区和塑性损伤破坏区的范围较大，并从围岩表面由表及里不断地向深部围岩扩展。

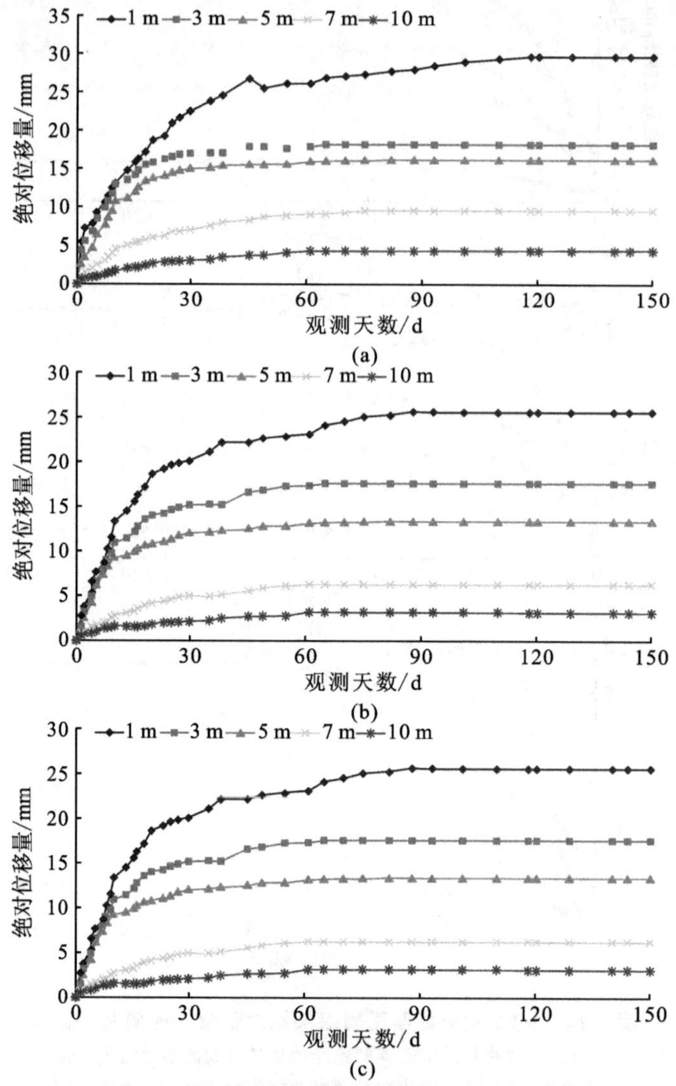

图 6-15　SC-3 监测断面围岩深部绝对位移与时间关系曲线

(a)拱顶测孔的围岩深部绝对位移随时间的变化曲线；

(b)左帮测孔的围岩深部绝对位移随时间的变化曲线；

(c)右帮测孔的围岩深部绝对位移随时间的变化曲线

图 6-13～图 6-15 表明，在相同的支护条件下，3 个监测断面的围岩深部位移均呈现“拱顶下沉量大于左帮围岩变形量大于右帮围岩变形量”的分布规律。这是因为巷道围岩左帮受相邻断层的影响而产生了较大扰动应力场，这加大了左帮围岩的变形量和变形速率；巷道两帮开挖卸荷引起的围岩收敛变形与扰动应力场引起

的层间错动叠加，增大了顶板围岩的应力扰动区域范围，造成了顶板下沉量大于两帮围岩变形量的现象。

3. 锚杆轴向力监测数据及分析

预应力锚杆安装后，锚杆体将承受因岩体节理、裂隙等结构面剪切错动及围岩收敛变形而产生的拉应力、剪切力与弯矩的作用，为了掌握锚杆的受力情况，评价锚杆的支护效果，布置 3 个监测断面来监测锚杆的受力状态。锚杆轴向力随时间的变化曲线，如图 6-16～图 6-18 所示。

(1)锚杆轴向力的时间效应。

锚杆轴向力随时间的增长速率呈衰减变化趋势，如图 6-16～图 6-18 所示，具体变化过程可分为 3 个阶段。

①第一阶段为快速增大阶段：发生在巷道开挖后的 2～10 天，锚杆轴向力与时间关系曲线呈快速上升趋势。这是由于巷道开挖引起围岩表面法向应力被卸除，导致巷道围岩破裂和碎胀扩容变形有急剧增大的趋势，锚杆的初始预应力对围岩表面的应力状态起到了一定程度的改善和恢复作用，抑制了围岩沿滑移面的剪切破裂和碎胀扩容，限制了围岩变形，故在巷道开挖后的一定时间内，锚杆轴向力迅速增大。该阶段局部锚杆预应力出现下降，这是因为前方掘进工作面爆破施工引起锚杆托盘下方的岩体受高度集中的扰动应力作用而发生破裂，导致托盘与围岩脱离，从而引起锚杆预应力下降。

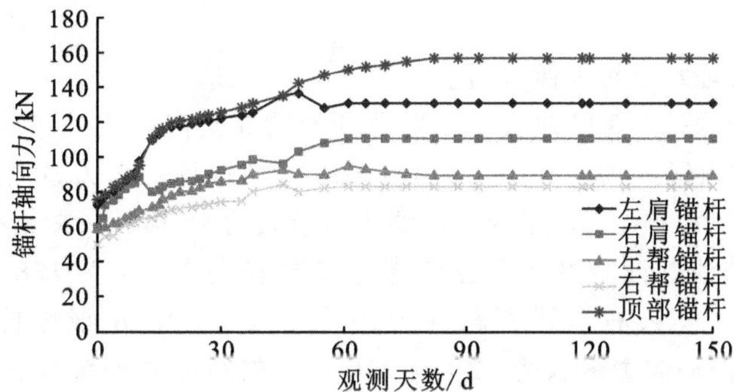

图 6-16　MC-1 监测断面锚杆轴向力与时间关系曲线

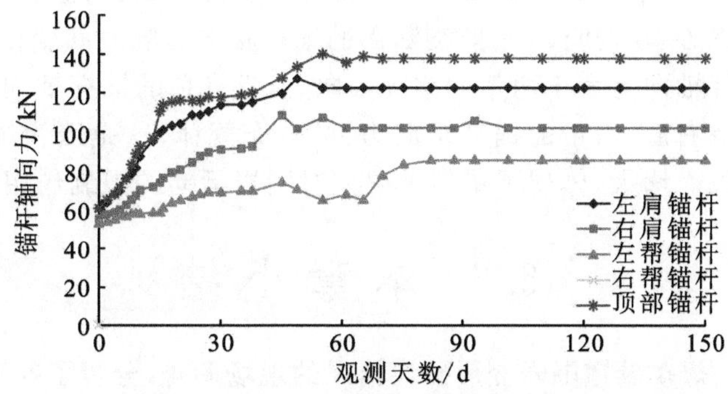

图 6-17　MC-2 监测断面锚杆轴向力与时间关系曲线

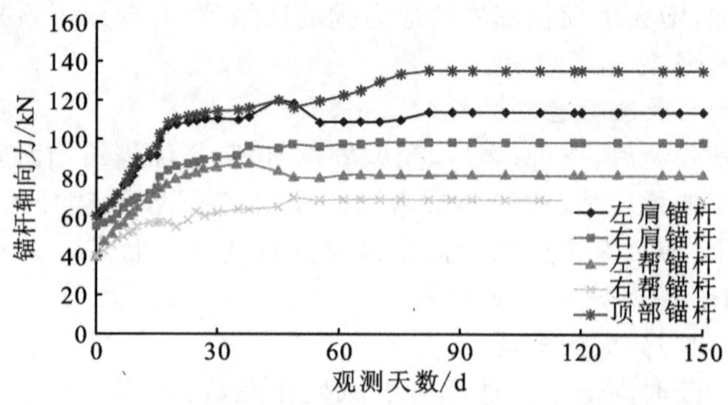

图 6-18 MC-3 监测断面锚杆轴向力与时间关系曲线

②第二阶段为波动变化阶段：紧邻快速增大阶段，发生在巷道开挖后的10～60 天，锚杆轴向力与时间关系曲线呈上下波动状，锚杆轴向力变化较为频繁。这是由于巷道支护后，在巷道围岩体内产生压缩、回弹的反复过程，与此同时锚杆内部应力也在不断调整。尤其是在巷道开挖 50 天左右，锚杆轴向力产生突变，这是由于相邻巷道开挖的影响造成的，与巷道围岩表面位移和围岩深部位移随时间的变化规律在监测时间上相一致。

③第三阶段为受力稳定阶段：发生在巷道开挖 60 天以后，在经过波动变化阶段之后锚杆轴向力达到稳定状态，相邻两次监测的压力差值小于 0.1kN，锚杆轴向力趋于稳定。

(2)锚杆轴向力分布规律分析。

由图 6-16～图 6-18 可知，MC-1 监测断面紧邻工作面迎头，受工作面开挖扰动影响较大，其拱顶锚杆轴向力最大为 156 kN，左肩锚杆轴向力最大为 130 kN，右肩锚杆轴向力最大为 110 kN，左帮锚杆轴向力最大为 90 kN，右帮锚杆轴向力最大为 83 kN；MC-2 监测断面监测结果表明，拱顶锚杆轴向力最大为 138 kN，左肩锚杆轴向力最大为 122 kN，右肩锚杆轴向力最大为 102 kN，左帮锚杆轴向力最大为 86 kN，右帮锚杆轴向力最大为 72 kN；MC-3 监测断面监测结果表明，拱顶锚杆轴向力最大为 135 kN，左肩锚杆轴向力最大为 114 kN，右肩锚杆轴向力最大为 98 kN，左帮锚杆轴向力最大为 82 kN，右帮锚杆轴向力最大为 69 kN。

图 6-16～图 6-18 表明，3 个监测断面的锚杆轴向力随时间变化均呈现“巷道拱顶和两肩的锚杆轴向力大于两帮的锚杆轴向力，且拱顶的锚杆轴向力＞左肩、左帮的锚杆轴向力＞右肩、右帮的锚杆轴向力”的分布规律，这是因为锚杆的受力随着围岩变形的增加而增大，体现了锚杆轴向力对围岩运动的限制作用。

6.6 本章小结

基于对唐口煤矿巷道围岩变形破坏情况的现场调查，分析了巷道围岩变形破坏特点，研究了巷道围岩的变形破坏机理，提出了深部高应力软岩巷道的控制对策，针对唐口煤矿深部高应力软岩巷道支护存在的问题，采用了以内注浆锚杆为核心的锚注联合支护体系，运用 FLAC 3D 模拟了锚注联合支护方案的可行性，通过现场矿压监测验证了锚注联合支护方案的合理性与支护效果，主要得到以下几点结论。

(1)基于对唐口煤矿巷道围岩变形破坏情况的现场调查，分析了唐口煤矿巷道围岩变形破坏特点为：在巷道支护中采用了混凝土砌碹、型钢拱架、锚网喷等不同支护形式，围岩都出现了不同程度的变形和破坏，均未能达到很好的支护效果；巷道出现变形破坏后，修复和加固时仍架设钢拱支架，但修复和加固后的支护结构仍不能保持巷道的稳定；部分地段巷道围岩中淋水和渗水较大，围岩出现较严重的碎裂、软化和泥化现象，造成局部巷道的变形破坏现象更加严重；变形破坏后的巷道围岩，其主要特征是软弱、松散和破碎，且软化和节理化现象显著，无法实施有效的主动支护和加强支护手段，不能形成稳定可靠的主动支护结构，加剧了巷道和硐室后期的变形破坏。

(2)在分析了唐口煤矿巷道围岩变形破坏特点的基础上，研究了唐口煤矿巷道围岩变形破坏机理：巷道围岩物理力学性质的劣化决定了巷道处于不稳定状态；断层引起的较大水平构造应力加剧了巷道的不稳定性状态；地下水的作用降低了支护结构的承载能力和长期稳定性；不合理的支护结构与参数影响了巷道围岩的稳定；顶板岩层稳定性差也是造成巷道破坏的一个重要因素；另外，施工中的爆破方式与爆破震动的作用，冲击地压、支护时间、温度对围岩的损伤，施工工艺及施工管理等因素都会对巷道围岩的稳定产生一定的不利影响，加速了巷道围岩的变形破坏，不利于巷道围岩的长期稳定。

(3)针对唐口煤矿巷道、硐室围岩变形破坏的特点，在考虑支护和返修加固技术方案时，需解决卸压问题、控顶问题、强帮问题、固底问题和优化问题；提出了深部高应力软岩巷道的控制对策，即高性能支护技术、整体让抗压支护技术、软弱围岩整体转化技术、“三锚”动态叠加支护技术，等等。

(4)针对唐口煤矿深部高应力软岩巷道支护存在的问题，提出了以内注浆锚杆为核心的锚注联合支护体系。基于 FLAC 3D 数值软件对锚网喷支护、锚网喷＋反底拱联合支护、锚网喷＋反底拱＋锚注联合支护等 3 种支护方案进行了优化对比，验证了锚注联合支护方案的可行性；为了研究施工和正常使用期间试验段巷道围岩的变形特性、锚杆(索)受力状况及支护方案、参数的合理性，对巷道围岩表面位移、深部位移、锚杆(索)轴向力的变化规律进行了实时监测，监测结果表明，采用锚注联合支护技术有效地控制了深部高应力软岩巷道的大变形、强流变和底臌，并取得了良好的技术和经济效益。

部分灰度图对应的彩图见二维码。

本章彩图

7　磁西一号井副井马头门支护工程实例

7.1　近年来国内深井马头门变形破坏案例

马头门作为立井井筒连接井底车场的咽喉部位，因其位置的特殊性造就了围岩应力分布错综复杂。自 20 世纪 80 年代以来，我国煤矿多处立井发生了罕见的井筒及马头门破裂地质灾害，这种灾害较轻时出现井壁变形破裂、渗水等现象，严重时可能造成卡罐、涌水涌沙等危害，迫使矿井停产停业，严重危害了矿井的安全生产，也给煤矿企业带来了巨大的经济损失。开采深度的逐年增大，导致前述各种地质灾害频繁出现，严重制约了矿井的高效生产。

例如，唐口煤矿副井井筒深 1061 m，净直径 7 m，在安装完成井筒永久装备后，发现马头门底板上下（上 9 m、下 7 m）以及与巷道连接处井壁发生严重变形破坏，出现宽达 10～40 mm 的环形贯通裂缝，内部钢筋扭曲突露，罐道梁出现明显弯曲变形，井壁显现最大 400 mm 的突出，井筒净直径缩小 5%（高达 300～330 mm），致使马头门附近罐笼无法继续安装；马头门修复前，两帮移近量最大达到 970 mm（平均 680 mm），巷道底臌量最大达到 1550 mm，摇台基础发生断裂破坏。通过对唐口矿具体地层赋存条件及变形破坏特征分析，认为深部高垂直应力、水平构造应力、围岩膨胀应力、密集型井巷工程多次爆破扰动、地下水及分化作用等因素是马头门及附近井筒变形破坏的主要诱因，于是决定采取先拆后支护的修复方案，将破损井壁及马头门砌碹全部拆除；同时采用深孔注浆、预应力锚索、锚注法加固围岩，配合防底臌技术及静力破碎技术，增强立井井筒、马头门及邻近巷道围岩整体稳定性。修复施工完成 1 个月后，巷道围岩变形区域已稳定，修复工程取得了预期支护效果。

平煤股份一矿北二进风井 −517 m 马头门设计长度为 49.6 m，巷道净高 4.86～6.56 m，巷道净宽 5 m，原支护采用锚喷、金属支架、混凝土联合支护技术。马头门巷道全部位于中粗砂岩范围内，顶板上处在正断层的影响区内，正断层两盘产状落差为 1.4 m，倾角为 75°，围岩裂隙发育、整体性较差；修复前马头门东墙出现宽度达 10 mm 的变形裂缝，向巷道内部移近约 300 mm，罐道局部发生严重变形。近年来，罐道每年都必须进行一次大范围调整维修，不仅给企业带来巨大的经济损失，还严重制约着煤矿安全、高效的生产。针对风井马头门支护破坏现状，平煤股份一矿刻苦攻关，借鉴其他深井高地应力巷道修复加固经验，以充分利用围岩自承力为出发点，提出了适合－517 m马头门工程地质条件的新型支护方案，对围岩进行深注浆以提高围岩自身强度，并结合锚注、锚索联合支护技术对马头门进行修复加固。现场实践表明，所采用的修复加固联合支护技术有效地控制了巷道两帮相对移近和顶板下沉，实现了巷道的安全、快速施工，取得了良好的经济效益，节约成本约59万元。

丰城曲江煤矿副井井筒深920 m，马头门位于－850 m水平，副井井筒净直径6.5 m，马头门段井壁结构采用C30双层钢筋混凝土，厚度为500 mm，在马头门上下各15～20 m范围内井筒出现变形破坏，径向变形高达10～20 cm，井壁结构出现多处开裂，裂缝出现环形贯通，钢筋突出外露，罐道已经无法正常使用，底板变形导致摇台向外伸展变形，对罐笼的安全运行产生严重的影响。结合现场情况和多方调研，发现破坏段围岩属于高应力、膨胀性、节理化复合型软岩，高应力、围压强度弱、地下水及竖向附加应力作用是立井井筒及马头门巷道变形破坏的主要原因，确定采用破壁注浆，对破坏段围岩进行破壁注浆加固。采用深孔注浆（注浆帷幕高达4 m以上）、预应力锚索以及浅部锚注法联合技术，并结合底臌防止技术对围岩实施加固，以提高围岩的稳定性和整体性。现场监测结果表明，修复加固一个月后，围岩变形基本稳定，破碎岩体胶结整体性较高，取得了较为理想的修复加固效果。

望峰岗煤矿第二副井井筒深1021.5 m，净直径8.1 m，马头门位于－960 m水平，断面为直墙半圆拱形，原支护设计方案为锚网喷与现浇双层钢筋混凝土衬砌联合支护，现场采用振弦式钢筋应力计和振弦式混凝土应变计分别监测衬砌结构中钢筋应力和混凝土应变，监测结果表明局部衬砌结构混凝土表层出现剥落现象，附近巷道少许部位出现混凝土喷层脱落及锚杆失效；受东、西马头门向前继续掘进及等候室和平台梯子室等硐室对围岩的二次扰动影响，马头门处上、下段一定范围内的井壁出现了不同程度的变形破坏；第二副井东－960 m水平马头门6 m的范围和西马头门变断面处钢筋混凝土受力很大，接近极限破坏值；为确保衬砌结构及井筒的安全使用状态，及时采取了深部围岩二次注浆，并在井筒和马头门破坏位置补打补强锚索的方式对围岩进行加固，有效地控制了巷道围岩的变形；锚网喷＋现浇双层钢筋混凝土衬砌结构＋二次注浆和补打锚索的支护方案确保了望峰岗煤矿第二副井井筒和马头门的长期整体稳定性，具有很好的工程实践价值。

赵固二矿副井井筒深735.5 m，设计净直径6.9 m，原支护采用锚网（索）喷、工字钢棚及双层钢筋现浇混凝土支护方案，支护实施1个月后，受背斜构造应力、高水压、断层、施工扰动及膨胀性软岩等因素的影响，南、北马头门巷道出现较大变形，砌碹钢筋弯曲裸露，工字钢棚屈曲弯折，局部出现高达600 mm的严重底臌现象，附近的等候车室、壁龛、临时泵房等出现不同程度的挤压破坏，且挤压变形程度在逐渐加剧，矿井的安全运营受到了严重的挑战。经过综合分析，认为大埋深、高应力、构造应力、高水压、节理化、围岩松软遇水膨胀等是马头门变形破坏的主要原因。对变形破坏段的破坏部分采取先拆除后重新支护的方案：采用U形钢可缩性支架替换原12#工字钢棚、预应力锚索、浅部锚注及重浇钢筋混凝土砌碹，结合底角锚索束的联合加固方案，对南、北两侧马头门变形破坏段进行修复加固治理。实践表明，该联合支护方案对修复段巷道的支护效果较理想，有效地控制了深部高应力软岩巷道的围岩变形，保证了矿井安全、高效的生产。

滕东生建煤矿副井埋深949 m，立井井筒净直径为6 m，马头门巷道断面形式为半圆拱形，拱高2.6 m，巷道净宽5.2 m，断面净面积为30.7 m^2，原支护方案采用锚网喷、钢筋混凝土衬砌复合支护形式，副井马头门位于二叠系山西组下部煤系地层中，且处于F7断层破碎带影响范围内，围岩松软破碎，节理裂隙发育。在马头门施工完成3个月后，南、北马头门巷道两帮出现开裂、掉块破坏，巷道变形速率没有明显收敛趋势，两帮收敛变形达到98 mm，顶底板移近速率为4.9 mm/d；南马头门与井筒连接处出现宽达8 mm的裂缝，且在不断地延伸发展中，严重影响了矿井的安全生产。分析认为，断面大、埋藏深、地压高（集中应力水平最高达43.6 MPa）、断层破碎带、硐室群集中等是马头门及附近井筒变形破坏的主要原因。研究决定采取内注浆锚杆（ϕ32 mm，冷轧无缝钢管加工而成）、高强锚索（SKL15-1/1860型高强预应力鸟窝锚索，长8 m）加固方案，提高围岩自身承载力且拓宽支护结构的有效支护范围。修复加固方案实施13个月后，马头门开裂、掉块的现象再没出现，连接处原有裂隙经过注浆充填也未见继续发展，整个井筒马头门处于安全、稳定状态。

潘一东煤矿副井马头门埋深848 m，断面设计为直墙半圆拱形，断面净宽最大为7.6 m，净高最大9.6 m，位置处于断层破碎带影响范围内，拱基以下位于砂质泥岩中，上半部岩性为花斑泥岩，原支护采用锚网索喷结合单层钢筋混凝土二次支护方案，由于高地应力的存在，受侧压力影响，巷道断面严重收缩，底板出现严重底臌，马头门钢筋混凝土砌碹开裂、掉块，严重影响了矿井的安全生产。研究发现，支护结构力学和围岩力学特性在刚度、强度、结构上的不耦合以及围岩裂隙发育、强度低、应力与构造应力大等是马头门巷道变形破坏的主要原因。研究人员以支护结构与围岩耦合理论为出发点，通过增设暗梁、暗柱来提高井壁的抗侧压能力，通过优化锚索布置、合理滞后注浆、小硐室支护优化、地面预注浆、钢筋混凝土砌碹优化及合理时机浇筑、马头门连接部位补强加固、井圈加固、锚索梁加固以及深孔注浆加固等一系列措施，对马头门与附近井筒进行了修复加固。各项现场监测数据平稳，混凝土砌碹完好无损，砌碹内钢筋应力及混凝土应变趋于稳定，修复方案取得了显著的支护效果。

7.2 工程概况

磁西一号矿井位于河北省邯郸市峰峰矿区东部，行政区划隶属磁县和峰峰矿区管辖。该矿井设计产能为1.8 Mt/a，矿井采用立井开拓方式。副井井筒净直径为8.0 m，井口标高+155 m，井底标高-1150 m，井筒深度为1340 m，井筒内装备一宽一窄1.2t矿车双层四车多绳罐笼和带平衡锤的供人员升降的专用交通罐。副井和风井位于同一工业场地，距离主井工业场地2.8 km。副井马头门开口处净宽7000 mm，净高6000 mm，净断面36.7 m^2，进车方向长度57 m，距井筒10 m左右设有两个对称布置的液压站室，30 m左右设有拉紧装置硐室。副井马头门开口处掘进宽度为8.2 m，掘进高度为6.6 m，摇台位置可高达9 m。

7.2.1 地质概况

本矿区位于太行山东麓南段，华北平原西缘。地表有一定的起伏，以低缓丘陵为主要特征，丘顶大部分为红土卵石层，丘顶浑圆，山坡平缓，坡度为10°左右，虽发育有较多的冲沟，方向多为北西—南北向，但一般切割不深，地表标高为+93.00～+186.00 m之间。矿井深度位置为下二叠统下石盒子组，副井马头门所在深度附近井段地质状况如表7-1所示。

表7-1　　马头门处的地质状况表

岩石名称	深度/m	厚度/m	岩性描述
砂质泥岩	1334.45	12.0	灰色为主，薄层状，泥质结构，砂质不均匀，致密，性脆，具斜层理，断口平坦。与下伏地层过渡接触
粉砂岩	1337.01	2.56	灰色、灰绿色，薄层状、粉砂状结构，泥质胶结不均匀，局部呈薄层状，致密，与下伏地层过渡接触
砂质泥岩	1341.15	4.14	灰色，薄层状，泥质结构，具植物茎叶化石，砂质不均匀，致密，性脆，断口平坦。与下伏地层过渡接触
泥质粉砂岩	1343.56	2.41	灰色、灰绿色，薄层状、粉砂状结构，泥质胶结不均匀，局部呈薄层状，致密，与下伏地层过渡接触
粗粒砂岩	1352.71	9.15	灰白色、浅灰绿色，厚层状，粗粒砂状结构，具裂隙，泥质胶结，具斜层理，与下伏地层明显接触

磁西一号井副井井底车场位于断层CF16和断层CF17形成的地堑中部，如图7-1所示。受两大断层构造影响，软岩巷道的破坏速度、破坏程度更为严重，破坏区域更大等，加大了深部高应力软岩巷道的支护难度。

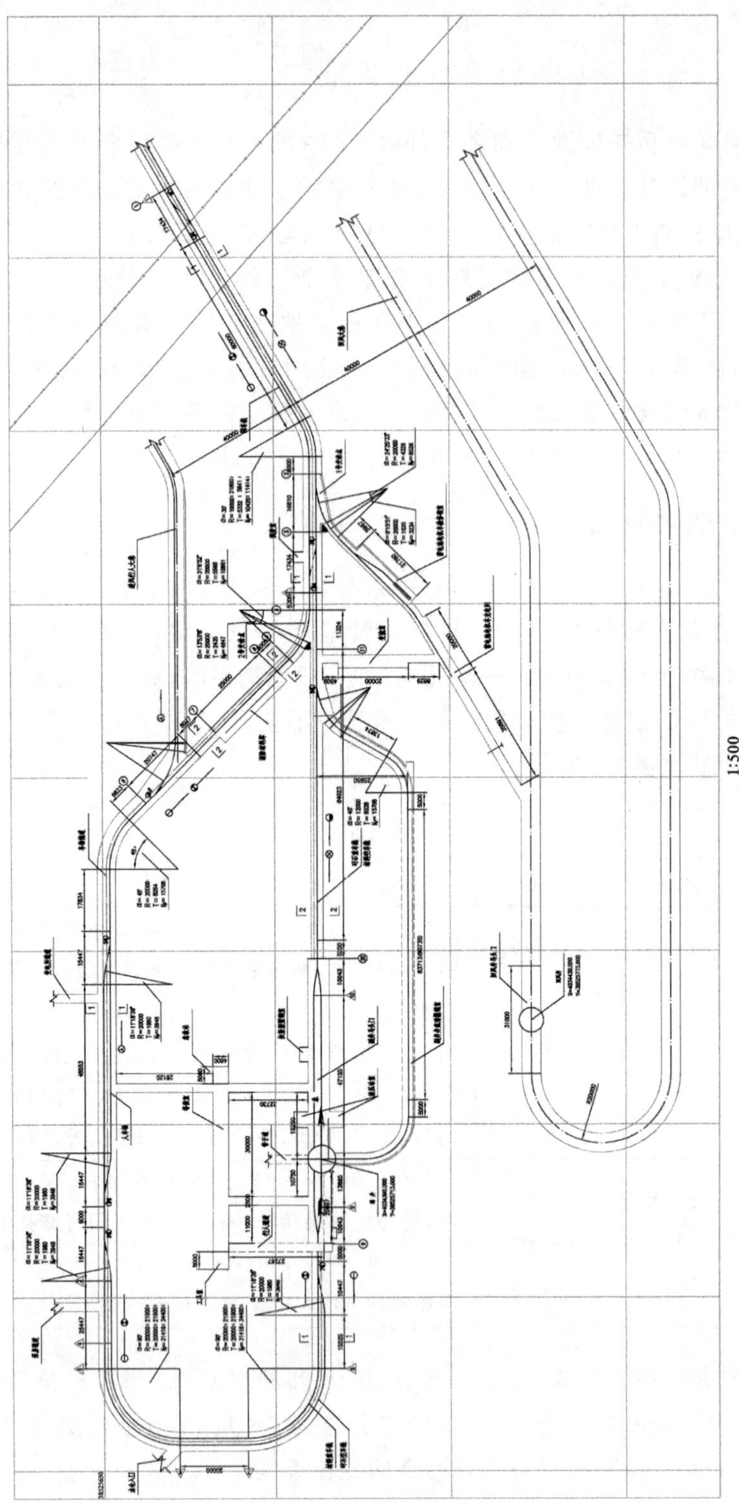

1:500

图 7-1　磁西一号井井底车场位置示意图

7.2.2 水文状况

磁西一号井是一座富水矿井，由表7-2可看出井筒涌水量情况，且井筒的冻结段深度达到井下255 m，预计井筒涌水量为19.50 m^3/h。地下水主要在构造裂隙的网络之中储存和运移，以静储量为主，富水性主要取决于砂岩的裂隙发育程度、联通性和补给条件。该井筒水文地质条件较为复杂，施工过程中应予以高度重视，处理好井筒涌水的排出。

表7-2 **井筒涌水量情况表**

序号	名称	深度/m	厚度/m	涌水量/($m^3 \cdot h^{-1}$)
1	井筒冻结段(7～255 m)	209.80	5.80	4.72
2		230.40	11.60	5.86
3	浅部基岩段(255～700 m)	475.80	9.35	6.89
4		513.15	3.75	2.03
合计	—	—	—	19.50

7.3 支护原则、支护方案及支护参数

7.3.1 支护原则

考虑到千米深井不稳定巷道围岩变形特征及不同支护材料的力学特性，提出应以时效性、整体性和全面性为原则，对围岩变形采取积极、主动的方式进行有效的控制。

(1)时效性原则。

深井巷道围岩在高应力、高地温的作用下，逐渐表现出软岩的一些性质，如大变形、流变等，这就要求在围岩稳定控制设计中充分考虑支护的时效性，初期支护适度让压。借鉴新奥法信息化施工的优点，结合施工过程中的动态监测反馈，合理地选择支护时机，初次支护后允许围岩适度变形以释放内部应力，从而减少后续支护结构上的受力。合理的支护时机既能保证支护体不因过大的外力而破坏，又能有效地抑制围岩塑性区的发展。深井高压力条件下，初次支护应适度让压(卸压)，让压值以工程不破坏为基准，即按“临界强度值”控制。

(2)整体性原则。

采用各种技术、方法提高、强化围岩自承能力，最大限度地将被动支护转化为主动支护，这是支护技术的核心。支护设计整体性要求充分考虑围岩-支护体共同

作用，充分调动围岩的自承力，保证支护体能有可靠的锚固基点，并可将锚固范围内的围岩凝聚成一个整体，形成一种具有刚度大、抗变形能力强的复合式锚固体，从而保证巷道围岩的稳定性，确保矿井的安全、高效施工与生产。

(3)全面性原则。

深井巷道顶、底板及两帮是一个整体，支护设计时要考虑顶、底板与两帮稳定性之间的关系。这就要求不仅要对顶板和两帮进行加强支护，而且要注重巷道底板围岩的支护，特别是底角的支护加固，使支护结构形成一个封闭的整体支护体，以有效地控制巷道底角变形，减小底臌量，同时减小底板变形对顶板及两帮稳定的影响，避免局部失稳导致的整体结构破坏。

上述支护设计原则要求具体原因具体分析，根据不同水文地质条件及围岩力学条件，采取合理的支护技术，从而有效地控制深井复杂条件下巷道围岩的大变形、多形式的破坏。

7.3.2 支护方案

根据磁西一号井副井具体工程地质及水文状况，借鉴国内其他千米深井支护实践经验，结合马头门支护预案设计三原则，即时效性原则、整体性原则、全面性原则，提出了用锚、网、带、索、喷、注、架、钢筋混凝土支护的预案。

(1)锚网索喷注初次支护。

在巷道开挖掘进过程中以锚网索喷支护为初次支护基础，锚索用“T”形钢带作为支护托盘以增加锚索对索间围岩的约束力；浇灌混凝土前，对摇台的基础部分(2.7 m 高度)进行锚网索喷支护以增加主动支护，防止基础失稳；浇灌混凝土前，巷道周圈用锚注支护来加强围岩的自承能力。

(2)钢筋混凝土砌碹＋强化底板加固二次支护。

自马头门开门处每侧向里 3 m 范围内(摇台坑范围内)架设 U36 钢棚，间距为 0.5 m，棚腿伸到摇台基础底部，并在棚腿底部和中部用锚索固定以防止应力集中。

本预案为实现巷道顶、底两帮围岩的整体均衡加固，采用防止底臌的综合措施。摇台坑范围，打底板锚杆、铺设“T”形钢带，打底板锚索束，架设 U36 型钢反底拱(矢高 600 mm)，浇灌混凝土，钻孔并安装注浆锚杆、注浆；摇台坑范围外部分，打底板锚杆、铺设“T”形钢带，打底板锚索束，浇灌混凝土，钻孔并安装注浆锚杆、注浆。

7.3.3 支护参数

1. 支护结构断面

副井马头门巷道砌碹段断面如图 7-2 所示，巷道埋深 1340 m，南、北马头门附近在巷道两侧墙分别开设绞车壁龛、南等候室通道以及配电硐室、液压站硐室、北等候室通道，距离井筒中心线分别为 19.5 m、11.75 m、12.6 m、14.9 m、23.0 m。

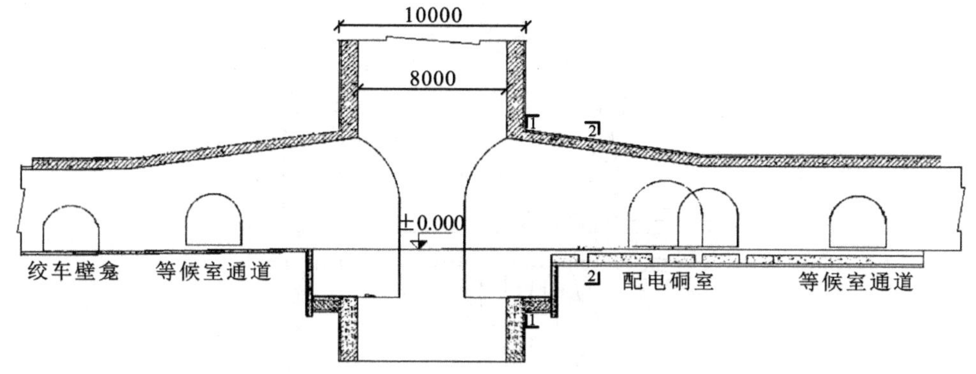

图 7-2 马头门巷道断面图

马头门巷道 1—1、2—2 断面附近砌碹段支护结构如图 7-3、图 7-4 所示。其中，断面 1—1、2—2 距离井筒中心线距离分别为 5.1 m、9.0 m。

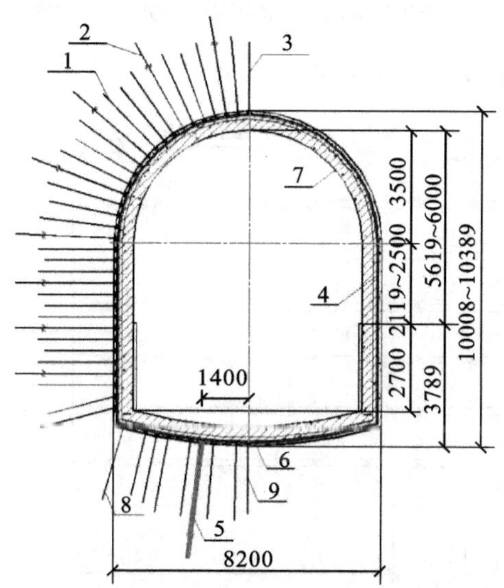

图 7-3 马头门巷道 1—1 断面支护结构图

1—顶帮高强锚杆；2—锚索；3—顶帮注浆锚杆；4—“U”形钢；5—底板锚索束；6—钢筋梯；7—二衬；8—底板高强锚杆；9—底板注浆锚杆

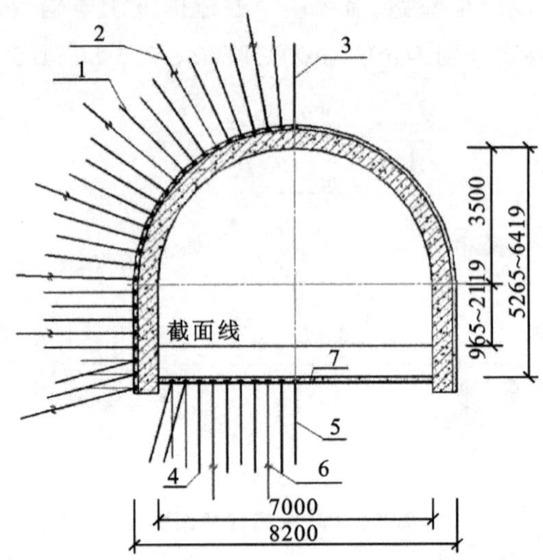

图 7-4　马头门巷道 2—2 断面支护结构图

1—顶帮高强锚杆；2—顶帮高强锚索；3—顶帮注浆锚杆；4—底板高强锚杆；5—底板注浆锚杆；6—底板高强锚索；7—"T"形钢带

锚杆、锚索平面布置如图 7-5 所示。

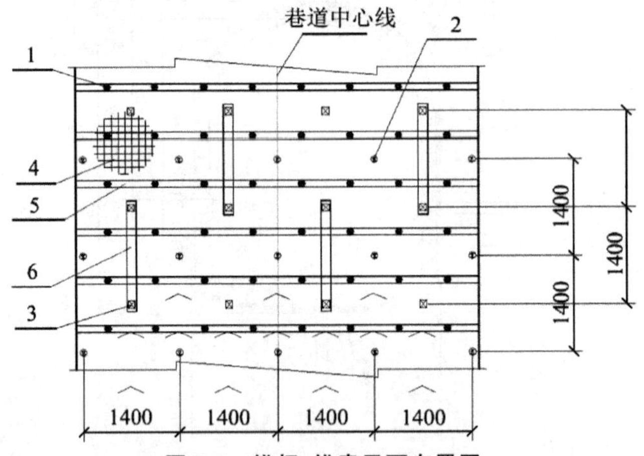

图 7-5　锚杆、锚索平面布置图

1—高强预应力锚杆；2—注浆锚杆；3—高强锚索；4—金属网；5—钢筋梯子梁；6—"T"形钢带

2. 支护参数具体实施方案

(1)顶帮高强锚杆。

采用高强预应力树脂锚杆，其规格为 ϕ 22 mm×2400 mm，间排距为 700 mm×700 mm，用 2 支树脂锚固剂锚固，设计锚固力为 12 t，预应力为 5 t。

(2)顶帮注浆锚杆。

采用无缝钢管注浆锚杆，其规格为 ϕ 20 mm×2200mm，间排距为 1400 mm×

1400 mm，与树脂锚杆隔排插空布置（根据矿压观测情况确定锚注时间）。

(3)顶帮锚索。

锚索采用规格为 ϕ 22 mm×10 000 mm 的高强锚索，间排距为 1400 mm×1400 mm，用 3 支树脂锚固剂锚固，设计锚固力为 20 t，预应力为 15 t。

(4)喷射混凝土。

采用 C20 喷射混凝土，其厚度为 150 mm。

(5)金属网。

采用规格为 ϕ 6.5 mm 的钢筋网，其网格为 100 mm×100 mm。

(6)钢筋梯。

顶帮树脂锚杆之间采用规格为 ϕ 10 mm 的钢筋梯连接。

(7)“T”形钢带。

锚索之间以及底板锚杆之间采用 140 mm 宽的“T”形钢带。

(8)“U”形钢棚。

马头门开口处 3 m 范围内，采用 U36 钢棚，带反底拱，矢高 0.6 m，棚间距 0.5 m。

(9)注浆。

采用普通水泥浆液注浆，其水灰比为 0.6，加 1%的高效减水剂，注浆压力为 1.5 MPa，终压为 2.5 MPa。

(10)底板高强锚杆。

采用高强预应力树脂锚杆，其规格为 ϕ 22 mm×1600 mm，每断面布置 12 根锚杆，间排距为 700 mm×700 mm，锚杆用 140 mm 宽的“T”形钢带连成整体。

(11)底板锚索。

马头门开口处 20 m 范围内，采用锚索束加固底板，锚索束由 3 根 ϕ 22 mm×10000 mm 高强钢绞线组合而成。每断面有 2 根锚索束，其间排距为 2800 mm×2800 mm，第一排距井壁掘进断面 1.5 m，第二排位于摇台坑最里端；锚索束设计锚固力为 75 t，每根钢绞线预应力为 15 t，总预应力为 45 t；锚索束之间放置 2 根 9 号矿用工字钢焊接钢梁；锚索束外径为 60 mm，锚索孔直径为 90 mm。

(12)底板注浆锚杆。

采用无缝钢管制作，其规格为 ϕ 20 mm×1600 mm，每断面布置 5 根注浆锚杆，排距为 1400 mm×1400 mm，与树脂锚杆隔排插空布置成梅花形。

(13)钢筋混凝土衬砌。

钢筋混凝土衬砌采用 C30 混凝土模筑而成，厚度为 500 mm，水平配筋为Φ16@330，竖直配筋为Φ 20@250。

7.4 底板锚索束施工工艺

预应力锚索束施工工艺主要包括四道工序：钻孔、锚索束制作与安装、注浆、张拉。

7.4.1 钻孔

①钻机的选用：根据本工程要求，选用现有矿用地质钻机即可。

②钻机安装：钻机在确定位置安装后必须稳固。

③开孔位置要求：沿横切面方向偏差以及沿纵向偏差均不大于 100 mm。

④钻孔直径与深度：钻孔直径为 ϕ 90 mm；钻孔设计深度为 9.5 m，深度偏差为 0±50 mm，保证锚索束安装到位。

7.4.2 锚索束制作与安装

锚索束的制作与安装效果如图 7-6 所示。

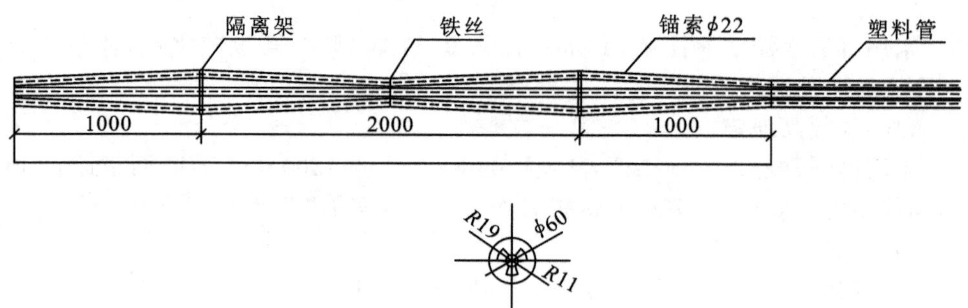

图 7-6 锚索束示意图

(1)锚索束采用 3 根 ϕ 22 mm 的钢绞线制作，每束钢绞线长为 10 m。在锚索束加工制作时，要对钢绞线进行外观检查，不得出现明显裂痕或松丝等缺陷，不得有死弯。发现有上述缺陷的部分应截去不得使用，局部锈蚀严重的也不得使用。绑制锚索束时，要用钢丝刷刷去钢绞线表面浮锈，在自由伸缩段的钢绞线上均匀涂一层防锈油脂，再用 ϕ 23 mm 的聚乙烯管套在其上，两端用胶布封口，用铁丝绑紧。

(2)将处理好的钢绞线按设计长度分别顺直，在锚索束锚固段 4 m 范围内安设 2 个锚索束隔离架，并分别在锚索束前端、两个隔离架之间以及距锚索束前端 4 m 处用铁丝将锚索束绑紧，使锚固段呈枣核状，如图 7-6 所示。其目的在于使锚索束与注浆孔水泥浆能黏结良好。组装好的锚索束大致成一条直线，每段钢绞线之间不得相互交叉，用细铁丝等间隔捆 3 道存放备用。不论是钢绞线还是制作好的锚索束，都要妥善存放，禁止沾上油污和雨水且不得在泥水中浸泡，否则会严重影响锚固力。

(3)锚索束安装前应检查锚索孔，核对钻孔深度是否符合设计深度要求。若锚索孔小于设计深度，会降低锚索束有效长度；同时，应防止因锚索孔过深导致锚索束自孔口外露长度小于 500 mm，影响张拉作业。锚索束安装采用人工推送下放，始终保持方向顺直，推送至孔底即可。在人工推送中注意不要损坏自由段聚乙烯管套。为防止因锚索孔塌孔无法顺利推送下放锚索束，应尽量在成孔后马上安装锚索。

7.4.3　注浆

(1)采用注浆泵全孔一次注浆的方式，将水泥浆注入孔内封闭锚索孔，直至孔口溢出浆液为止；浆液为水泥浆，采用普通硅酸盐水泥(P·O32.5)，其水灰比为 0.6，并加入 1%的高效减水剂以改善浆液的和易性和流动性；水泥浆必须搅拌均匀，并在注浆过程中不得停止搅拌；如果水泥浆液结石后导致锚索孔口未能充满，应进行补浆；注浆泵采用 QB-15 型便携式气动注浆泵。

(2)注水泥浆要用孔口注浆管，孔口注浆管用 ϕ 22 mm×3 mm×350 mm 的钢管，一端伸入孔口，另一端与注浆泵胶管连接。注浆结束后应对注浆机具及时进行清洗，以便下次注浆使用。水泥浆注孔后，未到终凝时不得晃动锚索束，不得进入张拉工序。

7.4.4　张拉

(1)预应力锚索束应在注浆 7 天后进行张拉。首先找平孔口，安装由 2 根 9 号矿用工字钢焊接而成的锚索束钢梁及 250 mm×250 mm×20 mm 垫板和锚具，然后穿上张拉机具进行张拉。锚具采用与 ϕ 22 mm 的钢绞线配套的 3 孔整体锚具。

(2)每根锚索束设计预应力为 450 kN，即每股钢绞线施加预应力为 150 kN。张拉操作时，应采取分次逐级循环张拉方式，按 0—50 kN—100 kN—150 kN 逐根钢绞线张拉。宜采用电动或气动张拉机具，压力表应齐全、标定准确。张拉结束退下千斤顶后，锚具的锁片自动锁紧锚索。

7.4.5　施工质量管理

预应力锚索束施工，关键工序为钻孔、注孔和张拉，施工中严把质量关，每道工序经技术人员检查合格后才能开始下一工序施工。

①施工前，组织施工人员进行培训，熟悉锚索束施工各工序施工的要求。

②严格按照锚索束施工工序要求施工，并建立质量奖惩制度。

③施工技术人员做好每道工序的原始资料记录。

④指定一名专职检查员抓质量管理。

⑤锚索束间排距允许误差为±100 mm。

⑥钻孔深度为 9.5 m，允许误差为 0±50 mm。

⑦锚索束预应力为 450 kN。

7.5 矿压监测

7.5.1 矿压监测的目的及意义

矿压监测是动态信息设计方法的核心内容之一。通过测试锚杆、锚索、混凝土受力和巷道围岩表面收敛变形,就可比较全面地了解锚杆支护的工作状态,进而验证或修改锚杆支护初始设计,并保证巷道的安全状态。在巷道掘进过程中矿压的监测就显得尤为重要,在巷道掘进过程中设置相应的测站,对巷道围岩表面位移、锚杆锚索载荷、混凝土受力等进行观测,可及时了解和掌握巷道在整个服务期间的巷道围岩变形情况和锚杆锚索的支护效应。对观测数据的分析,可科学指导掘进施工及锚杆支护设计,以保证巷道正常施工及人员安全。

7.5.2 矿压监测的内容和方法

1. 巷道矿压监测内容及监测仪器

磁西一号井副井的具体监测内容如表 7-3 所示。

表 7-3　　磁西一号井副井的具体检测内容

序号	项目	内容	仪器(仪表)
1	巷道表面收敛	顶板下沉、两帮收敛及底臌	测枪、卷尺、测线
2	锚杆(索)受力	顶板与两帮锚杆(索)受力情况	锚杆(索)测力计、智能检测仪
3	混凝土受力	顶板与两帮混凝土受力情况	混凝土应力计
4	锚索束受力	底板锚索束受力情况	锚索束测力计

巷道矿压监测包括巷道表面收敛观测、锚杆(索)受力监测、混凝土应力监测、锚索束受力等内容。

(1)巷道表面收敛观测。

巷道表面收敛包括顶底板相对移近量、顶板下沉量、底臌量、两帮相对移近量等。巷道表面收敛的测量方法比较简单,可采用测枪、卷尺等测量。

(2)锚杆(索)受力监测。

锚杆(索)受力监测是巷道矿压监测的重要内容。通过监测支护体受力大小与分布,可比较全面地了解锚杆(索)工作状况,判断锚杆(索)是否发生屈服和破断,评价巷道围岩的稳定性与安全性,锚杆(索)支护方案是否合理,并根据监测数据对支护方案提出修改建议。

测量锚杆(索)受力仪器采用泰安科大洛赛尔传感技术有限公司生产的锚杆(索)测力计、智能检测仪等,用于测量锚杆(索)受力的测力计 MGH-200(MGH-300)、智能检测仪 GSJ-2A 如图 7-7 所示。

图 7-7 锚杆(索)测力计及智能检测仪

(3)混凝土受力监测。

混凝土受力监测采用泰安科大洛赛尔传感技术有限公司生产的混凝土应力计 HGLJ-20,如图 7-8 所示。

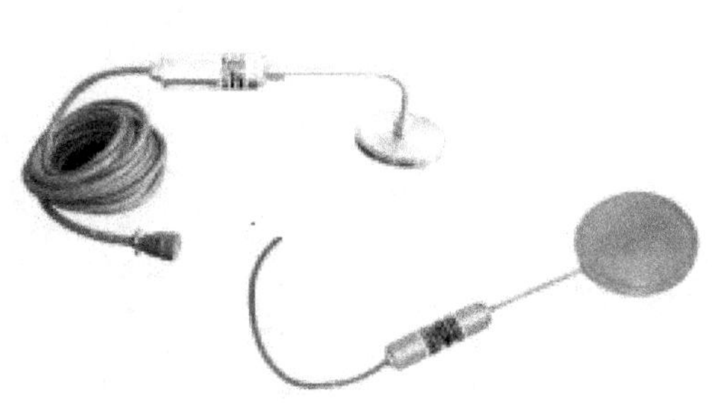

图 7-8 混凝土应力计

(4)底板锚索束受力监测。

采用锚索束测力计 MGH-800(图 7-9)对底板锚索束受力进行监测。

图 7-9 锚索束测力计

2.监测断面的布置与具体观测方法

围岩收敛变形监测先后共设置 10 个断面，如图 7-10、图 7-11 所示。

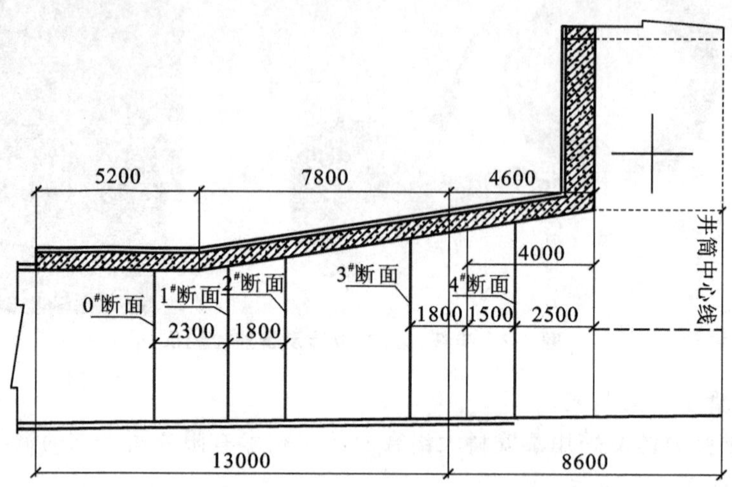

图 7-10　南马头门围岩收敛变形监测断面

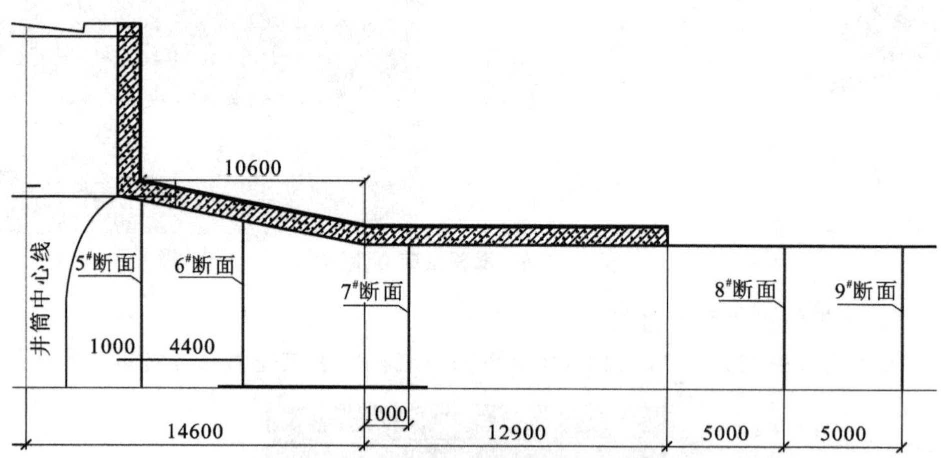

图 7-11　北马头门围岩收敛变形监测断面

南马头门受力监测共设置 2 个断面，距离井筒中心线分别为 18.5 m、12.85 m 左右，如图 7-12 所示。其中：距离井筒中心线较近的锚杆、锚索、混凝土监测断面为第一监测断面，共布置 3 个锚杆测力计、3 个锚索测力计、3 个混凝土应力计及 1 个锚索束测力计；距离井筒中心线较远的锚索监测断面为第二监测断面，共布置 2 个锚索测力计。巷道表面收敛变形监测断面及南马头门受力监测断面布置如表 7-4和表 7-5 所示。

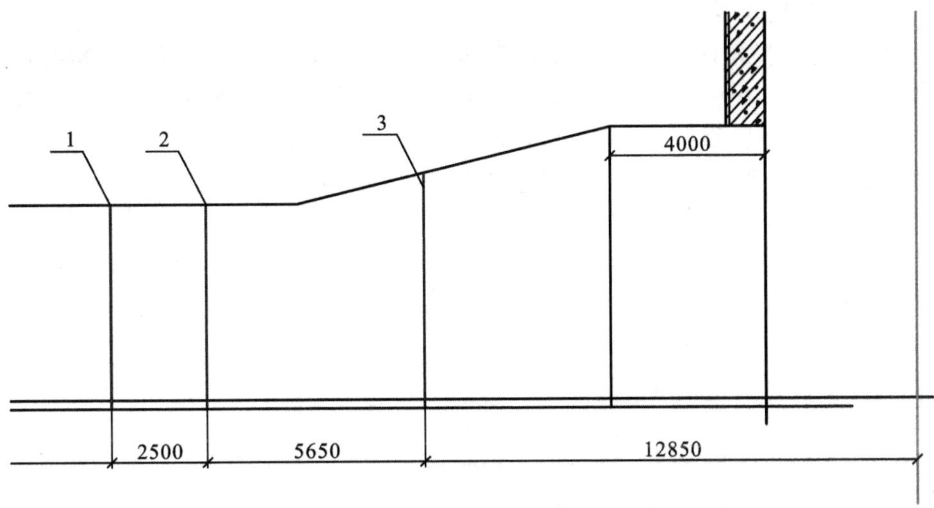

图 7-12 南马头门锚杆、锚索及混凝土受力监测断面

1—掘进迎头；2—锚索监测断面；3—锚杆、锚索、混凝土监测断面

表 7-4 **巷道表面收敛变形监测断面**

马头门巷道位置	南马头门巷道					北马头门巷道				
变形监测断面编号	0#	1#	2#	3#	4#	5#	6#	7#	8#	9#
距井筒中心线位置/m	17.8	15.5	13.7	9.8	6.5	5.0	9.4	16.5	32.5	37.5

表 7-5 **南马头门受力监测断面**

监测断面	第一监测断面	第二监测断面
距井筒中心线/m	12.85	18.5

(1)巷道表面位移监测。

巷道表面位移采用双十字布点法进行监测，如图 7-13 所示。在顶、底板中部垂直方向和两帮水平方向安装测量基点，共布置 10 个监测断面(图 7-10、图 7-11)。按照监测要求进行观测并记录巷道围岩变形量以及监测时间。

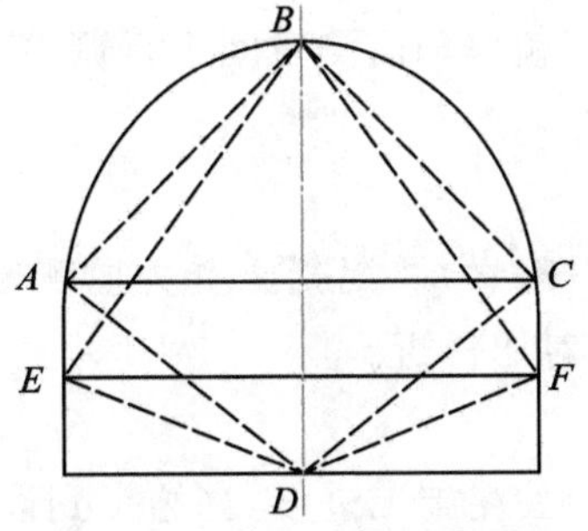

图 7-13 变形监测点的布置

(2)锚杆、锚索受力监测。

3#、4#、5#锚杆属于第一监测断面，分别安装在南马头门巷道拱顶、左帮直墙、左肩部分，如图 7-14(a)所示；6#、7#、8#锚索属于第二监测断面，分别安装在南马头门巷道拱顶、左肩和右帮直墙位置，如图 7-14(b)所示；13#、14#、15#锚索属于第一监测断面，分别安装在南马头门巷道左帮直墙、左肩、拱顶位置，如图 7-14(c)所示。

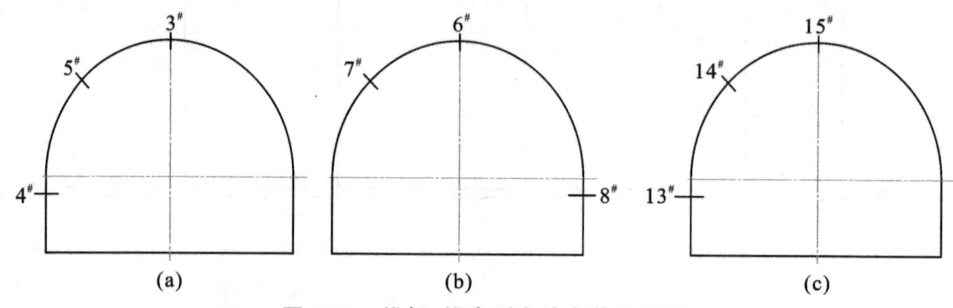

图 7-14　锚杆、锚索测力计安装位置图

(3)混凝土受力监测。

10#、11#、12#混凝土应力计属于第一监测断面，分别安装在南马头门的拱顶、左肩及左帮位置(距离已浇灌断面向里 260 cm)，布置如图 7-15 所示。

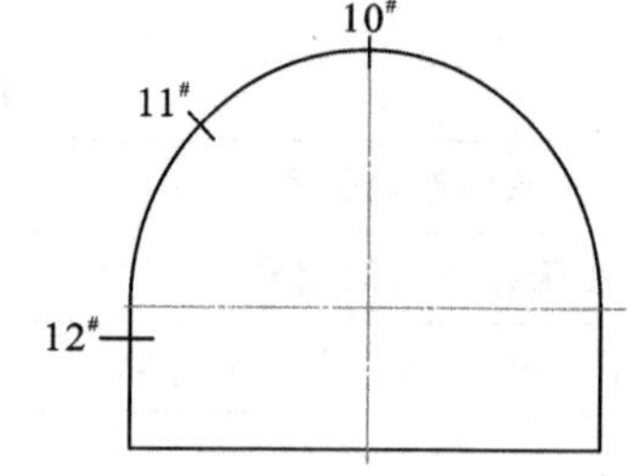

图 7-15　混凝土应力计安装位置图

(4)底板锚索束受力监测。

9#锚索束测力计安装在南马头门第二排靠近左帮的底板锚索束上，位置与南马头门等候室通道的轴线近似重合，距离井筒中心线 11.8 m 左右，初始预应力为 570.80 kN。

7.5.3　矿压监测频率及要求

1. 监测频率

监测站点布设全部完成后，监测频率规定一般为：前 10 天内，1 次/天；11～30 天，1 次/2 天；31～90 天，1 次/3 天。具体监测频率可依据现场施工进度安排及实测数据变化趋势及时对监测频率和监测时间进行调整。

2. 监测要求

(1)监测断面设定要求。

巷道变形监测断面、锚杆(索)及混凝土受力监测断面要尽可能地设定在邻近位置，以便后期监测数据的对比分析。

(2)仪器安装要求。

监测仪器的安装要密切关注施工进度，当施工到设计监测断面时，要及时安装监测仪器，记录初始数据值。

(3)监测人员的要求。

现场监测人员要采取多次测量取平均值的方法进行测量，减小偶然误差，剔除明显异常数据，对监测数据及时记录成表，绘制矿压监测趋势图；发现监测数据突变现象，及时分析原因，并对异常情况所在监测断面或监测点增加监测频率；若发现监测数据持续异常变化，应及时反馈给矿方、设计方、施工方，召开集体会议商讨对策。生成图表主要包括：

①作位移-时间历程曲线，分别作出各监测断面的位移-时间历程曲线；

②为了反映巷道周边位移速率-时间的关系，分别作出各监测断面的速率-时间曲线；

③锚杆(锚索)轴力-时间历程曲线；

④混凝土衬砌受力与时间关系曲线。

7.5.4 矿压监测结果分析

1. 第一阶段即巷道成型锚喷阶段

第一阶段巷道两帮收敛及锚杆、锚索轴力监测曲线如图 7-16～图 7-18 所示。

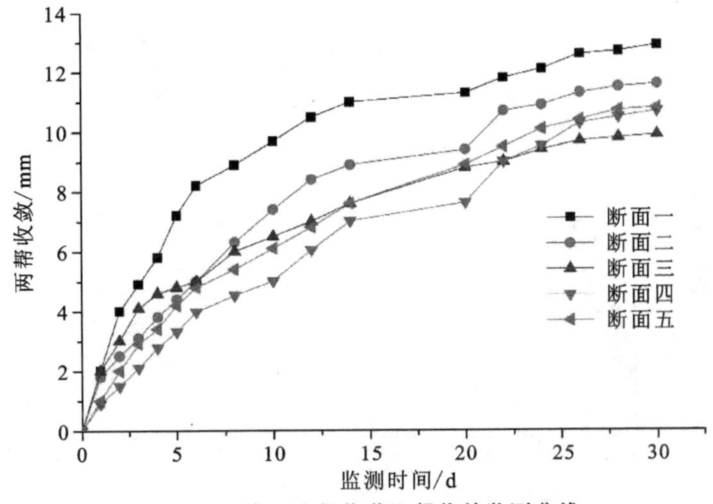

图 7-16 第一阶段巷道两帮收敛监测曲线

由图 7-16～图 7-18 可知：

①巷道成型锚喷之后，监测前期，两帮收敛变形迅速增长，8 天左右趋于稳定，两帮最大收敛变形量为 13 mm。

②锚杆安装后，随着围岩变形，轴力由初始预紧力逐渐增大，达最大值 70.87 kN，30 天后趋于稳定，增大幅度达 40%。

③锚索安装后，轴力呈上升趋势，10 天后达到最大值，之后因为预紧力松弛，锚索轴力下降，监测 20 天后读数趋于稳定。

监测 30 天以后，围岩变形及锚杆、锚索受力均趋于稳定，结合第 3 章中最佳支护时机理论分析认为，此时即为二衬的最佳施作时机，决定在 2013 年 7 月 25 日在南马头门立模浇注二次混凝土衬砌。

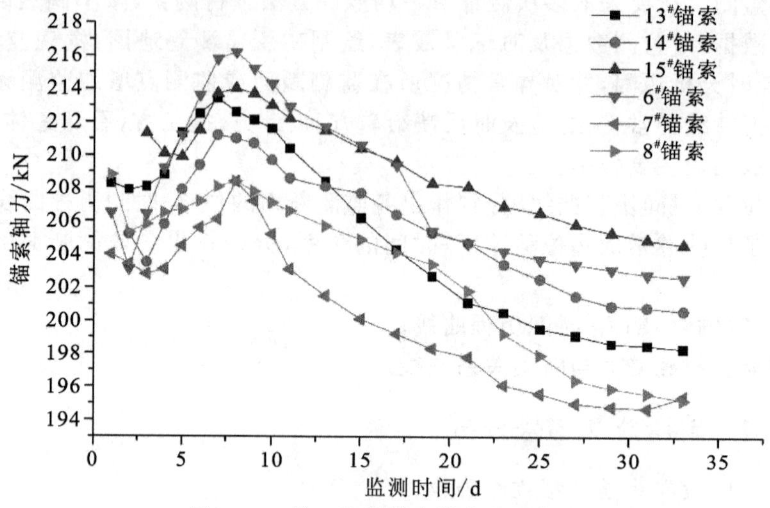

图 7-17 第一阶段锚索轴力监测曲线

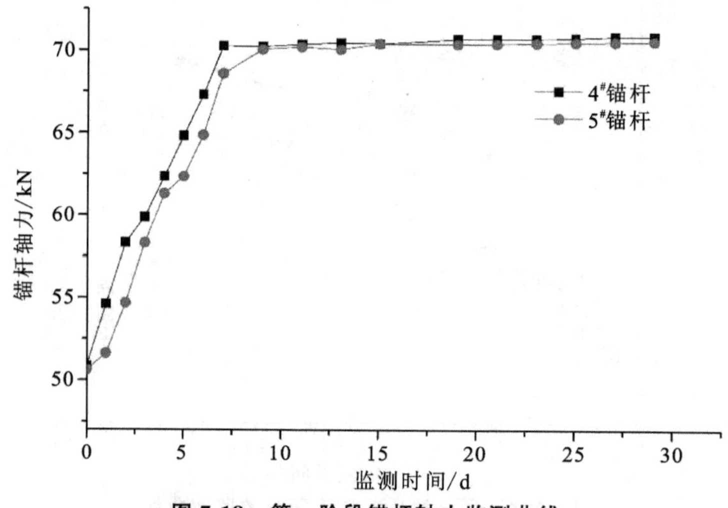

图 7-18 第一阶段锚杆轴力监测曲线

2. 第二阶段即混凝土砌碹阶段

(1)巷道表面收敛监测。

巷道表面位移是反映巷道围岩稳定状况的综合指标。混凝土砌碹浇筑完成后，在南、北马头门巷道各布置 5 个监测断面，共 10 个测点，监测自混凝土砌碹浇筑完成开始。

因长期施工及多次复喷覆盖影响，北马头门加强段(5# 断面)、混凝土砌碹段(6#、7#)及锚喷段(8#、9#)采集的数据较少，但均有初始值和变化后的最终值；南马头门 0# 断面为中途添加，以便监测拱顶钢梁处的变形发展情况，监测期间总变形量仅为 1 mm,说明钢梁处已变形稳定;北马头门两帮收敛最大值 15 mm,变化量较小(5#、6#、7#、8#、9# 稳定后的变形量分别为 11 mm、7 mm、15 mm、13 mm、8 mm),说明围岩变形总体已达到稳定。

①两帮收敛。巷道两帮收敛监测曲线如图 7-19 所示。

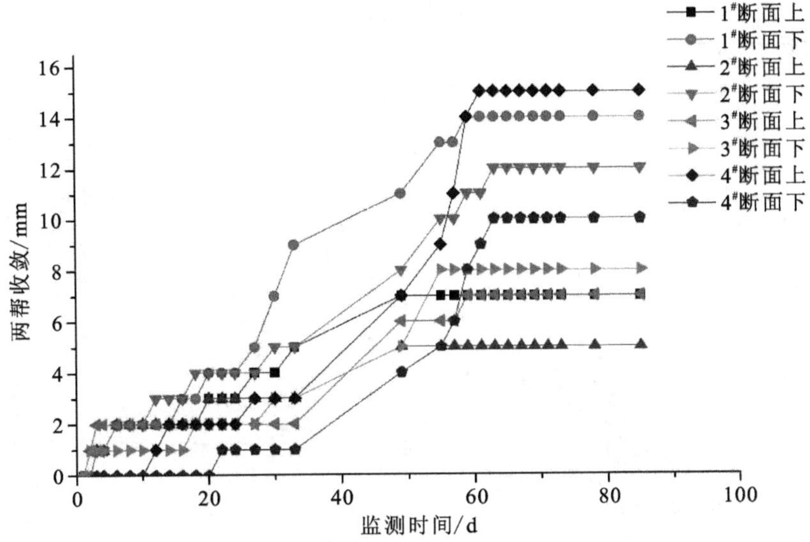

图 7-19 第二阶段巷道两帮收敛监测曲线

由图 7-19 可知:

a. 巷道两帮变形与时间效应明显,混凝土砌碹浇筑完成后,前期收敛变形持续时间较长,且变形速率大,监测 60 天后,两帮收敛趋于稳定;

b. 巷道在观测期内两帮最大移近量达 15 mm。

②顶板下沉。巷道顶板下沉监测曲线如图 7-20 所示。

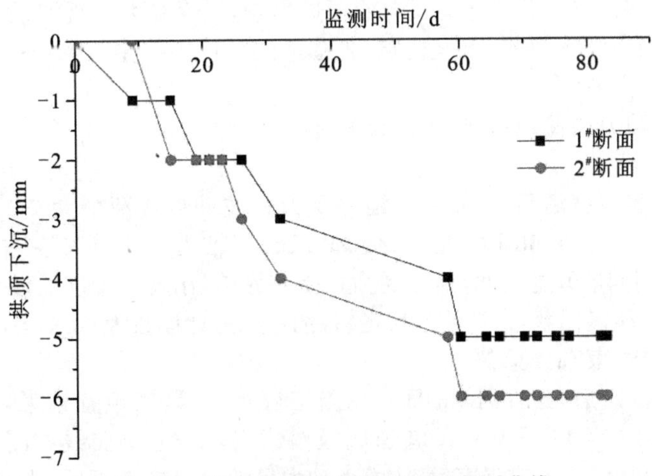

图 7-20 第二阶段巷道顶板下沉监测曲线

由图 7-20 可知：

a. 在砌碹浇灌完成后的 20～50 天内，巷道顶板下沉量较大，超过总下沉量的 50%。

b. 观测期内，南马头门拱顶最大下沉量达 5 mm，北马头门拱顶最大下沉量达 6 mm。

c. 巷道顶板下沉量明显小于巷道两帮移近量。

(2)锚索轴力监测。

巷道锚索轴力监测曲线如图 7-21 所示。

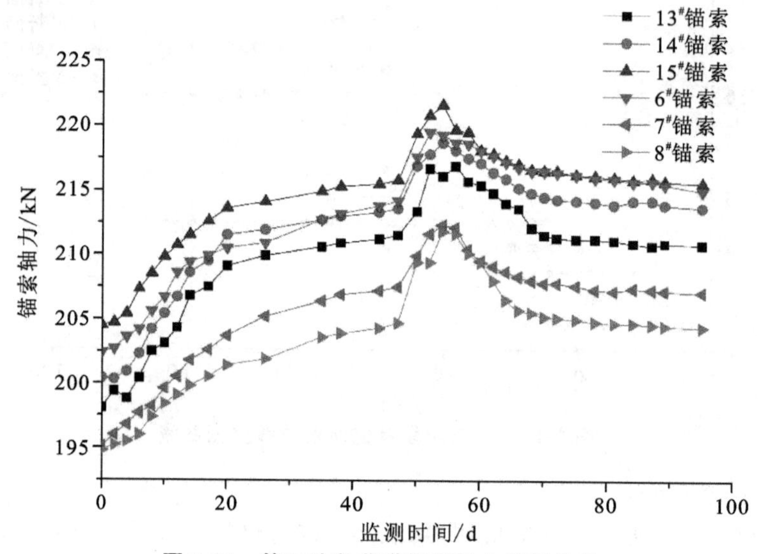

图 7-21　第二阶段巷道锚索轴力监测曲线

由图 7-21 可知：

①砌碹浇灌后，监测 35 天内，锚索受力逐渐增大，增大幅值为 10 kN 左右。

②监测 45 天左右，受南马头门向前掘进影响，锚索受力出现波动上升；掘进完成 20 天后，锚索轴力缓慢回落，直至稳定，各锚索测力计读数在 204.4～215.6 kN 之间。

(3)锚杆轴力监测。

巷道锚杆轴力监测曲线如图 7-22 所示。

由图 7-22 可知：

①混凝土砌碹浇灌后，7 天左右锚杆受力先波动后逐渐增大，35 天左右基本趋于平稳，3# 锚杆轴力在 65 kN 左右，4# 和 5# 锚杆轴力在 80 kN 左右。

②南马头门向前开挖期间，锚杆受力均受到影响，出现小幅度的波动上升，掘进完成 20 天后，受力缓慢回落，直至趋于稳定，各锚杆测力计读数为 60.41～80.74 kN。

(4)底板锚索束轴力监测。

围岩变形稳定后，于 9 月 26 日开始施工底板，安装底板锚索束，锚索束测力计安装时间为 2013 年 10 月 7 日。巷道底板锚索束轴力监测曲线如图 7-23 所示。

由图 7-23 可知：安装锚索束后，锚索束轴力呈增加趋势，5 天后，达到最大值 624.90 kN，底板压力释放后，锚索束轴力逐渐减小，变化速率趋于平缓，说明巷道底臌变形趋于稳定，底板锚索束有效地控制了底臌变形，抑制底板塑性区向深部进一步发展。

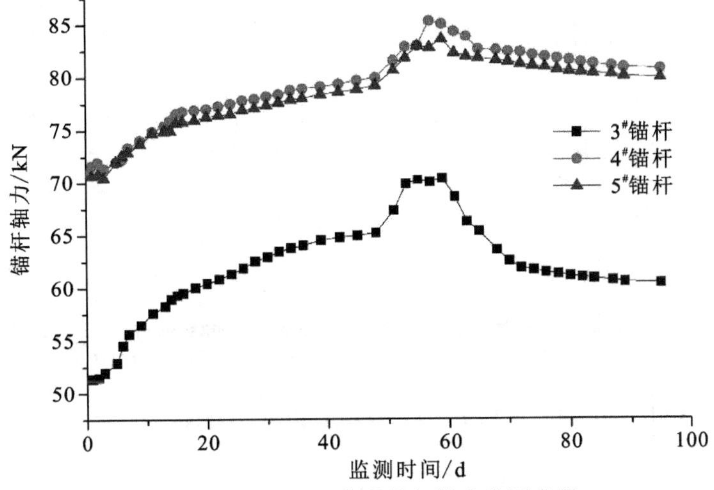

图 7-22　第二阶段巷道锚杆轴力监测曲线

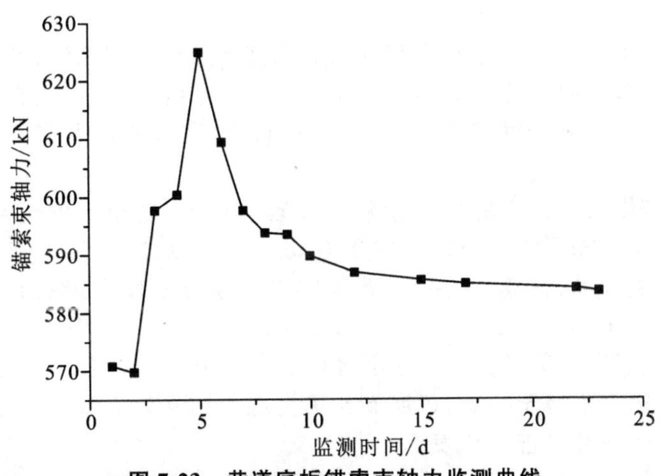

图 7-23　巷道底板锚索束轴力监测曲线

(5)混凝土应力监测。

巷道混凝土应力监测曲线如图 7-24 所示。

二次混凝土衬砌浇注完成后，混凝土受力呈现出先增后下降趋势，15 天后趋于稳定值 0.20MPa，说明巷道变形及二衬受力趋于稳定。

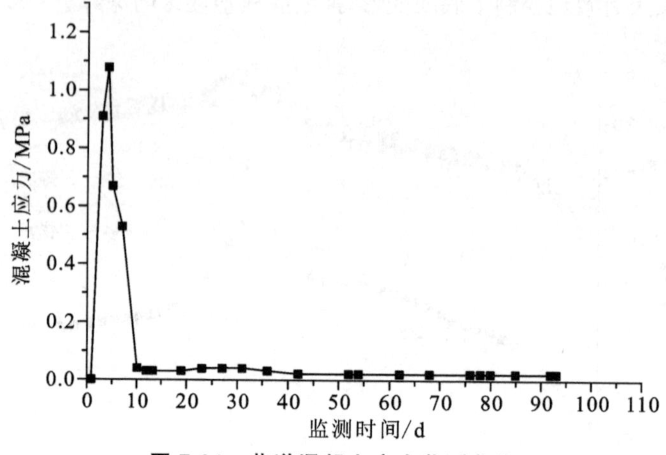

图 7-24　巷道混凝土应力监测曲线

7.6　本章小结

本章在充分分析磁西一号井副井马头门现场矿压监测数据的基础上，对支护方案进行优化，分析探讨深井二衬合理支护时机。结合矿压监测结果及现场观察情况，可以得出以下几点结论。

(1)初次支护 30 天左右，马头门附近巷道变形及锚杆、锚索受力均基本趋于稳定，巷道两帮的最大收敛量为 13 mm，结合第 3 章分析可以看出，此时即为二衬施作时机，根据现场施工进度安排，拟在此时进行南、北马头门巷道立模浇筑钢筋混凝土砌碹工序。

(2)二衬施作后混凝土应力计读数最先趋于稳定，混凝土砌碹基本已无变形，且现场观测未发现深裂纹，锚杆、锚索受力基本在 35 天左右稳定，但是受到掘进影响稍微出现数值波动，在 60 天左右，巷道围岩变形趋于稳定，南、北马头门两帮最大收敛量为 15 mm，拱顶最大下沉量为 6 mm。

(3)底板锚索束安装初期，应力计读数呈先上升后逐渐回落的趋势，11 天后，锚索束受力变化速率趋于稳定，说明高预紧力底板锚索束有效地控制了底臌变形，抑制了塑性区向深部的进一步发展。

(4)马头门附近巷道的变形量、锚杆(索)测力计以及混凝土应力计的读数均在设计允许的范围内，验证了优化后支护方案的可行性及合理性，该技术方案能保证深井马头门巷道的正常使用和井下的安全开采。

部分灰度图对应的彩图见二维码。

本章彩图

参考文献

[1] 何满潮，钱七虎.深部岩体力学基础[M].北京：科学出版社，2010.

[2] 虎维岳，何满潮.深部煤炭资源及其开发技术条件研究现状与发展趋势[M].北京：煤炭工业出版社，2008.

[3] 谢和平.深部高应力下的资源开采——现状、基础科学问题与展望[C]//香山科学会议.科学前沿与未来(第六集).北京：中国环境科学出版社，2002：179-191.

[4] 何满潮，谢和平，彭苏萍，等.深部开采岩体力学及工程灾害控制研究[C]//谢和平，彭苏萍，何满潮.深部开采基础理论与工程实践.北京：科学出版社，2006：15-32.

[5] 曾开华，鞠海燕，盛国君，等.巷道围岩弹塑性解析解及工程应用[J].煤炭学报，2011，36(5)：752-755.

[6] 余伟健，王卫军，文国华，等.深井复合顶板煤巷变形机理及控制对策[J].岩土工程学报，2012，34(8)：1501-1508.

[7] 何满潮.中国煤矿软岩巷道支护理论与实践[M].徐州：中国矿业大学出版社，1996.

[8] 何满潮，江玉生，徐华禄.软岩工程力学的基本问题[J].东北煤炭技术，1995(10)：26-33.

[9] 余伟健，冯涛，王卫军，等.软弱半煤岩巷围岩的变形机制及控制原理与技术[J].岩石力学与工程学报，2014，33(4)：658-671.

[10] 周宏伟，谢和平，左建平.深部高地应力下岩石力学行为研究进展[J].力学进展，2005，35(1)：91-99.

[11] 李刚，梁冰，张国华.高应力软岩巷道变形特征及其支护参数设计[J].采矿与安全工程学报，2009，26(2)：183-186.

[12] 张杰.软弱巷道围岩变形破坏综合分析[J].岩石力学与工程学报，2011，30(S2)：3428-3433.

[13] 何满潮.中国煤矿软岩工程地质力学研究进展[J].煤，2000，9(1)：6-11.

[14] 郑颖人.地下工程锚喷支护设计指南[M].北京：中国铁道出版社，1988.

[15] 于学馥，郑颖人，刘怀恒，等.地下工程围岩稳定性分析[M].北京：煤炭工业出版社，1983.

[16] 肖同强，李化敏，杨建立，等.超大断面硐室围岩变形破坏机理及控制[J].煤炭学报，2014，39(4)：631-636.

[17] 何满潮，景海河，孙晓明. 软岩工程力学[M]. 北京：科学出版社，2003.
[18] 朱汉华，杨建辉，尚岳全. 隧道新奥法原理与发展[J]. 隧道建设，2008，28(1)：11-14.
[19] 严红，何富连，徐腾飞. 深井大断面煤巷双锚索桁架控制系统的研究与实践[J]. 岩石力学与工程学报，2012，31(11)：2248-2257.
[20] 廖红建，王铁行，等. 岩土工程数值分析[M]. 北京：机械工业出版社，2006.
[21] 陈宗基. 中国土力学岩体力学中若干重要问题的看法[J]. 土木工程学报，1963，9(5)：24-30.
[22] 陈宗基. 地下巷道长期稳定性的力学问题[J]. 岩石力学与工程学报，1982，2(1)：1-19.
[23] 于学馥，乔端. 轴变论和围岩稳定轴比三规律[J]. 有色金属，1981(4)：9-14.
[24] 于学馥，于加，徐骏. 岩石力学新概念与开挖结构优化设计[M]. 北京：科学出版社，1995.
[25] 冯豫. 我国软岩巷道支护的研究[J]. 矿山压力与顶板管理，1990(2)：1-5.
[26] 陆家梁. 软岩巷道支护原则及支护方法[J]. 软岩工程，1990(3)：20-24.
[27] 张农，陈红，陈瑶. 千米深井高地压软岩巷道沿空留巷工程案例[J]. 煤炭学报，2015，4(3)：94-501.
[28] 朱效熹. 锚杆支护理论进展[J]. 光爆锚喷，1996(3)：1-4.
[29] 董方庭，宋宏伟，郭志宏，等. 巷道围岩松动圈支护理论[J]. 煤炭学报，1994，19(1)：21-32.
[30] 董方庭. 巷道围岩松动圈支护理论[J]. 锚杆支护，1997(1)：5-9.
[31] 方祖烈. 拉压域特征及主次承载区的维护理论[C]//中国岩石力学与工程学会软岩工程专业委员会编. 世纪之交软岩工程技术现状与展望. 北京：煤炭工业出版社，1999：48-51.
[32] 李庶林，桑玉发. 应力控制技术及其应用综述[J]. 岩土力学，1997，18(1)：90-96.
[33] 何满潮，王树仁. 大变形数值方法在软岩工程中的应用[J]. 岩土力学，2004，25(2)：185-188.
[34] 何满潮，彭涛，陈宜金. 软岩工程中的大变形问题及研究方法[J]. 水文地质工程地质，1994(5)：5-8.
[35] 张农，李宝玉，李桂臣，等. 薄层状煤岩体中巷道的不均匀破坏及封闭支护[J]. 采矿与安全工程学报，2013，30(1)：1-6.
[36] 杨新安，陆士良. 软岩巷道锚杆支护研究新进展[J]. 中国煤炭，1996(8)：29-32.
[37] 王卫军，罗立强，黄文忠，等. 高应力厚层软岩顶板煤巷锚索支护失效机理及合理长度研究[J]. 采矿与安全工程学报，2014，31(1)：17-21.

[38] 易恭猷，韩立军，林登阁. 极不稳定巷道合理支护技术研究[J]. 中国煤炭，1996(6)：32-35.

[39] 张农. 巷道滞后注浆围岩控制理论与实践[M]. 徐州：中国矿业大学出版社，2004.

[40] 陆士良，汤雷. 巷道锚注支护机理的研究[J]. 中国矿业大学学报，1996，25(2)：1-6.

[41] 陈启永. 高应力大变形巷道锚注支护技术实践[J]. 煤炭科学技术，2005，33(10)：45-47.

[42] 李学华，杨宏敏，刘汉喜，等. 动压软岩巷道锚注加固机理与应用研究[J]. 采矿与安全工程学报，2006，23(2)：159-163.

[43] 姚裕春. 高水平应力软岩巷道围岩变形机理及支护对策[D]. 西安：西安科技学院，2002.

[44] 王其胜. 深部软岩巷道矿压特征与支护技术研究[D]. 长沙：中南大学，2008.

[45] 张农，张志义，吴海，等. 深井沿空留巷扩刷修复技术及应用[J]. 岩石力学与工程学报，2014，33(3)：468-474.

[46] 王兆申，孟飞，孙学军. 深井高应力巷道锚杆支护设计优化研究[J]. 中国矿业，2009，18(7)：114-119.

[47] 高延法，曲祖俊，牛学良，等. 深井软岩巷道围岩流变与应力场演变规律[J]. 煤炭学报，2007，32(12)：1244-1252.

[48] 杨军，于世波，陶志刚，等. 第三系软岩巷道变形破坏特性及耦合控制对策研究[J]. 采矿与安全工程学报，2014，31(3)：373-384.

[49] 张梅花，高谦，翟淑花. 高地应力围岩流变特性及竖井长期稳定性分析[J]. 力学学报，2010，42(3)：474-481.

[50] 彭苏萍，王希良，刘咸卫，等. "三软"煤层巷道围岩流变特性试验研究[J]. 煤炭学报，2001，26(2)：149-152.

[51] 刘高，聂德新，韩文峰. 高应力软岩巷道围岩变形破坏研究[J]. 岩石力学与工程学报，2000，19(6)：721-730.

[52] 何满潮，吕晓俭，景海河. 深部工程围岩特性及非线性动态力学设计理念[J]. 岩石力学与工程学报，2002，21(8)：1215-1224.

[53] 张国锋，于世波，李国峰，等. 巨厚煤层三软回采巷道恒阻让压互补支护研究[J]. 岩石力学与工程学报，2011，30(8)：1619-1622.

[54] 何满潮. 深部的概念体系及工程评价指标[J]. 岩石力学与工程学报，2005，24(16)：2854-2858.

[55] 何满潮，邹正盛，彭涛. 论高应力软岩巷道支护对策[J]. 水文地质工程地质，1994(4)：7-11.

[56] 尹光志,王登科,张东明.高应力软岩下矿井巷道支护[J].重庆大学学报:自然科学版,2007,30(10):87-91.

[57] 马念杰,赵希栋,赵志强,等.深部采动巷道顶板稳定性分析与控制[J].煤炭学报,2015,40(10):2287-2295.

[58] 钱七虎,李树忱.深部岩体工程围岩分区破裂化现象研究综述[J].岩石力学与工程学报,2008,27(6):1278-1284.

[59] 李术才,王汉鹏,钱七虎,等.深部巷道围岩分区破裂化现象现场监测研究[J].岩石力学与工程学报,2008,27(8):1545-1553.

[60] 王红英,张强,张玉军,等.深部巷道围岩分区破裂化数值模拟[J].煤炭学报,2010,35(4):535-540.

[61] 高召宁,孟祥瑞.深井高应力软岩巷道围岩变形破坏及支护对策[J].中国煤炭,2007,33(1):1844-1851.

[62] 刘高,聂德新,韩文峰.高应力软岩巷道围岩变形破坏研究[J].岩石力学与工程学报,2000,19(6):726-730.

[63] 朱学军,杜兵,赵方敏.深部高应力巷道矿压显现与控制[J].矿山压力与顶板管理,2000(3):64-66.

[64] 冀贞文,王怀新,王同吉.深井巷道围岩变形破坏规律及其控制技术[J].煤炭工程,2004(2):32-34.

[65] 马培渠,刘善东,王洪涛.深井巷道围岩破坏机理研究与支护技术[J].山东煤炭科技,2008(1):106-107.

[66] 马江军,齐明友,王令永.深井煤层巷道围岩变形与控制技术研究[J].山东煤炭科技,2009(2):128-129.

[67] 周宏伟,谢和平,左建平.深部高地应力下岩石力学行为研究进展[J].力学进展,2005,35(1):91-99.

[68] 杨守臻,王天翔,刘杰.地下水渗流对岩体力学性质的影响[J].山西建筑,2008,34(13):97-98.

[69] 王祥秋,杨林德,高文华.软弱围岩蠕变损伤机理及合理支护时间的反演分析[J].岩石力学与工程学报,2004,23(5):793-796.

[70] 陈子荫.围岩力学分析中的解析方法[M].北京:煤炭工业出版社,1994.

[71] 谢和平,陈忠辉.岩石力学[M].北京:科学出版社,2004.

[72] 徐芝纶.弹性力学简明教程[M].北京:高等教育出版社,2002.

[73] 刘泉声,高玮,袁亮.煤矿深部岩巷稳定控制理论与支护技术及应用[M].北京:科学出版社,2010.

[74] 康红普.水对岩石的损伤[J].水文地质工程地质,1994(3):39-41.

[75] 王刚,李术才,王明斌.渗透压力作用下加锚裂隙岩体围岩稳定性研究[J].岩土力学,2009,30(9):2843-2849.

[76] 康健,赵明鹏,梁冰.高温下岩石力学性质的数值试验研究[J].辽宁工程技术大学学报,2005,24(5):683-685.
[77] 左建平,谢和平,周宏伟.温度压力耦合作用下的岩石屈服破坏研究[J].岩石力学与工程学报,2005,24(16):2917-2921.
[78] 左建平,周宏伟,谢和平,等.温度和应力耦合作用下砂岩破坏的细观试验研究[J].岩土力学,2008,29(6):1477-1482.
[79] 李佳佳,高明中,王素军.近距离采动影响巷道稳定性数值模拟研究[J].煤炭技术,2010,29(1):79-81.
[80] 刘建军,吕志强,郭敏江.邻近工作面采动影响下巷道矿压规律研究[J].煤炭科技,2009(1):81-83.
[81] 凌贤长,蔡德所.岩体力学[M].哈尔滨:哈尔滨工业大学出版社,2002.
[82] 沈明荣,陈建峰.岩体力学[M].上海:同济大学出版社,2006.
[83] 徐干成,白洪才,郑颖人,等.地下工程支护结构[M].北京:中国水利水电出版社,2002.
[84] 朱素平,周楚良.地下圆形隧道围岩稳定性的黏弹性力学分析[J].同济大学学报,1994,22(3):229-333.
[85] 闫春岭,丁德馨,毕忠伟,等.深埋隧道围岩稳定性的黏弹性力学分析[J].贵州工业大学学报:自然科学版,2005,34(3):125-129.
[86] 郑颖人,孔亮.岩土塑性力学[M].北京:中国建筑工业出版社,2010.
[87] 周维垣.高等岩石力学[M].北京:水利电力出版社,1990.
[88] 刘泉声,张华,林涛.煤矿深部岩巷围岩稳定与支护对策[J].岩石力学与工程学报,2004,23(21):3732-3737.
[89] 蔡美峰,彭华,乔兰,等.万福煤矿地应力场分布规律及其与地质构造的关系[J].煤炭学报,2008,33(11):1248-1252.
[90] 孔德森,蒋金泉,范振忠,等.深部巷道围岩在复合应力场中的稳定性数值模拟分析[J].山东科技大学学报:自然科学版,2001,20(1):68-70.
[91] 康红普,林健,张晓.深部矿井地应力测量方法研究与应用[J].岩石力学与工程学报,2007,26(5):929-933.
[92] 蔡美峰,陈长臻,彭华,等.万福煤矿深部水压致裂地应力测量[J].岩石力学与工程学报,2006,25(5):1069-1074.
[93] 张百红,韩立军,韩贵雷,等.深部三维地应力实测与巷道稳定性研究[J].岩土力学,2008,29(9):2547-2555.
[94] 李占金,徐东强.软岩巷道支护理论及支护理论的研究和发展[J].河北理工学院学报,2003,25(4):8-13.
[95] 孙玉福.水平应力对巷道围岩稳定性的影响[J].煤炭学报,2010,35(6):891-895.

[96] 邹喜正，李华祥. 构造应力对巷道布置影响的理论分析[J]. 煤矿设计，1998(10)：17-19.

[97] 何满潮. 煤矿软岩变形力学机制与支护对策[J]. 水文地质工程地质，1997(2)：12-16.

[98] 柏建彪，王襄禹，贾明魁，等. 深部软岩巷道支护原理及应用[J]. 岩土工程学报，2008，30(5)：632-635.

[99] 刘泉声，卢兴利. 煤矿深部巷道破裂围岩非线性大变形及支护对策研究[J]. 岩土力学，2010，31(10)：3273-3279.

[100] 张璨，张农，许兴亮，等. 高地应力破碎软岩巷道强化控制技术研究[J]. 采矿与安全工程学报，2010，27(1)：13-18.

[101] 常聚才，谢广祥. 深部巷道围岩力学特征及其稳定性控制[J]. 煤炭学报，2009，34(7)：881-886.

[102] 何满潮，李春华. 锚索关键部位二次支护技术研究及其应用[J]. 建井技术，2002，23(1)：21-24.

[103] 吴和平，陈建宏，张涛，等. 高应力软岩巷道变形破坏机理与控制对策研究[J]. 金属矿山，2007(9)：50-54.

[104] 柏建彪，侯朝炯. 深部巷道围岩控制原理与应用研究[J]. 中国矿业大学学报，2006，35(2)：145-148.

[105] 靖洪文，李元海，许国安. 深埋巷道围岩稳定性分析与控制技术研究[J]. 岩土力学，2005，26(6)：877-888.

[106] 张农，侯朝炯，沈掌旺，等. 极难维护软岩巷道动态加固技术[J]. 东北煤炭技术，1998(4)：22-25.

[107] 许兴亮，张农，徐基根，等. 高地应力破碎软岩巷道过程控制原理与实践[J]. 采矿与安全工程学报，2007. 24(1)：51-55.

[108] 薛顺勋. 软岩巷道支护技术指南[M]. 北京：煤炭工业出版社，2001.

[109] 杨新安，陆士良. 软岩巷道锚注支护理论与技术的研究[J]. 煤炭学报，1997，22(1)：32-36.

[110] 王连国，缪协兴，董健涛，等. 深部软岩巷道锚注支护数值模拟研究[J]. 岩土力学，2005. 26(6)：983-985.

[111] 刘长武，陆士良. 锚注加固对岩体完整性与准岩体强度的影响[J]. 中国矿业大学学报，1999，28(3)：221-224.

[112] 谢和平，高峰，鞠杨，等. 深部开采的定量界定与分析[J]. 煤炭学报，2015，40(1)：1-10.

[113] 张百红，韩立军，王延宁，等. 深井软岩巷道锚注支护结构承载特性[J]. 采矿与安全工程学报，2007，24(2)：160-164.

[114] 韩立军，张茂林，贺永年，等. 岩土加固技术[M]. 徐州：中国矿业大学出版

社，2005.

[115] 王连国，李明远，王学知．深部高应力极软岩巷道锚注支护技术研究[J]．岩石力学与工程学报，2005，24(16)：2889-2893.

[116] 王卫军，袁超，余伟健，等．深部高应力巷道围岩预留变形控制技术[J]．煤炭学报，2016，41(9)：2156-2164.

[117] 张强，王水林，葛修润．圆形巷道围岩应变软化弹塑性分析[J]．岩石力学与工程学报，2010，29(5)：1031-1035.

[118] 王连国，张健，李海亮．软岩巷道锚注支护结构蠕变分析[J]．中国矿业大学学报，2009，38(5)：607-612.

[119] 韩立军，贺永年，蒋斌松，等．环向约束条件下破裂岩体力学特性试验研究[J]．中国矿业大学学报，2006，35(5)：617-622.

[120] 康红普，林建，吴拥政，等．锚杆构件力学性能及匹配性[J]．煤炭学报，2015，40(1)：11-23.

[121] 贺永年，张农，杨米加，等．巷道滞后注浆加固与滞后时间分析[J]．煤炭学报，1996，21(3)：240-244.

[122] 韩立军．岩石破坏后的结构效应及锚注加固特性研究[D]．徐州：中国矿业大学，2004.

[123] 钱七虎，周小平．岩体非协调变形对围岩中应力和破坏的影响[J]．岩石力学与工程学报，2013，32(4)：649-656.

[124] 王连国，韩继胜，孙求知．软岩巷道锚注支护效果的数值模拟研究[J]．山东科技大学学报：自然科学版，2001，20(1)：53-56.

[125] 刘金海，姜福兴，孙广京，等．深井综放面沿空顺槽超前液压支架选型研究[J]．岩石力学与工程学报，2012，31(11)：2232-2239.

[126] 刘长武，陆士良．锚注加固对岩体完整性与准岩体强度的影响[J]．中国矿业大学学报，1997，28(3)：221-224.

[127] 姜耀东，赵毅鑫，刘文岗，等．深部开采中巷道底鼓问题的研究[J]．岩石力学与工程学报，2004，23(14)：2396-2401.

[128] 侯朝炯，何亚男，李晓，等．加固巷道帮、角控制底臌的研究[J]．煤炭学报，1995，20(3)：229-234.

[129] 王卫军，冯涛．加固两帮控制深井巷道底鼓的机理研究[J]．岩石力学与工程学报，2005，24(5)：808-811.

[130] 刘泉声，张伟，卢兴利，等．断层破碎带大断面巷道的安全监控与稳定性分析[J]．岩石力学与工程学报，2010，29(10)：1944-1962.

[131] 何满潮，谢和平，彭苏萍，等．深部开采岩体力学研究[J]．岩石力学与工程学报，2005，24(16)：2803-2813.

[132] 何满潮．深部开采工程岩石力学的现状及其展望[C]//中国岩石力学与工

程学会.第八次全国岩石力学与工程学术大会论文集.北京：科学出版社，2004:88-94.

[133] 何满潮.煤矿软岩工程技术现状及展望[J].中国煤炭，1999，25(8)：12-21.

[134] 何满潮，景海河，孙晓明.软岩工程地质力学研究进展[J].工程地质学报，2000，8(1)：46-62.

[135] 何满潮，孙晓明.中国煤矿软岩巷道工程支护设计与施工指南[M].北京：科学出版社，2004.

[136] 李晓红.隧道新奥法及其量测技术[M].北京：科学出版社，2002.

[137] 史元伟，张声涛，尹世魁，等.国内外煤矿深部开采岩层控制技术[M].北京：煤炭工业出版社，2009.

[138] 李明远，王连国，易恭猷，等.软岩巷道锚注支护理论与实践[M].北京：煤炭工业出版社，2001.

[139] 周小平，钱七虎.深埋巷道分区破裂化机制[J].岩石力学与工程学报，2007，26(5)：877-885.

[140] 何满潮，彭涛.高应力软岩的工程地质特征及变形力学机制[J].矿山压力与顶板管理，1995(2)：8-11.

[141] 张向东，李永靖，张树光，等.软岩蠕变理论及其工程应用[J].岩石力学与工程学报，2004，23(10)：1635-1639.

[142] 韩立军，贺永年，蒋斌松，等.环向有效约束条件下破裂岩体承载变形特性分析[J].中国矿业大学学报，2009，38(1)：14-19.

[143] 葛家良，陆士良.巷道锚注加固技术及其效果的研究[J].化工矿山技术，1997，26(2)：13-16.

[144] 马文顶，赵海云，韩立军.跨采软岩巷道锚注加固技术的实验研究[J].中国矿业大学学报，2001，30(2)：191-194.

[145] 郑雨天.关于软岩巷道地压与支护的基本观点[C]//软岩巷道掘进与支护委员会.软岩巷道掘进与支护论文集.北京：煤炭工业出版社，1985:31-35.

[146] 景海河，孙庆国，李希勇，等.深部高应力软岩巷道支护问题及对策[J].煤炭技术，2001，20(3)：34-35.

[147] 王以功，林登阁，柴天星.锚注支护机理及参数优化设计[J].地质与勘探，2002，38(3)：84-86.

[148] 范文，俞茂宏，陈立伟，等.考虑剪胀及软化的洞室围岩弹塑性分析的统一解[J].岩石力学与工程学报，2004，23(19)：3213-3220.

[149] 王卫军，余伟健，袁超，等.采动影响下底板暗斜井的破坏机理及其控制[J].煤炭学报，2014(8)：1463-1472.

[150] Б. К. Мъппляев. О проблемах безопасности ведения горных работ на шахтах Российской Федерации[J]. Уголь，2004(1)：210-215.

[151] СВ. Г. Черный. Движение горных пород над выработками при разработке пластов на больших глубинах[J]. Уголь,2005(11): 377-386.

[152] Н. К. Клишин. Упрочнение кровли в лавах[J]. Уголь,2004(2): 49-55.

[153] А. Т. Еремин. Влияние длины лавы и глубины её расположения на устойчивость пород вокруг выёмочных[J]. Уголь,2006(6): 127-133.

[154] Б. А. Грядущий. Факторы повышения интенсивности отработки запасов в глубоких шах тах[J]. Уголь,2004(7): 137-144.

[155] М. П. Зборшик. Обеспечение устройвости участковых подготовительных [J]. Уголь,2006(3): 26-35.

[156] Шемякин Е И, Фисенко Г Л, Курленя М В, и др. Эффект зональной дезентеграции горных пород вокруг подземных выработок[J]. Доклады АН СССР,1986,289(5): 1088-1094.

[157] Курленя М В,Опарин В Н. К вопросу о факторе времени при разрушении горных пород[J]. Фтпрпи,1993(2): 6-33.

[158] Курков С Н, Кукссенко В С, Петров В А. Физифеские основы прогрозирования механическово разрушения[J]. Доклады АН СССР,1981, 259(6): 1350-1352.

[159] Шемякин Е И,Курленя М В,Опарин В Н,и др. Зональная дезинтеграция горных пород вокруг подземных выработок. Часть I: данные натурных набдюдений[J]. Фтпрпи,1986(3): 3-15.

[160] Шемякин Е И,Курленя М В,Опарин В Н,и др. Зональная дезинтеграция горных пород вокруг подземных выработок. Часть II : разрушение горных пород на моделях из эквиваленных материалов[J]. Фтпрпи,1986(4): 3-13.

[161] Шемякин Е И,Курленя М В,Опарин В Н,и др. Зональная дезинтеграция горных пород вокруг подземных выработок. Часть III: теоретические представления[J]. Фтпрпи,1987(1): 3-8.

[162] Шемякин Е И,Курленя М В,Опарин В Н,и др. Зональная дезинтеграция горных пород вокруг подземных выработок. Часть IV: практические приложения:теоретические представления[J]. Фтпрпи,1989(4): 3-9.

[163] ЦзяоВи-го,ПанъЧжун-минь,А. В. Углянкица,В. В. Першин,ГаоЯнъ-Фа. Теория и практика инъекционного упрочнения пород в пластовых выработках Угольных шахт[M]. Кемерово: Изд. КузГТУ,2003.